LES
CHEMINS DE FER

BIBLIOTHÈQUE DES SCIENCES ET DE L'INDUSTRIE

OUVRAGES PARUS

Badoureau. — Essai d'un exposé de l'état actuel des sciences expérimentales.

Chemin et Verdier. — La Houille et ses dérivés.

Tous droits réservés.
Cet ouvrage a été déposé au Ministère de l'Intérieur
en décembre 1888.

BIBLIOTHÈQUE DES SCIENCES ET DE L'INDUSTRIE

PUBLIÉE SOUS LA DIRECTION DE MM. J. PICHOT ET P. GRANGIER

LES
CHEMINS DE FER

PAR

R. LEFÈVRE
Ancien élève de l'École polytechnique
ancien Ingénieur de l'État
Sous-Chef du mouvement
à la Compagnie des chemins de fer de l'Ouest.

G. CERBELAUD
Ingénieur des Arts et Manufactures
Inspecteur du mouvement
aux Chemins de fer de Ceinture de Paris
Professeur à l'Association polytechnique.

PARIS

MAISON QUANTIN

COMPAGNIE GÉNÉRALE D'IMPRESSION ET D'ÉDITION

7, RUE SAINT-BENOÎT

INTRODUCTION

Les chemins de fer qui, il y a cinquante ans, commençaient à peine à tracer quelques timides sillons sur le sol français, ont acquis aujourd'hui un tel développement qu'ils constituent un élément essentiel de notre vie industrielle, commerciale, économique et même intellectuelle. Ce développement rapide, presque foudroyant, est dû à ce que l'invention des chemins de fer est venue à son heure et a immédiatement séduit et attiré à elle toutes les intelligences et toutes les activités. Tous les efforts des diverses industries ont convergé sur ce moyen d'action nouveau, si nécessaire pour relier entre elles les forces vives et les ressources éparses sur les différents points de notre vieux monde et chacune a tenu à contribuer au progrès et à l'extension de ce nouvel engin. Aussi est-il devenu en moins d'un demi-siècle un outil courant, employé pour les besoins de tous les jours et a-t-il, en même temps, atteint la forme définitive qu'il conservera maintenant presque invariable. Non pas que la porte soit fermée à tout progrès dans cette voie ; bien loin de là : nous sommes persuadés que chaque jour amènera des perfectionnements dans les divers organes de la machine complexe qu'on appelle les chemins de fer. Mais nous pensons que ces organes resteront les mêmes dans leur essence et ne recevront plus que des modifications de détail. Aussi, croyons-nous le moment venu d'initier le public à l'organisation et au fonctionnement de cette machine qu'il utilise sans cesse et que bientôt peut-être il emploiera encore davantage, lorsque, comme dans le nouveau monde, elle aura détrôné chez nous les moteurs animés non plus seulement sur les grandes routes, mais encore dans nos rues.

Nous n'avons pas la prétention de faire ici un Traité de chemins de fer qui nous entraînerait dans des considérations techniques trop arides et exigerait toute une série de gros volumes, comme le prouvent les œuvres si justement appréciées des Perdonnet, des Couche, des Jacqmin, des Picard. Encore quelques-uns de ces éminents ingénieurs ont-ils dû se spécialiser et diriger plus particulièrement leur étude sur telle ou telle branche de cette vaste industrie, les uns se consacrant surtout aux questions techniques, les autres étudiant à fond le côté administratif du sujet. Nous ne chercherons pas à suivre, même de loin, nos illustres maîtres, et, dans le cadre très modeste qui nous est tracé, nous avons dû nous borner à effleurer bien des questions qui auraient demandé un plus long développement. Notre livre ne s'adresse donc pas aux hommes spéciaux, auxquels il n'apprendrait rien ; il a simplement pour but de donner à tous ceux qui n'ont pas fait des chemins de fer une étude particulière, qui ne les connaissent, comme l'on dit, que pour y avoir voyagé, quelques notions plus précises sur ces immenses entreprises de transports qui sont devenues un des organes essentiels de la vie des nations.

Nous nous estimerons heureux si le lecteur, habituellement prévenu contre les Compagnies de chemins de fer, qu'il rend le plus souvent responsables des mille petits ennuis inséparables de tout voyage, juge avec plus d'indulgence par la suite ceux qui sont chargés d'assurer le fonctionnement régulier des rouages multiples que nécessitent la circulation des trains et l'exécution des transports.

LES
CHEMINS DE FER

PREMIÈRE PARTIE

HISTORIQUE

La dénomination de *Chemin de fer*, appliquée au mode de transport que nous nous proposons d'étudier, est une expression impropre, au même titre d'ailleurs que le nom de *railway* qui lui a été donné par les Anglais ; sa caractéristique n'est pas le chemin de roulement, mais le moteur. Les voies métalliques, en effet, ont été utilisées dès les temps les plus reculés pour faciliter soit le transport, soit le mouvement des masses considérables ; les Égyptiens s'en sont servis pour amener en place leurs obélisques, les Romains, les Carthaginois les ont utilisées dans leurs machines de guerre. Jamais cependant les rails n'avaient été employés d'une manière courante avant leur application, vers le milieu du xviie siècle, au transport des houilles extraites des mines anglaises, entre l'orifice du puits et leur point d'embarquement sur bateaux. Le rail est donc connu depuis des siècles, mais il est resté sans application suivie et son emploi dans la locomotion à vapeur n'en constitue pas l'élément essentiel ; il est d'ailleurs utilisé dans mille autres industries pour faciliter les mouvements de translation : les tramways, les mines, les machines-outils en font un usage constant, et les guides mêmes des diverses pièces de machines ne sont pas autre chose que des chemins de fer.

La machine locomotive, au contraire, est l'organe essentiel, primordial, de ce que nous appelons les chemins de fer; c'est elle qui caractérise ce système de transport dont l'origine coïncide avec son invention. L'idée première en revient à un Français, Cugnot, officier du génie, qui essaya en 1770, dit Bachaumont, un fardier mû par la vapeur. Toute rudimentaire et imparfaite que fût cette

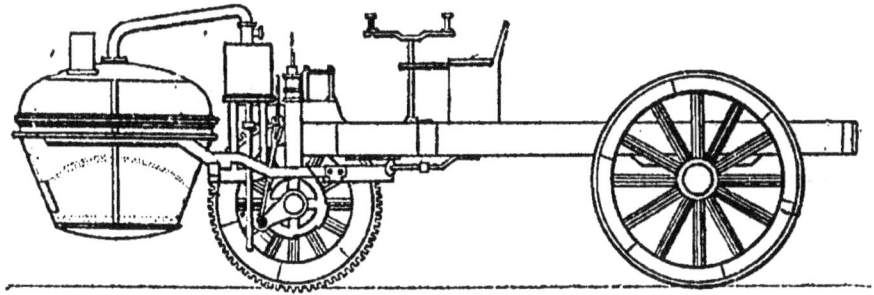

Fig. 1. — Chariot à vapeur de Cugnot.

machine, elle présentait cette particularité qu'elle utilisait déjà l'action directe du piston sur la manivelle pour actionner la roue motrice (fig. 1). Mais elle présentait de nombreuses imperfections; elle était lourde d'abord et surtout elle ne comportait pas de foyer, ce qui nécessitait son arrêt après l'utilisation de la vapeur produite au repos dans la chaudière, c'est-à-dire tous les quarts d'heure environ, pour remplir cette dernière et vaporiser l'eau qu'on y avait introduite.

Quelque quinze ans après, vers 1785 seulement, des essais furent entrepris à la fois en Angleterre par Watt et Murdock, puis par Trevithick, et en Amérique par Evans, mais sans succès encore; on n'était arrivé, après bien des perfectionnements, qu'à remorquer 10 tonnes à une vitesse de 8 kilomètres à l'heure.

Les recherches continuèrent et aboutirent en Angleterre vers

HISTORIQUE.

1814 à la découverte de deux principes importants pour la constitution de la locomotive : la possibilité de trouver un effort résistant suffisant pour remorquer de fortes charges dans la simple adhérence obtenue par le frottement des roues motrices sur un rail uni; puis l'augmentation de la production de vapeur par le tirage obtenu en dirigeant l'échappement du cylindre dans la cheminée.

L'utilisation de l'adhérence a été surtout féconde pour l'industrie des chemins de fer, car les premiers essais avaient conduit à chercher le point d'appui nécessaire pour exercer l'effort de trac-

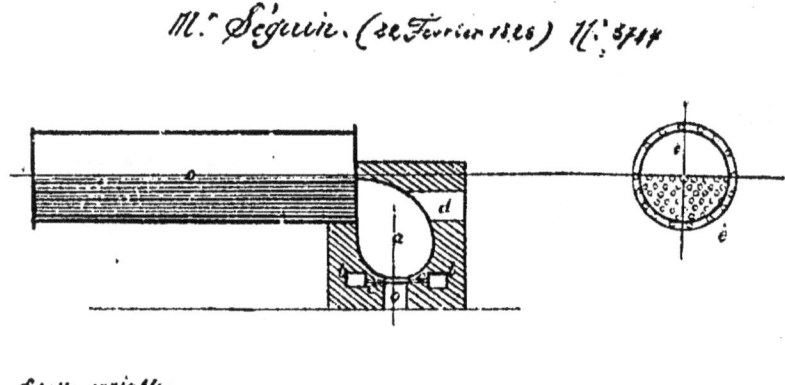

Fig. 2. — Fac-similé du dessin annexé au brevet de Seguin.

tion dans l'adoption de roues motrices à crémaillère, qui limitait la vitesse à des chiffres très réduits. En même temps qu'elle a permis de circuler à grandes vitesses, l'emploi de l'adhérence comme point fixe pour la traction a réduit notablement les résistances au roulement qui résultaient des actions réciproques des engrenages.

Mais l'application de ces deux principes donnait encore des résultats bien insuffisants en raison de la faible quantité de vapeur produite, et la locomotive ne devint viable que par l'invention de la chaudière tubulaire due à un Français, Marc Séguin, en 1828. Pour augmenter la surface de chauffe dans des proportions considérables, Séguin eut l'idée de lancer la flamme du foyer au travers de la masse liquide à l'aide d'une série de tubes qui la traversent de part en part, reliant le foyer à la boîte à fumée. La figure 2 est un fac-similé du dessin annexé au brevet même de Séguin.

L'application de la chaudière tubulaire à la locomotive donna bientôt des résultats féconds et, dès 1830, Robert Stephenson lançait sa *Fusée* « *The Rocket* » qui, conçue en tenant compte de tous les principes nouvellement acquis, obtint un véritable triomphe, lorsqu'elle fut essayée sur le chemin de fer de Manchester à Liverpool.

Ainsi qu'on le voit par la figure 3, la *Fusée* comportait déjà à l'état élémentaire les principaux organes de la locomotive ac-

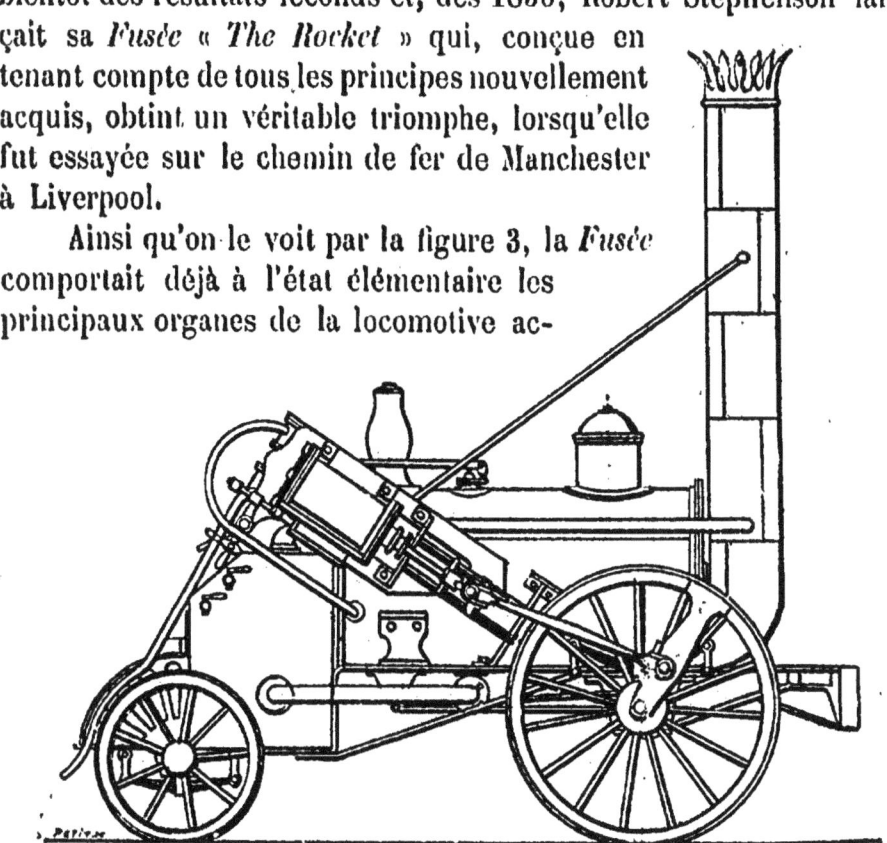

Fig. 3. — Locomotive *la Fusée* (Stephenson, 1830).

tuelle : foyer enveloppé par l'eau de la chaudière, chaudière tubulaire, cylindres avec pistons actionnant directement les roues motrices à l'aide de bielles et de manivelles, échappement dans la cheminée, tiroirs commandés par des excentriques, pompe alimentaire, etc. Nous pensons qu'il est intéressant d'en donner les dimensions principales, afin de permettre de les comparer à celles de nos locomotives actuelles :

Dimensions principales de la « Fusée » :

Chaudière.....	Diamètre............	$1^m, 010$
	Longueur...........	$1^m, 830$
Foyer..........	Longueur...........	$0^m, 910$
	Largeur............	$0^m, 610$
	Hauteur............	$0^m, 910$
	Surface de grille......	$0^{m2}, 560$
Surface de chauffe.	Du foyer...........	$1^{m2}, 860$
	Des 25 tubes de 3 pouces de diamètre........	$10^{m2}, 940$
	Totale............	$12^{m2}, 800$
Diamètre des cylindres		$0^m, 210$
Course des pistons.............		$0^m, 410$
Diamètre des roues		$1^m, 420$
Poids de la machine en pression		$4\,\text{T}, 300$

Nous verrons plus loin que, étant donné ces dimensions, la *Fusée* n'était qu'un joujou en comparaison de nos puissantes machines d'aujourd'hui; il faut dire d'ailleurs que sa vitesse moyenne de marche était de 22 kilomètres à l'heure avec un maximum de 38 kilomètres et qu'elle ne pouvait presque rien remorquer. Quoi qu'il en soit, la locomotive était constituée; elle fut immédiatement l'objet des recherches de tous les ingénieurs, séduits par la beauté et l'intérêt de la nouvelle invention, si bien que dès 1832, sur la ligne de Liverpool à Manchester, on se servait de machines capables de remorquer des trains de 50 wagons pesant 223 tonnes à une vitesse moyenne de 16 kilomètres à l'heure.

Pendant que ces essais se poursuivaient en Angleterre, concentrés presque uniquement sur la ligne de Liverpool à Manchester, pendant que l'Amérique étudiait aussi de son côté le problème de l'application de la locomotive, la France ne restait pas inactive; un vaste courant d'opinion s'était formé, à la suite de la découverte de Séguin, en faveur de l'établissement de chemins de fer; à la tête de ce mouvement s'était mise l'école Saint-Simonienne qui comptait parmi ses adeptes une pléiade d'esprits éminents, tels que les frères Émile et Isaac Pereire, Paulin Talabot et surtout Michel Chevalier. Dès 1833, un service normal de voyageurs et de marchandises était organisé sur la ligne du chemin de fer de Lyon à Saint-Étienne, et en 1837, en même temps qu'on inaugurait la ligne de Paris à Saint-Germain, un débat solennel s'ouvrait devant le Parlement au sujet de la concession des lignes de Paris à la Belgique, de Paris à Tours, de Paris à Rouen et au Havre et de Lyon à Marseille.

De son côté, la Belgique ne perdait pas de temps et inaugurait en 1835 la ligne de Bruxelles à Malines.

Les chemins de fer étaient créés.

Avant d'entrer dans le cœur de notre sujet, et de montrer ce que sont aujourd'hui les chemins de fer et ce qu'ils sont appelés à devenir, jetons un rapide coup d'œil sur l'état de cette industrie il y a cinquante ans, afin de montrer le développement énorme qu'elle a pris durant cette courte période. Nous ne saurions mieux faire que de laisser la parole à Désiré Nisard qui, en 1836, rendait ainsi compte, dans sa chronique de la *Revue de Paris,* d'un voyage qu'il venait de faire en Belgique :

On compte environ cinq lieues de Bruxelles à Malines. On fait ce chemin en moins d'une demi-heure sur la route en fer. A l'extrémité orientale de Bruxelles, au bord du canal, derrière un mur provisoire en planches, qui sera remplacé, j'imagine, par quelque construction élégante et digne de l'industrie nouvelle, on aperçoit la cheminée des locomotives, d'où s'échappe cette légère fumée dont la force s'évalue en chevaux.

D'heure en heure, des voitures, en manière d'omnibus, qui ont recueilli les voyageurs dans les rues de Bruxelles, viennent les verser à une sorte de bureau de péage pratiqué dans la barrière en planches. On monte à la hâte dans les wagons remorqués par la machine, espèces de chars-à-bancs, dont les uns sont couverts d'une sorte de capote en cuir, les autres d'une simple toile, le plus grand nombre sans capote ni toile, figurant trois degrés de fortune et trois catégories de prix. Une clochette sonne le départ. Alors la machine s'émeut, et, comme le cheval qui donne un vigoureux coup de collier, fait passer l'immense foule de wagons du repos au mouvement.

La secousse que donnent les wagons, en se heurtant les uns les autres, serait assez forte pour faire tomber les voyageurs, s'ils n'étaient avertis de se tenir assis. La machine se meut d'abord avec lenteur; mais bientôt elle s'anime, elle s'emporte, elle vole comme si elle fuyait devant le bruit du char qu'elle traîne après soi; elle va aussi vite que l'impatience la plus forte de l'homme; elle mène son corps aussi rapidement que sa pensée.

De distance en distance, des ouvriers voyers, préposés au balayage et à l'entretien de la route, présentent les armes aux voyageurs avec leur balai. C'est en passant devant eux qu'on peut apprécier la rapidité de la course. Il n'y a pas de regard si ferme qui les puisse fixer, et je doute qu'on reconnût son propre frère sous l'accoutrement d'un de ces ouvriers. Il semble que les yeux vont sortir de la tête, et que le point qu'on veut fixer les attire hors de leur orbite. C'est une douleur vive, comme celle que causent de fortes lunettes à ceux qui ont une bonne vue. Fermez les yeux un moment, puis rouvrez-les ; le paysage a changé : des plaines en culture ont succédé aux pâturages et des charrues aux troupeaux. En cinq minutes, ce qui était à l'horizon est devenu le point central d'un autre horizon : la circonférence est devenue le centre.

A mi-chemin environ, la machine s'arrête un moment devant le beau village de Vilvorde pour prendre ou déposer des voyageurs. Quelque cent pas avant le point d'arrêt, on ralentit la course; au bruit d'une roue qui tourne avec une effrayante rapidité succède le bruit d'une roue qui va s'arrêter. La machine fume et soupire, comme si elle reprenait haleine.

Quand les paquets sont pris et rendus et que les femmes et les vieillards sont descendus ou montés, une clé tournée par le mécanicien remet tout le convoi en mouvement; le piston, pressé par la vapeur, appuie son bras irrésistible sur la roue; celle-ci gémit et fait un bond ; les wagons s'ébranlent, se heurtent l'un contre l'autre dans un sourd cliquetis, puis se suivent, chacun à sa distance, sans secousse, sans heurt, d'une course égale et douce comme celle de la locomotive. Dans le temps qu'on met à penser à cela et à se rendre compte de ces sensations inconnues, la belle tour de Malines apparaît dans le lointain, d'abord comme une brume légère et présentant une masse sans angles; puis, peu à peu, de seconde en seconde, s'éclaircissant, montrant ses profils, ses proportions, la couleur de ses pierres, aussi graduellement et presque aussi vite qu'un objet dont on approche la loupe, et qui, confus d'abord et informe, s'éclaircit à mesure qu'on abaisse la main, et finit par apparaître dans tous ses détails.

A l'arrivée, on voit la locomotive qui va partir dans un moment pour Bruxelles quitter sa place et venir, par une route qui longe la principale, se placer à la queue du convoi, qui deviendra la tête, puis s'arrêter au point juste, plus docile et plus précise dans ses mouvements que le timonnier le mieux dressé, et attendre immobile qu'on l'attelle à l'immense convoi qui va se remplir de nouveau pour le retour, et où les derniers seront les premiers. Les deux machines vont et viennent ainsi, toutes les demi-heures, de Bruxelles à Malines et de Malines à Bruxelles, sans se lasser, sans se rebuter, faisant toutes les volontés de l'homme, mais peut-être à la manière des évènements, que nous croyons mener et qui nous mènent. L'homme ne se méfie pas de cette force, parce qu'elle est née de lui; mais qui sait si, après avoir été si obéissante, elle ne l'entraînera pas où il ne voudrait pas aller ? Au reste, ce n'est pas encore le temps des mauvais présages.

La figure 4 représente précisément le train décrit par Nisard. On voit que l'on était loin du confortable actuel, avec ces barres

Fig. 4. — Un train belge en 1836.

de traction rigides, ces tampons secs où une garniture de cuir était le nec-plus-ultrà du sybaritisme.

Il en était de même sur la ligne de Saint-Germain, qui fut, à proprement parler, la première ligne française, et dont l'inauguration remonte au 29 août 1837. Les voitures de première classe

Fig. 5. — Un train du chemin de fer de Paris à Saint-Germain.
(Gravure extraite du *Magasin pittoresque*, 1837.)

(fig. 5) étaient analogues à nos tapissières; les troisièmes classes étaient découvertes; les machines, rudimentaires, remorquaient avec peine dix de ces voitures légères, c'est-à-dire une cinquantaine de tonnes (voyageurs compris). Et encore ces machines ne

HISTORIQUE.

pouvaient-elles pas atteindre l'extrémité de la ligne : pour monter la rampe du Pecq à Saint-Germain l'effort eût été trop grand; aussi dut-on établir un système de traction spécial que son originalité ne nous permet pas de passer sous silence : le système atmosphérique.

Une conduite étanche (fig. 6, A et B) régnait le long de la voie, entre les deux rails, présentant à la partie supérieure une rainure fermée par une soupape spéciale. Un piston à galets, obturant hermétiquement le tube, était fixé sur le wagon moteur à l'aide

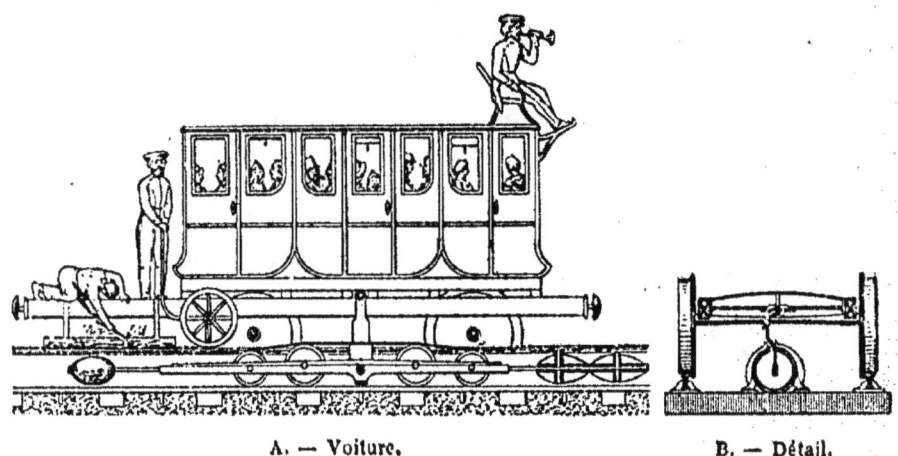

A. — Voiture.   B. — Détail.

Fig. 6. — Chemin de fer atmosphérique de Saint-Germain.

d'une attache disposée de manière à soulever la soupape au passage. De puissantes machines à vapeur fixes, placées à Nanterre et au Pecq, actionnaient d'énormes pompes à air qui faisaient le vide en avant du piston et celui-ci, sous la poussée de la pression atmosphérique, enlevait le train jusqu'à Saint-Germain. C'est encore ce système qui est appliqué pour le transport des dépêches dans Paris par des tubes pneumatiques. Mais ce qui est applicable pratiquement en petit, ne l'est pas toujours sur une grande échelle; le chemin atmosphérique était très dispendieux comme entretien, surtout à cause de la délicatesse et de la précision de ses organes et, dès que le progrès eut permis d'obtenir des machines assez puissantes pour remorquer des trains sur des rampes de 35 millimètres par mètre, on s'empressa de les substituer aux pompes à air.

Et cela ne tarda pas longtemps : dès 1838, on construisait des locomotives à trois essieux, indépendants, il est vrai, du type de *la Gironde* (fig. 7) qui sortit des ateliers du Creusot pour cir-

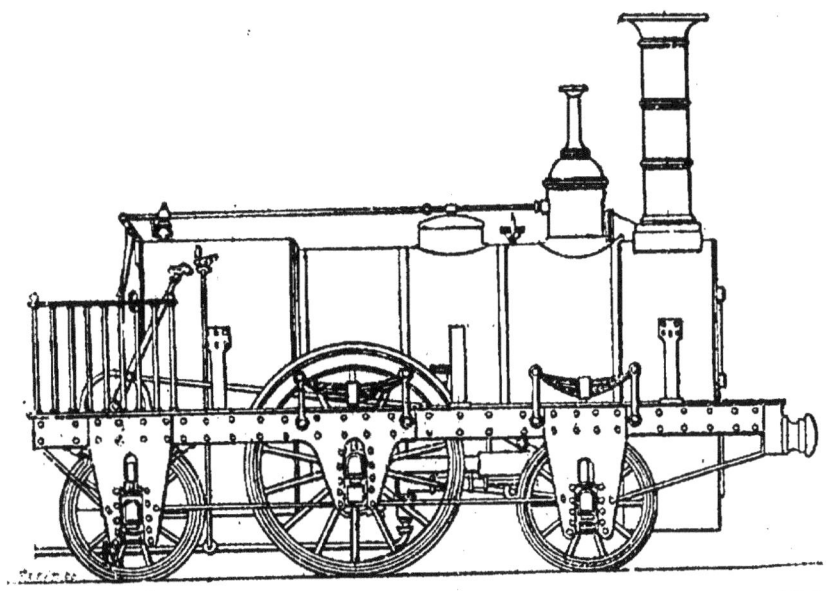

Fig. 7. — Locomotive *la Gironde*, chemin de fer de Paris à Versailles, 1838.

culer sur la ligne de Versailles (rive droite), et dont les éléments étaient déjà, comme on peut le voir ci-dessous, bien différents de ceux de la *Fusée*.

Dimensions principales de la « Gironde »:

Surface de grille.			$1^{m2},020$
Surface de chauffe.	Foyer.	$5^{m2},600$	$50^{m2},480$
	Tubes.	$44^{m2},880$	
Tubes.	Nombre.		115
	Longueur		$2^{m},690$
	Diamètre intérieur		$0^{m},048$
Chaudière	Diamètre.		$1^{m},110$
	Épaisseur de la tôle.		$0^{m},010$
Diamètre des cylindres.			$0^{m},330$

Course des pistons.	$0^m,460$
Diamètre des roues motrices.	$1^m,670$
Poids adhérent	7^t
Poids total	$15^t,5$

Ces progrès incessants attiraient la confiance publique et l'opinion poussait à la création d'un réseau français, création à laquelle le Gouvernement prêtait son appui. Ce courant d'idées nouvelles circulait en même temps à travers tous les pays riches et, en 1841, la situation des chemins de fer était la suivante :

France : 883 kilomètres concédés, dont 573 kilomètres en exploitation ;

États-Unis : 15,000 kilomètres en construction, dont 5,000 en exploitation ;

Angleterre : 3,800 kilomètres en construction ;

La Belgique, la Hollande, la Prusse, la Russie et même l'Autriche travaillaient à la constitution de leur réseau.

En 1842, le gouvernement faisait fixer par les Chambres le mode de concession des voies ferrées et la contribution financière de l'État à la construction des lignes d'intérêt général.

Enfin la loi du 15 juillet 1845, complétée par l'ordonnance du 15 novembre 1846, édictait les mesures nécessaires à la conservation des voies ferrées et à la sûreté de la circulation. On ne peut qu'admirer la sagesse et la hauteur de vue des rédacteurs de ces deux documents fondamentaux qui, bien que conçus à l'enfance des chemins de fer, ont été et sont encore aujourd'hui la base de notre législation en cette matière, sans que l'expérience ait révélé la nécessité d'y apporter des modifications notables.

**

Nous allons maintenant entrer dans le vif de notre sujet. Pour donner à notre exposé plus de simplicité et de précision, nous diviserons notre étude en trois grandes parties correspondant aux trois grands services dont l'ensemble, réuni dans la main du directeur, constitue le chemin de fer ; c'est :

Le *service des Travaux*, qui comprend la construction des voies et des bâtiments, leur entretien et leur surveillance;

Le *service du Matériel et de la Traction*, qui est chargé de la construction et de l'entretien du matériel roulant : machines, voitures et wagons, ainsi que du remorquage des trains;

Enfin le *service de l'Exploitation*, auquel incombe le soin d'assurer le mouvement des trains, le service des gares, la confection et l'application des tarifs, ainsi que la perception des taxes.

C'est à dessein que nous laissons de côté un quatrième service, indispensable pourtant au fonctionnement du chemin de fer : le Secrétariat général, dont les attributions, purement financières, nous entraîneraient dans l'étude de questions qui n'ont pas une liaison directe avec notre sujet, déjà si étendu, et dont les fonctions, variables avec les divers pays et leur législation, devraient faire l'objet d'un volume spécial. C'est pour le même motif que nous ne dirons rien des lignes secondaires, exploitées soit à voie étroite, soit à l'aide de systèmes ou de moteurs spéciaux, les règles appliquées tant pour la construction que pour l'exploitation de ces lignes étant tout à fait distinctes de celles en usage sur les grands réseaux et constituant un ensemble spécial qui devra être étudié séparément.

Par contre, il nous a semblé indispensable de consacrer un chapitre à l'organisation des Compagnies de chemin de fer en ce qui touche le personnel. C'est là un rouage généralement peu connu du mécanisme administratif de nos Compagnies, et cependant c'est, au point de vue industriel et social, un élément qui mérite d'être examiné de près. Aussi, sommes-nous convaincus que nos lecteurs y trouveront un grand intérêt.

Bien que nous ayons l'intention de jeter un coup d'œil sur ce qui se fait de particulier à l'étranger en matière de chemins de fer, nous examinerons surtout le fonctionnement des chemins de fer français, qui nous touchent de plus près et présenteront certainement pour nos lecteurs un plus grand attrait d'actualité.

DEUXIÈME PARTIE

LA VOIE ET LES GARES

CHAPITRE PREMIER

ÉTUDE DU TRACÉ

Considérations générales. — Choix du tracé. — Pentes et rampes; courbes. — Lignes exceptionnelles; quelques exemples. — Opérations sur le terrain; plan, profil en long, profils en travers. — Quelques mots des enquêtes administratives.

Dans l'état actuel de nos connaissances techniques en matière de voies de communication, l'étude d'un tracé de chemin de fer, d'un canal ou même d'une simple route, est devenue une opération en quelque sorte mathématique, un problème dont l'équation est facile à poser et dont les solutions se déduisent d'une manière nette et précise.

Quand on étudie le tracé d'un chemin de fer, — en d'autres termes, quand on en fait *l'avant-projet*, — on a tout d'abord à considérer le côté utilitaire de la ligne, qui sera commerciale, industrielle ou agricole, d'intérêt général ou d'intérêt local, de jonction, de transit ou stratégique. Ce premier examen détermine les conditions générales du tracé, fixe les points de passage obligatoires et limite les pentes et les rampes, ainsi que le rayon minimum des courbes auxquels on devra s'astreindre pour satisfaire à telle ou telle nature de trafic.

Les grandes lignes d'*intérêt général* devront réunir le plus directement possible les centres importants de population et, pour cela, négliger un peu les localités secondaires en suivant le chemin le plus court et le plus accessible, par ses faibles rampes et ses courbes adoucies, aussi bien aux trains légers et rapides qu'aux convois de marchandises lourdement chargés.

Les lignes *locales*, au contraire, à trafic nécessairement restreint, seront plus sinueuses, plus accidentées, elles ne négligeront sur leur passage aucune agglomération, même la plus modeste, susceptible de leur fournir un aliment de transport, et, leurs dépenses d'établissement devant être moins élevées, elles éviteront,

Fig. 8. — La courbe du Fer à cheval sur le Pennsylvania Railroad.

aux prix de rampes plus rapides et de courbes plus prononcées, les terrassements considérables et les ouvrages coûteux des grandes artères.

On a beaucoup discuté, à l'origine de la construction des chemins de fer, sur la question des tracés de *vallées* et des tracés de *plateaux*; les uns et les autres ayant leurs partisans et leurs adversaires. Aujourd'hui que le développement énorme des échanges a fait disparaître, en partie, les préjugés des premiers temps, on

Fig. 9. — Lacets de Wasen, sur la ligne du Saint-Gothard

s'inquiète peu de savoir si telle ou telle section de ligne parallèle à un fleuve pourra faire concurrence sur ce point à la navigation, et le tracé le meilleur est celui qui permet de réaliser la plus grande économie, — étant donné le but à atteindre, — au double point de vue de la construction et de l'exploitation.

La ligne sera donc tantôt dans la vallée, tantôt sur les plateaux, se développant, en *remblai*, en *tranchée* ou à *flanc de coteau*; en un mot, on la fera passer où l'on pourra et comme l'on pourra. C'est ce qui conduit dans les pays montagneux, à l'adoption de tracés très sinueux, comme dans les curieux exemples de la courbe dite du *Fer à cheval*, sur le Pennsylvania Railroad aux États-Unis (fig. 8), et les lacets de *Wasen*, sur le chemin de fer du Saint-Gothard (fig. 9).

Il arrive parfois que, pour franchir une ligne de faîte ou un monticule, il faut aller chercher bien loin une dépression, un point bas, et que souvent il devient plus économique de construire un *souterrain* ou *tunnel*, évitant ainsi un trop long détour. Cette solution s'impose toujours, d'ailleurs, dans les lignes de montagne, comme nous le verrons plus loin.

L'inclinaison ou la *déclivité* des *rampes* a une influence très considérable sur l'effort de traction à développer pour remorquer un poids déterminé.

Les expériences faites, à ce sujet par Polonceau, ont démontré, en effet, que l'effort moyen de traction nécessaire pour remorquer, sur un chemin de fer, un poids de 1,000 kilogrammes à la vitesse de 25 kilomètres à l'heure augmente de la manière suivante selon l'inclinaison du tracé :

Sur une partie horizontale ou *palier*, cet effort n'est que de $3^k,20$; il devient successivement :

Sur une rampe de 2 millimètres par mètre. . .		5^k, »
— 5 —	. . .	$7^k,70$
— 8 —	. . .	$10^k,40$
— 10 —	. . .	$12^k,20$

Sur une rampe de 12 millimètres par mètre. . . 14^k, »
— 15 — . . . 17^k,70
— 16 — . . . 18^k,60
— 20 — . . . 23^k,00

Les *courbes* exercent aussi une certaine influence, mais elle est beaucoup moins appréciable, l'augmentation d'effort, dans les mêmes conditions, n'étant que de 0^k,05 par 100 mètres de diminution dans le rayon des courbes compris entre 1,500 mètres et 300 mètres. Au-dessus de 1,500 mètres de rayon, l'augmentation d'effort due à la courbe devient sensiblement nulle.

Il résulte de ces considérations que l'on doit s'appliquer, pour les lignes à fort trafic qui doivent être parcourues par des trains très chargés, à réduire par tous les moyens possibles la déclivité des rampes et à augmenter le rayon des courbes. Cette dernière considération a aussi beaucoup d'importance au point de vue de la vitesse des trains qui doivent parcourir la ligne [1].

Si le trafic doit être, au contraire, de mince importance, on diminuera les dépenses de construction aux dépens des frais de traction et l'on sera conduit à augmenter les rampes et à adopter pour les courbes le rayon minimum.

On se tient généralement dans les limites ci-après :

Pour les lignes à grand trafic, on ne dépasse guère 0^m,010 par mètre pour l'inclinaison des rampes et l'on ne descend pas au-dessous de 800 à 1,000 mètres pour le rayon des courbes en pleine voie.

Ces chiffres peuvent être portés respectivement à 0^m,025 par mètre et à 250 mètres de rayon sur les lignes à trafic restreint établies dans les régions montagneuses.

On s'arrange pour que, dans le profil de la ligne, une rampe et une pente un peu accentuées soient toujours séparées entre elles par une partie horizontale ou *palier*; de même, en plan, on intercale toujours une partie droite ou *alignement*, entre deux

---

[1]. La vitesse des trains doit être limitée dès que le rayon des courbes descend au-dessous de 500 mètres.

courbes de sens contraire. L'emplacement des stations est choisi autant que possible dans un alignement droit et sur un palier.

En dehors de ces lignes de type courant, on a été amené par suite des exigences du trafic international ou parfois par des circonstances locales, à construire des chemins de fer dans des conditions de tracé bien autrement accidenté.

En Europe, les grandes percées des Alpes, le Mont-Cenis, le

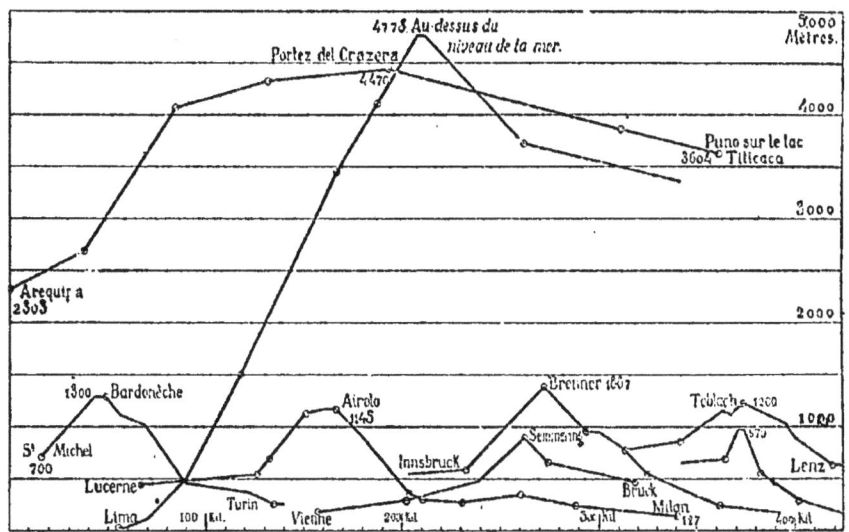

Fig. 10. — Profil comparatif des principaux chemins de fer de montagne.

Saint-Gothard, le Brenner, nous fournissent les exemples, en quelque sorte classiques, de ce genre de lignes. Mais cela n'est rien encore si nous comparons ces tracés à ceux exécutés en Amérique pour la traversée de la Cordillère des Andes par les chemins de fer péruviens qui franchissent la ligne de faîte à plus de 4,000 mètres au-dessus du niveau de la mer, avec des rampes moyennes de $0^m,030$ par mètre (fig. 10).

Enfin, si l'on renonce au mode de traction ordinaire, basé sur la simple adhérence des roues d'une locomotive sur les rails, et si l'on a recours, soit à une augmentation de cette adhérence obtenue par un troisième rail, le plus souvent à *crémaillère,* soit encore à l'emploi de machines fixes remorquant des wagons sur un *plan incliné* au moyen d'un système de câbles, on arrive à des inclinaisons beaucoup plus fortes encore, dont les chemins de fer du Righi et de la Croix-Rousse sont les types les plus connus.

Enfin, comme limite extrême à réaliser dans cet ordre d'idées, nous devons placer les *ascenseurs* et les *puits de mines* qui sont de véritables chemins de fer verticaux, soit à inclinaison de 90°, et dont la Tour Eiffel va nous fournir incessamment un curieux exemple.

Nous avons réuni ci-dessous la nomenclature de quelques lignes dont les déclivités et les rayons des courbes dépassent les limites ordinaires.

DÉSIGNATION DES LIGNES.	DÉCLIVITÉS MAXIMA.	RAYON MINIMUM DES COURBES.
Limoges à Brives	30 millimètres.	250 mètres.
Plan incliné de Liège	30 —	» —
Ligne du Lioran	30 —	250 —
Montréjeau à Tarbes	32 —	400 —
Rampe de Saint-Germain	35 —	» —
Turin à Gênes	35 —	300 —
Enghien à Montmorency	45 —	200 —
Chemin de fer du Saint-Gothard	27 —	280 —
Traversée du Brenner	25 —	285 —
— Semmering	25 —	190 —

Dans tout ce qui précède, à part les lignes à traction exceptionnelle, il n'est question que des chemins de fer *à voie normale;* il est évident que les limites indiquées pour les déclivités et surtout pour les courbes sont tout autres quand il s'agit des chemins de fer *à voie étroite,* appelés aussi chemins *économiques* ou *secondaires,* dont nous n'aurons pas à nous occuper dans ce volume.

Quelle que soit la ligne à construire, qu'il s'agisse d'un chemin en plaine ou dans une contrée accidentée, d'une ligne d'intérêt général ou d'un simple embranchement, les *opérations* à effectuer *sur le terrain* seront sensiblement les mêmes.

Ces opérations ont, en effet, pour objet de *lever les plans* de la ligne projetée, afin d'en dresser les *projets définitifs* et les *devis d'exécution*. Elles sont toutes basées sur les règles géométriques de l'*arpentage,* du *nivellement* et parfois de la *triangulation,* dans le détail desquelles nous n'entrerons pas.

Le tracé est d'abord étudié en se servant, — quand elles existent, — des *cartes* détaillées de la région à traverser. En France, les cartes dressées par l'*État-Major* sont le plus généralement employées, et tout le monde connaît la fameuse carte au 1/80 000ᵉ du Dépôt de la Guerre. Cette première étude est grandement facilitée

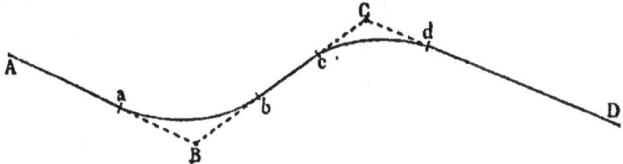

Fig. 11. — Détermination du tracé.

par l'emploi de cartes sur lesquelles sont indiquées les *courbes de niveau* qu'accuse le relief du sol.

Le tracé ainsi déterminé d'une manière approximative est reporté sur le terrain où on le figure au moyen d'une *ligne d'axe,* chaînée, munie de piquets kilométriques et hectométriques. Cette ligne est constituée, comme dans la figure 11, par un *contour polygonal* A B C D... formé par la succession des parties droites ou *alignements* du chemin futur; les points de rencontre B et C de deux alignements sont les *sommets d'angle* que l'on indique sur le sol au moyen d'un jalon plus haut que les autres, très soigneusement implanté et appelé *balise;* on raccorde ensuite ces alignements par des courbes de rayon convenable a b, c d...

Le nivellement de cette ligne, reporté sur le papier, donne la *trace* du terrain développée suivant un plan vertical passant par l'axe du tracé et forme ce qu'on appelle le *profil en long* du projet.

Le *plan* du tracé primitif, rectifié par les opérations sur le terrain, est encore complété par des nivellements effectués à des

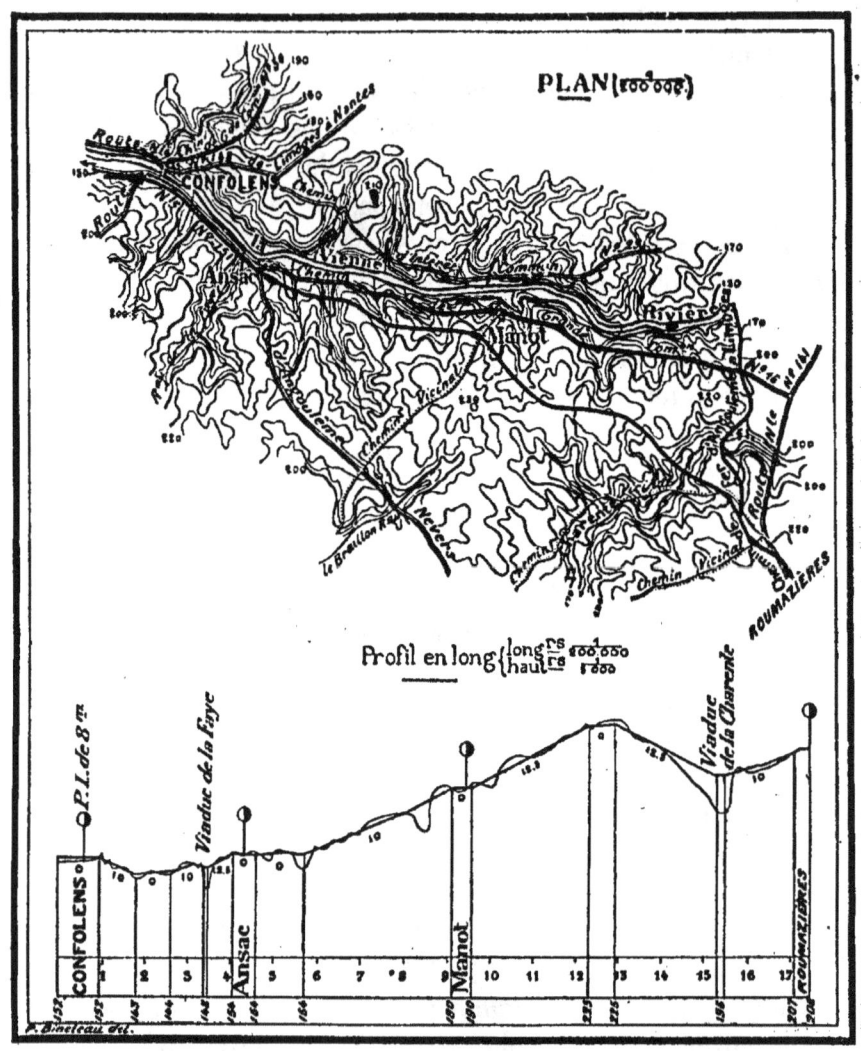

Fig. 12. — Plan et profil en long de la ligne de Confolens à Excideuil.

distances plus ou moins rapprochées suivant des lignes perpendiculaires menées de part et d'autre de l'axe, et constituant les *profils en travers*.

Toutes les *cotes* de nivellement sont prises par rapport au niveau moyen de la mer (altitude 0). On les rattache à ce *plan de comparaison*, pour les travaux à exécuter dans notre pays, à l'aide des repères du nivellement général de la France, dits *repères de Bourdaloue*, qui existent en nombre considérable sur toute l'étendue de notre territoire.

Ces trois sortes de documents : plan, profil en long, profils en travers, suffisent à faire l'étude complète des *terrassements*, à déterminer l'emplacement et l'importance *des ouvrages d'art*, et la position des *passages à niveau*.

Sur le profil en long, on figure la ligne projetée en tenant compte de l'inclinaison des pentes et des rampes, du relief du sol et de la nécessité de maintenir le niveau des rails de la ligne future au-dessus des plus hautes eaux connues dans la région, pour la mettre toujours à l'abri des inondations. Cette ligne ainsi déterminée passe tantôt au-dessus, tantôt au-dessous de la ligne sinueuse figurative du terrain et détermine avec cette dernière la section longitudinale des *remblais* à construire ou des *tranchées*, — et même parfois des *tunnels*, — à creuser. Pour faciliter cette opération et rendre plus sensible le relief du sol et la hauteur des terrassements, on dessine généralement le profil en long en prenant pour les *hauteurs* une échelle vingt à vingt-cinq fois plus grande que celle adoptée pour les longueurs. La figure 12 représente le plan et le profil en long de la ligne d'Excideuil à Confolens, établis comme il vient d'être indiqué.

D'autre part, sur les profils en travers, on applique le profil-type arrêté pour la construction de la ligne et l'on obtient pour chacun d'eux la section transversale des terrassements à exécuter. Ces profils-types (fig. 13) prévoient, en général, pour les chemins de fer exécutés dans des terrains ordinaires, une inclinaison de 45° pour les talus des tranchées et 1,5 de base pour 1 de hauteur, pour ceux des remblais.

Cette indication, rapprochée de celles fournies par le profil en long permet de calculer, aussi approximativement que possible, le *cube* des remblais à construire et celui des tranchées à creuser pour l'établissement de la plate-forme du chemin de fer.

Dans cette étude, on doit chercher, autant que les exigences multiples du tracé le permettent, à établir une équivalence approchée entre le cube des remblais et celui des tranchées, afin de n'être pas obligé de porter *en dépôt* les déblais en excès ou bien, dans le cas contraire, d'aller creuser dans le sol, en dehors de la ligne, pour faire les *emprunts* nécessaires à la constitution des remblais.

On doit tenir grand compte aussi de la distance à laquelle il faut porter en remblai les déblais extraits des tranchées, distance qu'on doit s'arranger de façon à rendre, dans tous les cas, minima ; c'est ce qu'on appelle faire l'étude du *mouvement des terres*.

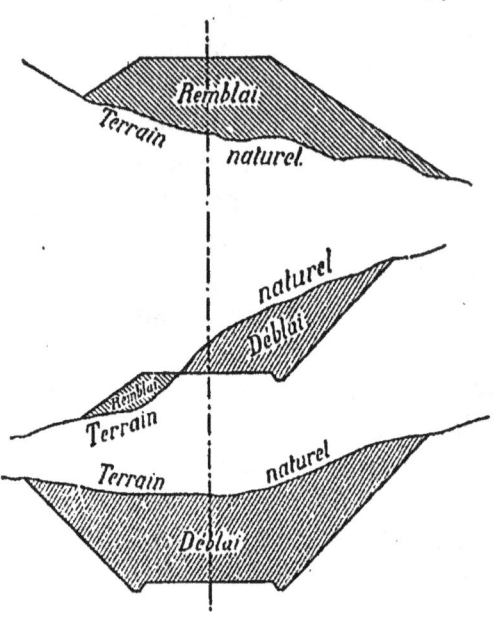

Fig. 13. — Profils en travers.

Les opérations dont il vient d'être question sont précédées et accompagnées de *formalités administratives* qui reposent, dans notre pays, sur l'application de la loi du 3 mai 1841 relative à l'expropriation pour cause d'utilité publique.

Quand la construction d'une ligne est décidée, une première enquête est ouverte dans la région traversée, enquête qui doit aboutir à la déclaration d'utilité publique.

Ce n'est qu'après la promulgation de la loi ou du décret intervenu à cet effet que la Compagnie concessionnaire, subrogée aux droits de l'État en matière d'expropriation, peut commencer ses études définitives. Les Préfets des départements traversés prennent des arrêtés pour autoriser les agents de la Compagnie à pénétrer dans les propriétés privées en vue de lever les plans et profils nécessaires. Une fois cette opération accomplie, le projet du *tracé et des terrassements* est soumis à l'approbation de l'Administration supérieure. Il est procédé ensuite à l'enquête sur l'emplacement des *stations* et à l'enquête *parcellaire*, qui fixe les *emprises* de la ligne et la superficie des terrains à acquérir; cette dernière enquête est suivie de la réunion du jury d'expropriation qui décide en dernier ressort au sujet des parcelles que la Compagnie n'a pu parvenir à acheter à l'amiable. Pendant ce temps, on a étudié en détail les projets des *ouvrages d'art* à construire pour la traversée des cours d'eau ou pour assurer le maintien des communications, ainsi que les installations des *gares* et *stations* qui font également l'objet de dossiers à soumettre à l'approbation administrative, et qui donnent lieu chacun à la réunion de *commissions mixtes* où tous les services intéressés, — ponts et chaussées, navigation, génie militaire, etc., — sont appelés à donner leur avis.

Quand toutes ces formalités sont à peu près accomplies, ce qui demande un délai d'au moins dix-huit mois, on est prêt, une fois les travaux adjugés, à donner *le premier coup de pioche*.

CHAPITRE II

EXÉCUTION DES TRAVAUX
INFRASTRUCTURE

Plate-forme. — Remblais et tranchées. — Ouvrages d'art en maçonnerie et en métal. — Grands ponts et viaducs. — Traversée des grandes rivières et des bras de mer. — Tunnels.

La ligne d'axe du tracé étant soigneusement *repérée* et les limites d'emprise étant indiquées, de chaque côté, bien exactement au moyen de piquets réunis entre eux par de petites rigoles, les agents de la Compagnie *implantent* les fondations des ouvrages d'art à construire sur les parties en remblai, et dès lors l'entrepreneur[1] peut attaquer les *tranchées*.

L'outillage des entreprises de travaux publics a été beaucoup perfectionné dans ces dernières années, et ce n'est plus que pour les tranchées et les remblais de peu d'importance que l'on emploie encore le système primitif des brouettes, camions et tombereaux.

Fig. 14.
Wagonnet de terrassement.

On établit presque toujours pour ce travail un va-et-vient de *wagonnets* à bascule (fig. 14) se vidant par bout ou par le côté et formés en trains, remorqués par des chevaux ou de petites machines circulant sur des voies portatives à faible écartement système Decauville.

---

1. Nous supposons le cas le plus général, celui où la Compagnie concessionnaire fait exécuter les travaux, sous sa surveillance, par des entrepreneurs adjudicataires. Quelquefois cependant la Compagnie effectue elle-même tout ou partie de ses ouvrages, c'est ce qu'on appelle le travail *en régie*.

Aussitôt que les tranchées à creuser ont une certaine importance, comme profondeur et comme cube total des déblais à extraire, on n'hésite pas à substituer à la pioche et à la pelle des ouvriers terrassiers (appelés vulgairement *cheminaux*) les dragues sèches dites *excavateurs*, dont on a grandement perfectionné les organes depuis qu'elles sont employées sur une vaste échelle

Fig. 15. — Excavateur, type de la Compagnie de Panama.

dans tous les grands travaux et particulièrement à ceux du Canal de Panama.

La figure 15 indique clairement le fonctionnement de ces appareils qui déversent les déblais dans des wagonnets placés sur une voie latérale ou même parfois les conduisent directement à une certaine distance de la fouille au moyen d'un appendice formé d'un long couloir métallique incliné, supporté par des chevalets et auquel on a donné le nom de *transporteur de déblais*.

Lorsqu'on exécute les tranchées à l'aide de wagons de terrassement, on commence toujours par creuser, suivant l'axe, une petite tranchée auxiliaire A (fig. 10), nommée *cunette*, assez large pour donner passage à un wagon, et dont la profondeur varie avec les ondulations du sol. On enlève ensuite les terres en B et en C sur une certaine longueur, puis on ouvre à une assise inférieure une seconde cunette D, pour l'enlèvement des terres en E et en F. On continuerait de la même manière en procédant par assises successives jusqu'à l'approfondissement total de la tranchée.

Par ce système on peut aisément extraire par chantier, environ

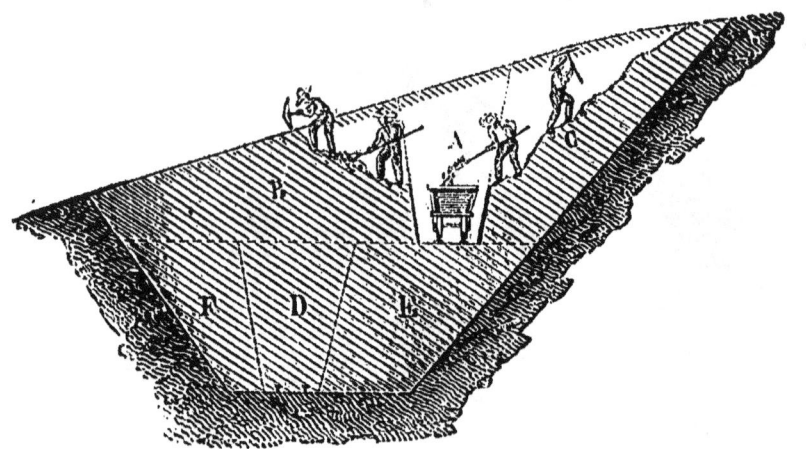

Fig. 10. — Attaque de la tranchée de Clamart, Paris à Versailles. R. G.

800 à 1,000 mètres cubes de déblais par jour. Cette quantité est naturellement bien dépassée lorsqu'on emploie des excavateurs.

Les déblais extraits des tranchées et chargés sur les wagons de terrassement sont conduits à l'extrémité du *remblai* en formation et déchargés soit à l'avant, soit sur les côtés, pour en constituer peu à peu le prolongement et l'amener à la largeur et à la hauteur voulues.

On doit tenir compte, dans ces opérations, du *foisonnement* des déblais qui varie avec la nature des terrains et en vue duquel on majore généralement d'un dixième le chiffre du cube des déblais à porter en remblai.

Les travaux que nous venons de décrire s'appliquent aux terrains de consistance moyenne qu'on peut facilement entamer à la pioche ou à l'excavateur. S'il sagit de creuser une tranchée dans le rocher, les moyens d'exécution indiqués ci-dessus doivent être complétés par l'emploi de la *mine*. Nous en reparlerons quand il sera question du percement des tunnels.

Si, au contraire, les terrains traversés ne présentent aucune solidité, on est amené à adoucir les talus des tranchées, ou à les consolider et à les assainir de diverses manières.

Les *consolidations* consistent à prévenir l'éboulement des talus en retenant les terres au moyen de semis ou de plantations de végétaux à racines pénétrantes et enchevêtrées. Quand ce moyen ne suffit pas, on a recours à un clayonnage en osier retenu par des pieux solidement fixés, on augmente encore la solidité des talus en les soutenant à la base et sur une certaine hauteur par des murs en pierres sèches ou mieux par des murs de pied maçonnés, et enfin quand tout cela est insuffisant, il faut avoir recours à un muraillement complet par la construction de *murs de soutènement*.

Les murs de soutènement sont également employés quand on ne dispose pas de la largeur suffisante pour ouvrir une tranchée profonde et qu'on ne peut donner au talus qu'une inclinaison trop raide pour la nature du sol traversé. Les murs de soutènement de la tranchée du Parc de Montsouris sur la ligne de Ceinture (rive gauche) sont un exemple de ce genre d'application (fig. 17).

L'*assainissement* des tranchées et celui de certains remblais est obtenu en assurant l'écoulement des eaux retenues par des couches argileuses, au moyen de drains, d'aqueducs, de barbacanes, de caniveaux, etc.

Une fois les remblais et les tranchées exécutés, il ne reste plus qu'à dresser la surface des talus et à niveler la *plate-forme* pour que cette dernière soit prête à recevoir la voie ou les voies qu'elle doit supporter.

En même temps que les travaux de terrassement, on exécute les *ouvrages d'art* qui, suivant leur destination, peuvent être classés en deux espèces différentes : les ouvrages destinés à assurer l'écoulement des eaux, et ceux affectés au passage de la voie ferrée ou au maintien des voies de communications, de part et d'autre de la ligne. Au point de vue de leur position par rapport au niveau du chemin de fer, ils se classent tous en ouvrages par-dessous ou *passages inférieurs* et en ouvrages par-dessus ou *pas-*

Fig. 17. — Murs de soutènement de la tranchée de Montsouris.

sages supérieurs; il y a aussi les *passages à niveau* qui ne nécessitent aucun travail important et dont il sera parlé plus loin.

D'autre part, si l'on considère la nature des matériaux qui les composent, on distingue les ouvrages en *maçonnerie* de ceux avec tablier *métallique* et quelquefois même tout en métal.

Nous ne citons que pour mémoire les ouvrages en *bois* qui ne sont plus usités que comme travaux provisoires ou pour la construction de passerelles légères par-dessus le chemin de fer.

Par rapport à l'angle sous lequel s'effectue la traversée du chemin de fer, les ouvrages sont *droits* quand cet angle est de 90° et *biais* dans le cas contraire.

Enfin, en raison de leurs dimensions, les ouvrages d'art des chemins de fer se divisent encore en *ouvrages courants* et en *ouvrages exceptionnels*. Parmi les premiers sont les ponts de moyenne importance, les ponceaux, les aqueducs, les passages inférieurs et supérieurs construits à la traversée des petits cours d'eau, des routes et des chemins; parmi les seconds, les grands ponts, les viaducs élevés et enfin les *tunnels*.

Les dimensions des *ouvrages d'art courants* sont fixées par les cahiers des charges et ne doivent en aucun cas descendre au-dessous des chiffres indiqués dans le tableau suivant :

1° *Pour les passages inférieurs :*

Ouverture de l'ouvrage	A la traversée des routes nationales	8^m, »
	— départementales	7^m, »
	— des chemins de grande communication	5^m, »
	— des chemins vicinaux	4^m, »
Hauteur à partir du sol de la route	Pour les ouvrages de forme cintrée (hauteur sous clef)	5^m, »
	Pour les ouvrages à poutres horizontales (hauteur sous poutres)	4^m,30
Largeur entre les parapets	Pour les lignes à deux voies	8^m, »
	— à simple voie	4^m,50

2° *Pour les passages supérieurs :*

Largeur de l'ouvrage entre les parapets	Pour les routes nationales	8^m, »
	— départementales	7^m, »
	Pour les chemins de grande communicat.	5^m, »
	— vicinaux	4^m, »
Ouverture du pont entre les culées	Pour les lignes à deux voies	8^m, »
	— à simple voie	4^m,50
Hauteur libre au-dessus des rails		4^m,80

Les ouvrages courants en *maçonnerie* affectent les diverses formes usitées pour ce genre de construction ; arc en plein cintre ou courbes surbaissées, à plusieurs centres, en anse de panier : les premiers sont le plus généralement employés.

Quant aux matériaux, ce sont, suivant les localités, la pierre de taille et les moellons d'appareils, ou bien la brique avec les

Fig. 18. — Pont sur la ligne de Paris au Havre, à Poissy.

moellons ou la pierre pour les angles des piédroits et les voussoirs des têtes.

Quand ces ouvrages sont *biais*, on fait usage pour la voûte de l'appareil dit héliçoïdal.

Les piédroits, comme d'ailleurs les culées des ponts à tablier métallique sont à murs *en retour* ou à murs *en aile*, suivant les dispositions locales et le plus ou moins de place dont on dispose pour contenir les talus du remblai. Ainsi, on voit dans la figure 18 un exemple d'ouvrage mixte à murs en ailes d'un côté et en retour de l'autre.

Quand un pont en maçonnerie est jeté sur une tranchée profonde, il est souvent fondé *à culées perdues*, comme dans l'exemple de la figure 19.

Les ouvrages *à tablier métallique* sont de deux sortes : à poutres droites ou en arc. Les premiers sont les plus couramment usités et permettent presque toujours d'effectuer commodément le passage de la ligne, quand on est gêné par la hauteur, dans les conditions de dimensions minima indiquées ci-dessus.

Fig. 10. — Pont des Volières, dans la forêt de Saint-Germain.

Les culées, droites ou biaises de ces ouvrages, s'exécutent en maçonnerie, comme pour les précédents. Ils sont à une ou plusieurs travées et le tablier repose quelquefois aussi sur des colonnes intermédiaires (fig. 20).

La partie métallique est formée de poutres longitudinales supportant, suivant les cas, la chaussée ou la voie, et reliées entre elles par des entretoises.

Dans les ouvrages d'une certaine portée, il existe deux poutres principales, dites *poutres de rives*, reliées entre elles par des poutres transversales sur lesquelles repose le tablier. Ce tablier peut être, par suite, disposé soit à la partie supérieure des poutres de rives, soit à leur partie inférieure, soit dans une position intermédiaire. Dans le premier cas, le trottoir à ménager des deux côtés de la voie ou de la chaussée du pont se place en encorbellement, soutenu par des consoles fixées aux poutres de rives et qui supportent en même temps le garde-corps. Dans le second cas, ce

Fig. 20. — Pont sur la route nationale n° 14, à Épinay.

sont les poutres elles-mêmes qui forment garde-corps (fig. 21 et 22).

Les poutres et entretoises des ponts métalliques sont constituées par des tôles et des cornières assemblées entre elles au moyen de rivets fixés à chaud ; leur section transversale affecte généralement la forme d'un double T composé de deux *semelles* horizontales réunies par une *âme* verticale, qui donne le moment d'inertie maximum et par conséquent le maximum de résistance pour le minimum de section. Sitôt que les poutres ont une certaine hauteur, l'âme cesse d'être pleine et se présente sous forme de croisillons ou treillis.

L'assemblage de toutes les pièces longitudinales et transver-

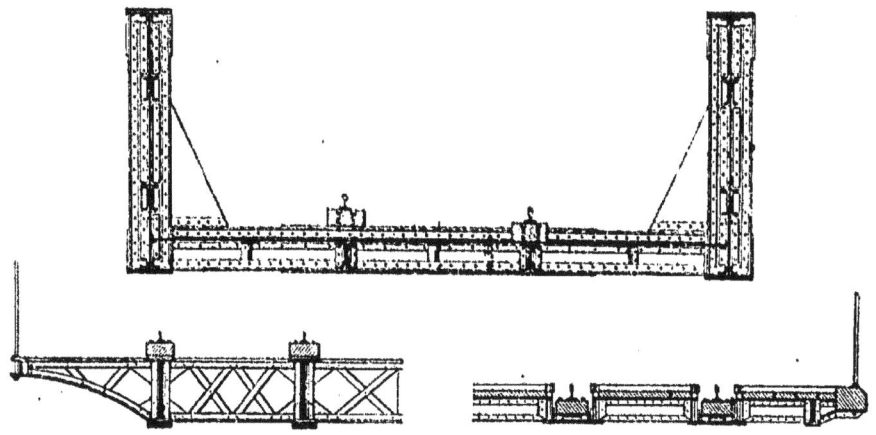

Fig. 21. — Types de passages inférieurs.

sales des tabliers métalliques peut-être encore fortement entretoisé et contreventé au moyen de pièces obliques disposées en croix de

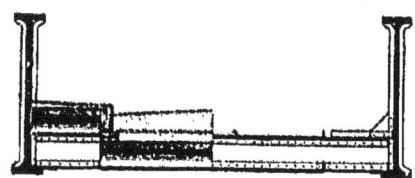

Saint-André. Le remplissage des vides de l'ossature métallique s'obtient par la construction de petites voûtes en briques reposant sur les semelles infé-

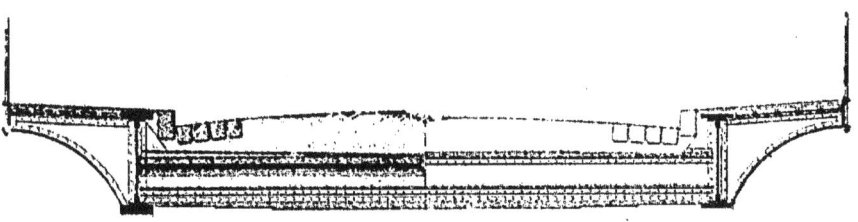

Fig. 22. — Types de passages supérieurs.

rieures des poutres, et supportant la chaussée, dans le cas des *passages supérieurs*, ou la voie, dans le cas des *passages inférieurs*.

Dans ces derniers, c'est-à-dire dans les ponts destinés à supporter le chemin de fer à la traversée d'une route ou d'un cours d'eau, les rails sont habituellement fixés, par l'intermédiaire de pièces de bois longitudinales appelées *longrines*, sur la semelle supérieure des poutres ou des entretoises (fig. 21).

Mais il peut arriver qu'on soit gêné par la hauteur disponible sous le pont, par rapport au niveau de la voie, et qu'on ne puisse donner, par suite, qu'une faible hauteur au tablier. Dans ce cas, on

Fig. 23. — Pont en arc sur le canal de l'Ourcq, à Bobigny.

remplace les poutres sous rails du type ordinaire par des poutres jumelles, entre lesquelles se logent les longrines qui supportent les rails; on arrive ainsi à réduire au minimum l'épaisseur du tablier, qui, dans l'exemple que nous donnons (fig. 21), n'a que 0^m,37, pour une portée de 4 mètres.

Mais si la portée de l'ouvrage devient plus considérable, et qu'on soit toujours gêné par la hauteur, on sera conduit, si l'on ne peut donner qu'une faible épaisseur au tablier, à adopter le système des *ponts en arc*.

Dans l'exemple ci-dessus (Fig. 23), l'ouvrage ne mesure

que $0^m,45$ d'épaisseur à la clef pour une portée de $21^m,60$. C'est une application à la fois très gracieuse et très hardie.

Dans tous les ouvrages métalliques construits en France, les diverses pièces sont calculées de manière à résister à une charge de 6 kilogrammes par millimètre carré.

Jusqu'à ces dernières années, le fer avait été exclusivement employé dans la construction des ouvrages métalliques ; mais voici que *l'acier*, qui a déjà remplacé le fer dans nombre de ses appli-

Fig. 24. — Pont-viaduc d'Auteuil.

cations, commence à lui être substitué aussi dans les ponts en métal. Au Congrès international des chemins de fer tenu à Milan en 1887, on a spécialement recommandé l'emploi de l'acier doux, que les Allemands nomment *flusseisen*, pour les ouvrages de grande ouverture.

Lorsque les ponts dont nous venons de nous occuper excèdent 50 mètres de longueur ou d'ouverture totale, ou bien lorsque leurs piles et leurs culées acquièrent une grande hauteur, ils sortent de la catégorie des ouvrages courants et prennent place, sous les noms de *grands ponts* et de *viaducs*, dans la classe des ouvrages d'art exceptionnels.

Ils se construisent comme les précédents, soit tout en maçonnerie, soit avec tabliers métalliques; et les principes généraux de leur établissement diffèrent peu de ceux que nous venons de décrire.

Tout le monde connaît et admire ces ponts et ces viaducs

Fig. 25. — Viaduc de Morlaix.

élégants qui permettent aux lourds convois de nos chemins de fer de traverser les grands cours d'eau ou de franchir les vallées profondes. Ce sont de vieilles connaissances que le lecteur retrouvera ici dans les exemples que nous donnons pour les ponts et viaducs en maçonnerie.

Le beau pont-viaduc d'Auteuil (fig. 24) sert au passage du chemin de fer de Ceinture sur la Seine, à Paris; il mesure 190 mètres à la traversée du fleuve et s'étend de part et d'autre sur une longueur totale de plus de 1,500 mètres.

Le viaduc de Morlaix (fig. 25) est un de ces ouvrages classiques qui rappellent les œuvres des Romains; formé de deux étages d'arcs en plein cintre, il franchit la ville à une hauteur maxima de 56 mètres et se développe sur 292 mètres de longueur.

Mais où la science de l'ingénieur a su trouver une voie vraiment digne d'elle, là où elle a imprimé aux ouvrages modernes le cachet spécial qui restera comme la caractéristique de notre époque,

Fig. 26. — Pont sur l'Hudson, à Poughkeepsie.

c'est incontestablement dans la construction des grands viaducs, *entièrement* métalliques.

Nous citerons d'abord, parce qu'ils ont marché les premiers dans cette voie, les Américains et leurs beaux travaux; le pont du Poughkeepsie sur l'Hudson, représenté par la figure 26, est un des plus remarquables ouvrages à poutres droites et à piles métalliques qui aient été établis. Il mesure 1,550 mètres de longueur et comporte, à la traversée du fleuve, cinq travées de 160 mètres d'ouverture.

En France même nous n'aurions que l'embarras du choix, si

INFRASTRUCTURE.

Fig. 27. — Viaduc de Saint-Léger, à Saint-Germain-en-Laye.

nous voulions citer tous les viaducs métalliques remarquables, qui, comme ceux de la *Bouble*, de *Busseau d'Ahun*, de *la Tarde* de *Saint-Léger* (fig. 27), etc., font l'admiration des voyageurs.

On conçoit que la mise en place de masses aussi considérables que les tabliers de ces grands viaducs ne puisse se faire par les procédés de montage habituellement employés pour les ouvrages de moindre importance. Il ne faut pas songer, d'ailleurs, dans la plupart des cas, à élever à cet effet, les échafaudages nécessaires à cause de la grande profondeur ou de l'étendue des vallées ou des cours d'eau traversés. On a donc recours à un mode d'établissement très hardi, connu sous le nom de *lançage*, et qui consiste à se servir des piles et des culées de l'ouvrage comme supports intermédiaires. On les munit de rouleaux à leur partie supérieure et on y fait glisser le tablier, construit de toutes pièces, au fur et à mesure de l'avancement, sur la plate-forme qui précède l'une des culées ; ce glissement du tablier est obtenu, soit au moyen de leviers agissant directement sur les galets de roulement qui supportent la masse métallique sur chacune des piles, soit par l'emploi du halage par treuil. C'est ce dernier système qui a été adopté pour le lançage du beau pont de *Cubzac*, destiné au passage de la grande ligne du chemin de fer de l'État sur la Dordogne, et qui est représenté figure 28.

Dans une semblable opération, on est amené à laisser surplomber en porte-à-faux pendant un certain temps une partie notable du tablier — à Cubzac, ce porte-à-faux a atteint jusqu'à 50 mètres de longueur, — et pour cela on prend diverses précautions afin d'éviter que l'ossature métallique ne *travaille* dans des conditions exagérées qui pourraient en amener la rupture. Dans certains cas, lorsque les travées sont trop longues, on est obligé, pour cette raison, de construire une ou plusieurs piles intermédiaires ou palées provisoires en charpente. A Cubzac, pendant le lançage, les fers ont dû résister à des efforts qui ont dépassé dans certaines parties, 10 kilogrammes par millimètre carré.

Les ouvrages dont nous venons de parler se rapportent presque tous au même type à poutres droites reposant sur des piles en maçonnerie ou même en métal, régulièrement espacées, ce qui présente des inconvénients lorsqu'il faut franchir une vallée large et très profonde ou traverser l'estuaire d'un fleuve sans nuire à la navigation.

Le problème posé à ce sujet a reçu une solution des plus

Fig. 28. — Lancement du pont de Cubzac.

satisfaisantes avec le système employé pour la première fois par M. Eiffel au grand pont du Douro, à Porto, et appliqué depuis au célèbre *viaduc de Garabit*.

M. Eiffel a résolu la question par une combinaison ingénieuse du viaduc ordinaire à poutres droites et de l'arc métallique.

En examinant avec attention le viaduc de Garabit, on reconnaît, en effet, que ce gigantesque ouvrage n'est pas autre chose qu'un viaduc ordinaire posé sur un immense arc en métal qui supporte le tablier.

L'opération du montage de cet ouvrage colossal a présenté de nombreuses difficultés, comme l'on peut s'en convaincre en examinant la figure 29 et en méditant sur les chiffres ci-dessous, qui indiquent les principales dimensions de l'œuvre de M. Eiffel et du regretté ingénieur Boyer.

Le *viaduc de Garabit* est à une seule voie et sa longueur totale est de 564^m,65. Il se compose d'une partie métallique de 448 mètres, prolongée à ses extrémités par des viaducs en maçonnerie formant culées. La travée médiane repose sur une grande arche en acier de 165 mètres d'ouverture ; la flèche de l'arc, à l'intrados, est de 51^m,86 ; l'épaisseur, à la clef, est de 10 mètres. Le rail, sur le viaduc, est à 122 mètres au-dessus des eaux de la Truyère, qui coule dans le fond du ravin. Il a été calculé pour supporter une surcharge d'épreuve de 4,800 kilogrammes par mètre courant ; il a coûté plus de 3 millions de francs.

Une fois lancés dans cette voie des ouvrages gigantesques et hardis, nos ingénieurs modernes se sont appliqués, de plus en plus, à effacer le mot *impossible* de leur langage technique.

On en aura la preuve par ce qui nous reste à dire au sujet des ouvrages d'art à grande portée établis ou proposés pour la *traversée des grands cours d'eau et des bras de mer*.

Les *ponts suspendus* ont paru à l'origine résoudre complètement la question. Mais leur peu de durée et divers accidents célèbres ont jeté le discrédit sur cette sorte d'ouvrages, surtout en ce qui concerne les ponts destinés à livrer passage à des voies ferrées.

Toutefois les Américains n'y ont pas absolument renoncé, ainsi que le prouve la construction récente du fameux pont de Brooklyn, qui n'est pas d'ailleurs à proprement parler un pont de chemin de fer, bien qu'il y circule à niveaux différents deux lignes de tramways.

Tout le monde se souvient du célèbre pont suspendu jeté près des chutes du Niagara ; cet ouvrage a été remplacé par un pont métallique rigide du système américain, dont nous donnons une vue ci-après (fig. 30), et où l'on remarquera, comme dans la plupart

Fig. 29. — Viaduc de Garabit (montage de l'arc central).

des travaux du même genre exécutés aux États-Unis, l'indépendance absolue entre chacune des travées métalliques, formant ainsi une suite de tabliers distincts posés bout à bout sur les piles successives.

Mais tous les ouvrages d'art dont nous venons de parler s'effacent, malgré leurs dimensions respectables, devant le chef-d'œuvre du genre que nos voisins les Anglais sont en train d'établir

Fig. 30. — Viaduc du Niagara.

sur le Forth, en Écosse, et qui, par la nouveauté du système, aussi bien que par ses dimensions tout à fait extraordinaires, mérite une description détaillée.

Cet ouvrage (fig. 31) est lancé à l'embouchure du Forth, au nord d'Édimbourg, où l'estuaire du fleuve mesure plus de 10 kilomètres de largeur. On a profité d'un étranglement de la rivière et de la présence d'un îlot intermédiaire pour projeter en cet endroit un pont de 1,450 mètres seulement de longueur, avec deux travées de plus de 500 mètres de portée chacune! Les ingénieurs, MM. Fowler et Backer ont résolu le problème au moyen d'une énorme poutre continue d'une extrémité à l'autre, du type dit à balancier équilibré,

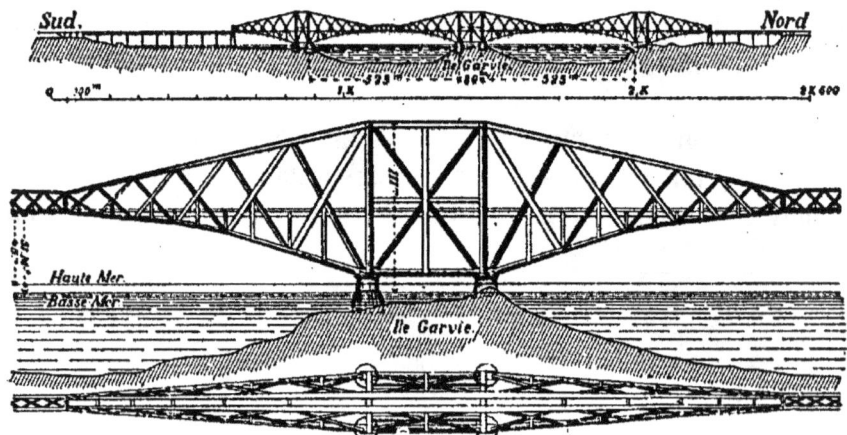

Fig. 31. — Viaduc du Forth.

et supportée par trois grandes tours, une à chaque extrémité, l'autre sur l'îlot central. Trois appuis et une barre rigide résument donc

Fig. 32. — Croquis figuratif de l'équilibre du pont du Forth.

ce système au point de vue de la construction. Chacune des tours a 111 mètres de hauteur et repose sur un monolithe en maçonnerie de granit. La grande profondeur de l'eau à l'endroit choisi (60 mètres) ne permettant pas d'établir un échafaudage quelconque, c'est le pont lui-même qui le constitue. Le principe du montage

Perspective.

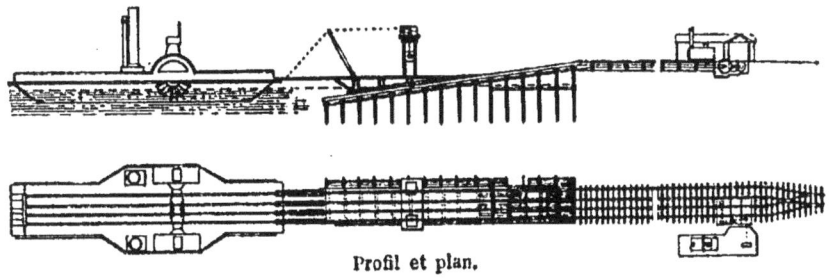

Profil et plan.

Fig. 33. — Ferry-boat de l'île de Whight.

consiste à construire d'abord les grands pylônes ou tours en acier des piles principales, puis à ajouter successivement, à droite et à gauche de ces tours des portions en encorbellement, de façon à ce qu'elles s'équilibrent elles-mêmes jusqu'à la terminaison du travail.

L'ouvrage a été commencé en 1883 et, après bien des difficultés éprouvées pour la fondation des piles, on a pu enfin entreprendre le montage de la partie métallique qui s'effectue rapidement. L'ouvrage complet pèsera 16,000 tonnes pour la partie métallique et pourra supporter couramment une charge de 800 tonnes. L'effort latéral du vent, dont il faut tenir le plus grand compte dans un pareil ouvrage, a été calculé à raison de 273 kilogrammes par mètre carré; tandis qu'au pont de la Tay qui, on s'en souvient, fut renversé par le vent, on n'avait prévu de ce chef qu'une résistance de 45 kilogrammes par mètre carré.

Le curieux croquis de la figure montre clairement de quelle

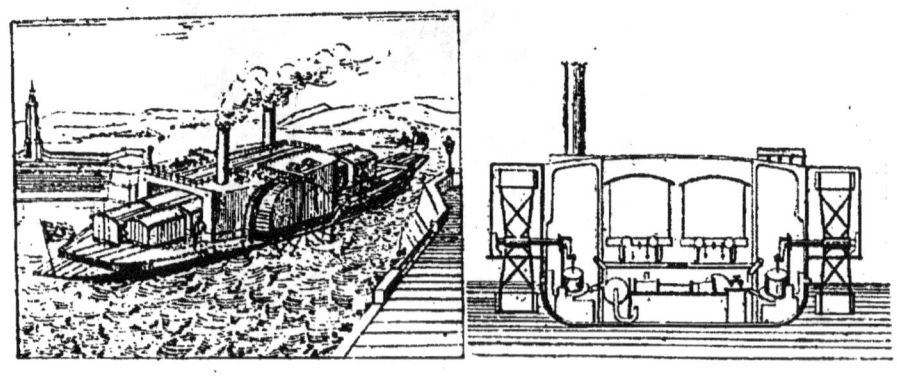

Perspective.   Coupe.

Fig. 34. — Ferry-boat du lac de Constance.

manière est réalisé l'équilibre statique du pont du Forth, qui constitue sans contredit, avec la tour de 300 mètres construite à Paris par M. Eiffel, un des ouvrages métalliques les plus prodigieux de ce siècle.

Parfois, la traversée des larges cours d'eau et des bras de mer ne pourrait pas être effectuée facilement au moyen d'un pont; alors on a recours aux passages par-dessous, au système des *tunnels* dont nous allons parler plus loin. Quelquefois aussi, on n'établit aucun ouvrage spécial à cet effet, et, pour éviter le transbordement des voyageurs et surtout celui des marchandises, passant d'une rive à l'autre, on a recours à l'emploi de bateaux spéciaux, dits *bateaux porte-trains, bacs à trains, ferry-boats,* etc.

Nous donnons (fig. 33 et 34) la disposition adoptée pour le passage des convois à l'île de Wight et sur le lac de Constance. Le bateau à vapeur spécial comporte, dans l'un et l'autre cas, un pont muni de voies où les trains accèdent directement au moyen

Fig. 35. — Pont levant du marché aux bestiaux de la Villette.
Tablier levé pour le passage des bateaux.

d'une estacade d'embarquement contre laquelle le bateau vient accoster.

On avait projeté d'établir un service analogue entre la France et l'Angleterre, service qui n'aurait sans doute pas rencontré, de la part de nos voisins, la même hostilité que les projets de ponts et de tunnels qu'ils ont successivement repoussés.

Dans certains cas, il arrive qu'une voie ferrée doit traverser une rivière ou un canal à une faible hauteur au-dessus du niveau de l'eau et sans cependant empêcher la navigation. Dans ce but on rend mobile l'une des travées du pont et on constitue ainsi ce qu'on appelle un *pont-tournant*, dont la manœuvre se fait exactement comme celle des écluses, soit à bras, soit mieux à l'aide de la pression hydraulique.

On a trouvé parfois plus avantageux ou plus commode de rem-

Fig. 36. — Pont levant du marché aux bestiaux de la Villette.
Tablier abaissé pour le passage des trains.

placer le mouvement de rotation horizontal de la travée mobile par un mouvement de translation vertical et l'on a alors les ouvrages désignés sous le nom de *ponts-levants*. Des exemples de ce système existent en Amérique et à Paris même, sur le canal de l'Ourcq, pour la traversée des voies du chemin de fer de Ceinture dans la gare du marché aux bestiaux de La Villette (fig. 35 et 36). Dans ce dernier ouvrage, la manœuvre se fait à la main, mais le mouvement du tablier, équilibré par des contre-poids, est aidé à la descente par une certaine quantité d'eau emmagasinée à l'intérieur de la partie mobile.

Pour terminer ce qui est relatif aux ponts et viaducs de tout genre, il nous reste à dire quelques mots des *fondations* des ouvrages d'art.

Quand le terrain sur lequel on les établit est sec et résistant, quand on rencontre à une faible profondeur la roche ou des terrains compacts, ces travaux ne présentent aucune difficulté spéciale.

Mais il n'en est plus de même quand on fonde sous l'eau à une profondeur plus ou moins grande les piles d'un pont, ou bien lorsqu'on exécute ce même travail dans des terrains fortement *aquifères*. Dans ce cas, on procède toujours aujourd'hui au moyen de caissons métalliques et par l'air comprimé.

Pour cela on établit dans la fouille, commencée par les procédés ordinaires, un caisson métallique, en forme de boîte renversée, muni d'orifices sur son fond supérieur, pour l'envoi de l'air comprimé et le passage des ouvriers et des déblais. Au moyen de la pression de l'air, on refoule et l'on maintient dans l'intérieur du sol l'eau qui tendrait à envahir le caisson et ce dernier sert alors de chambre de travail à l'intérieur de laquelle les ouvriers approfondissent la fouille et font descendre avec eux le caisson qui les renferme. Pendant ce temps on maçonne par-dessus le caisson, dans des caisses métalliques étanches, la pile de fondation qui descend en même temps que ce dernier et, quand on arrive à la profondeur voulue, la pile se trouve solidement fondée sans que les eaux d'infiltration aient pu un seul instant empêcher le travail. Les installations d'un semblable chantier sont naturellement complétées par des dispositifs permettant l'entrée et la sortie des ouvriers et des matériaux, sans modifier la pression de l'air à l'intérieur du caisson. Ce système a reçu aux travaux du pont de Kehl à Strasbourg une de ses premières applications (fig. 37); il a été depuis lors l'objet de nombreux perfectionnements et a permis, dans beaucoup de cas, de remplacer par des fondations solides et compactes le système des fondations *sur pilotis* ou sur pieux appliqué jusqu'alors à tous les ouvrages établis dans de mauvais terrains.

Lorsqu'une tranchée à creuser pour le passage du chemin de fer dépasse une certaine profondeur, variable selon la nature des

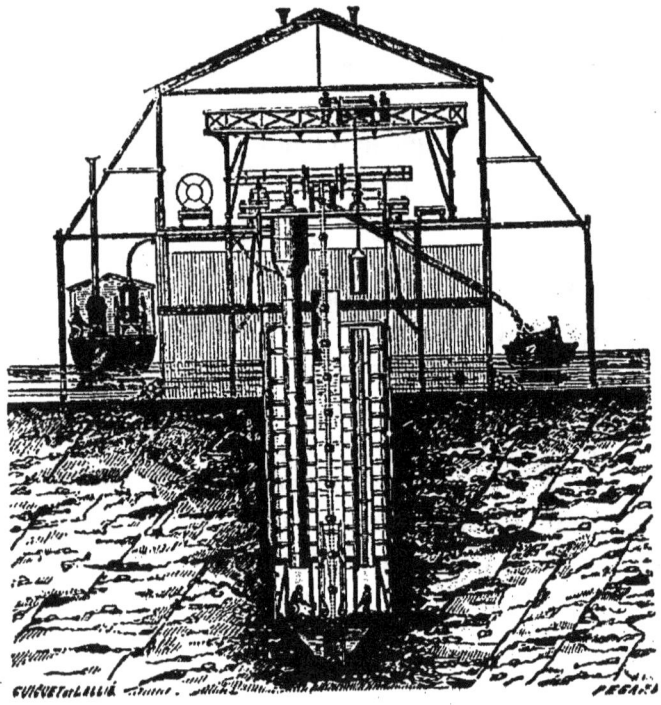

Fig. 37. — Fondations du pont de Kehl.

terrains rencontrés, il peut devenir avantageux de ne pas l'ouvrir jusqu'au niveau du sol supérieur et d'y pratiquer seulement une galerie de dimensions suffisantes pour la circulation des trains; cette galerie s'appelle *souterrain* ou *tunnel* (fig. 38).

Il y a toujours lieu de percer un tunnel s'il s'agit de traverser une montagne ou même un monticule de quelque importance.

Les dimensions minima imposées par les cahiers des charges des Compagnies françaises pour les tunnels sont les suivantes :

Hauteur sous clef.		6^m, »
— au-dessus des rails extérieurs.		$4^m,80$
Largeur . . { Pour les lignes à deux voies. . . .		8^m, »
— — à simple voie . . .		5^m, »

La construction des tunnels s'effectue d'après plusieurs méthodes, suivant qu'il s'agit de les percer dans des couches de terrain dures ou friables, compactes ou ébouleuses.

Fig. 38. — Entrée du souterrain de Ménilmontant.

On attaque toujours l'ouvrage des deux côtés à la fois, et, lorsque la hauteur du sol au-dessus n'est pas trop considérable, on creuse des puits intermédiaires qui serviront plus tard à la ventilation et qui permettent d'ouvrir de nouveaux chantiers allant, de part et d'autre de la base des puits, à la rencontre des chantiers voisins. On travaille alors exactement comme dans les mines, et les vues ci-après (fig. 39 et 40) des travaux du souterrain de Philippeville (Algérie) donnent une idée de l'installation générale des chantiers.

INFRASTRUCTURE. 61

Le revêtement intérieur des tunnels se fait, le plus souvent, en maçonnerie ordinaire, et l'on donne à la voûte une épaisseur plus ou moins considérable, selon la nature des terrains qu'elle doit supporter. Dans certains cas, pour les souterrains creusés dans les roches très dures, on ne fait que des revêtements partiels et quelquefois même on se borne à maçonner seulement les *têtes* ou entrées. Enfin, en Amérique, il existe des exemples de souterrains revêtus intérieurement d'une charpente en bois (fig. 41).

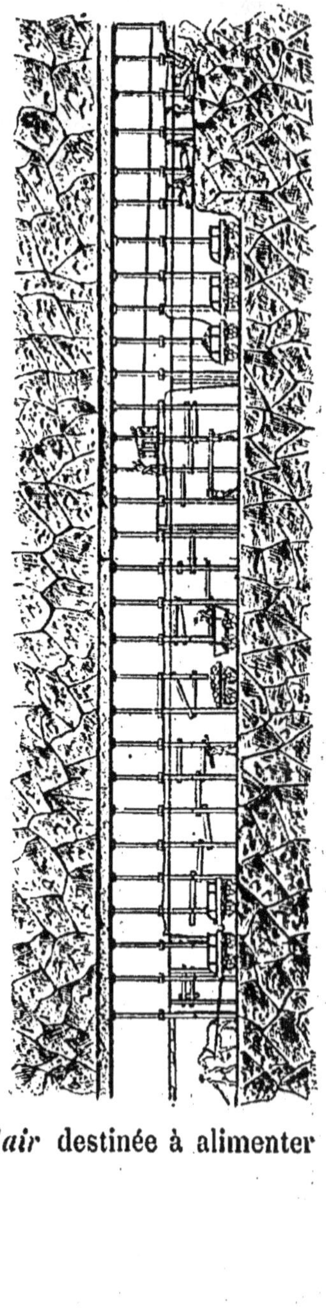

Mais lorsqu'il faut attaquer le rocher sur une grande longueur, comme dans les grandes percées alpestres, au Mont-Cenis ou au Saint-Gothard, les méthodes ordinaires doivent être complétées par l'emploi de la perforatrice mécanique à air comprimé et l'usage des explosifs.

Nous allons donner quelques détails sur cette manière d'opérer, en prenant comme type les travaux du *grand tunnel du Saint-Gothard*.

L'air comprimé, accumulé par les compresseurs dans les réservoirs, est transporté aux divers chantiers d'attaque du rocher par des conduites en fer ou en fonte, qui varient de $0^m,20$ à $0^m,10$ et $0^m,06$ de diamètre. A chacun des chantiers correspond sur la conduite une *prise d'air* destinée à alimenter les perforatrices.

Fig. 39. — Construction du souterrain de Philippeville.

Les perforatrices, en nombre variable d'après l'importance du chantier attaqué, sont supportées par un solide cadre en fer ou *affût* roulant, pouvant se déplacer et être retiré en arrière pour l'explosion des mines et le relevage des déblais. Cette dernière opération terminée, l'*affût* est ramené avec les perforatrices devant le front d'attaque et le forage recommence.

Fig. 40.
Construction du souterrain de Philippeville.

Ces trois opérations, forage des trous, explosion des mines et relevage des déblais, forment ce qu'on appelle un *poste*. La profondeur des trous de mine variant en général de $1^m,10$ à $1^m,20$, chaque poste donne 1 mètre à $1^m,10$ d'avancement.

Dans une roche dure et compacte comme le granit, on peut exécuter trois postes par jour, ou plutôt cinq postes en deux jours. Dans les roches cristallines, gneiss micacés ou talqueux, on atteint quatre postes par journée de vingt-quatre heures. L'avancement quotidien produit ainsi de $2^m,50$ à $4^m,50$.

Cet avancement est du reste sujet à des variations dépendant d'une foule de circonstances imprévues : pression aux perforatrices, conditions dans lesquelles se présente le rocher, compact ou ébouleux, sec ou aquifère.

Le percement du Gothard a passé par les péripéties les plus nombreuses. Dès le commencement des travaux, tandis que la galerie nord de Gœsche-

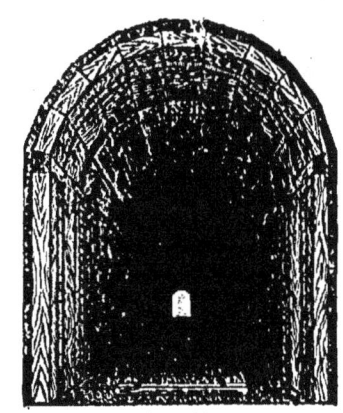

Fig. 41.
Tunnel américain en bois.

nen traversait le granit du Val des Schœllenen, la galerie sud d'Airolo était engagée dans des roches aquifères débitant plus de trois cents litres d'eau par seconde.

INFRASTRUCTURE.

Quant à la marche même du travail, on peut la suivre parfaitement sur les croquis représentatifs que nous donnons ici.

La figure 42 nous montre l'affût et les perforatrices au front d'attaque. Malgré l'exiguité du dessin, on distingue très bien les

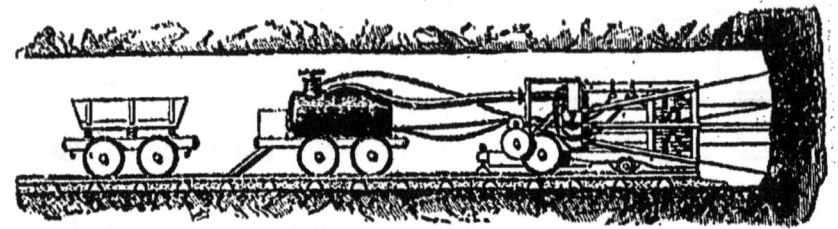

Fig. 42. — La perforation mécanique au tunnel du Saint-Gothard.

conduites d'air aboutissant à chacune des machines, les vis verticales qui permettent de les déplacer et de leur donner l'inclinaison voulue pour le forage. En arrière de l'affût, se trouve un tender rempli d'eau pour l'injection des trous de mines. De ce tender partent des conduites aboutissant à des lances. L'air comprimé, pesant sur la

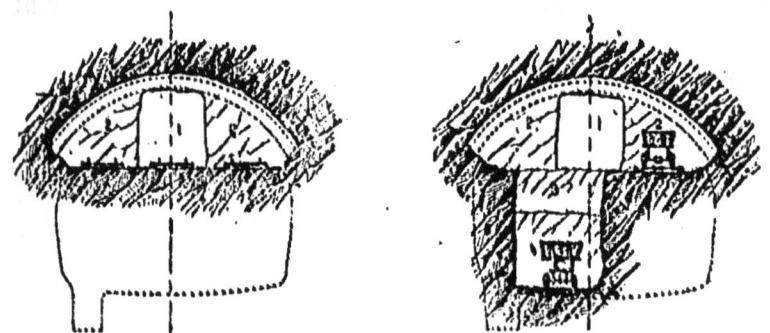

Fig. 43. — Marche du travail d'excavation au grand tunnel du Saint-Gothard.

surface de l'eau, la chasse violemment dans le trou de mine, qui se trouve complètement débarrassé des débris de rocher qui s'opposeraient au mouvement du fleuret.

La figure 43 indique le mode de creusement adopté.

On commence par forer une *petite galerie* d'environ $2^m,50$ sur $2^m,50$, qu'on élargit ensuite de chaque côté en *abatages*, de façon à obtenir la demi-lune qui recevra la voûte du tunnel. A l'étage inférieur, on creuse d'abord une *cunette*, puis on enlève le *strosse* restant et l'excavation pour l'aqueduc d'écoulement des eaux.

La *petite galerie*, les deux *abatages* de droite et de gauche, la *cunette du strosse*, se percent à la machine, cette dernière par un chantier à deux étages.

Le nombre total des perforatrices employées a été d'environ

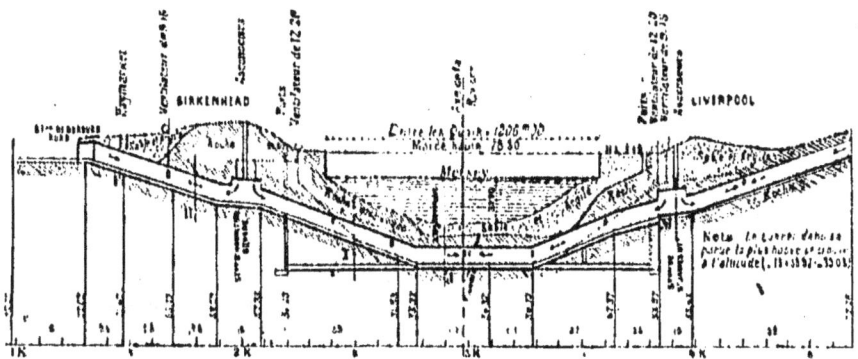

Fig. 41. — Tunnel sous la Mersey, entre Liverpool et Birkenhead. (Profil en long.)

25 à 30 pour chacune des deux embouchures, alimentées par les compresseurs d'air dont nous avons parlé.

Les trous forés dans la roche par les perforatrices sont ensuite chargés à la façon des mines ordinaires et leur explosion simultanée, obtenue au moyen de l'électricité, permet d'abattre tout le front de taille d'un seul coup.

Quant aux explosifs c'était, soit la *dynamite* ordinaire, soit la gélatine explosive ou *dynamite-gomme* de Nobel, dont les consommations respectives ont été de $3^{kg},8$ et $2^{kg},50$ par mètre cube de roche abattue.

Le grand tunnel du Gothard n'est pas le seul où l'on ait opéré comme il vient d'être dit, sur cette curieuse ligne de chemin de fer qui relie l'Allemagne à l'Italie à travers l'une des parties les plus accidentées et les plus imposantes de la Suisse.

Comme on peut le voir sur le plan et le profil (planche I), les tunnels s'y succèdent nombreux et rapprochés : les uns sont droits, les autres tournent en montant dans l'épaisseur du rocher et affectent la forme *héliçoïdale*[1].

Le percement des massifs montagneux n'est pas la seule raison d'être des tunnels. Ces sortes d'ouvrages peuvent, nous l'avons dit plus haut, convenir, dans certaines occasions, à la traversée des fleuves et des bras de mer. Cette ingénieuse application, à laquelle nos voisins les Anglais s'opposent pour la traversée du détroit du Pas-de-Calais, a cependant été réalisée pour la première fois, chez eux, il y a déjà bien des années, par un ingénieur français ; nous voulons parler de Brunel et de son célèbre *tunnel* sous la Tamise, à Londres. Cette galerie, qui fut, à l'origine, un passage pour piétons, sert aujourd'hui à la traversée des voies de l'*East London Railway*.

---

1. Voici la liste des principaux tunnels de la ligne du Gothard, avec l'indication de leur longueur, en suivant le profil en long d'Immensée à Chiasso. (Les noms inscrits en lettres capitales sont ceux des tunnels *héliçoïdaux*, perforés mécaniquement.)

Versant nord, Immensée-Gœschenen :

Tunnel d'Oelberg.	1933m,25
— de Stutsek .	981m,50
— d'Axenberg.	1118m, »
— de PFAFFENSPRUNG.	1400m, »
— de WATTINGEN.	1000m, »
— de LEGGISTEIN.	1095m, »
— de Naxberg.	1503m, »

Grand tunnel, Gœschenen-Airolo :

Grand tunnel du Saint-Gothard	14914m, »

Versant sud, Airolo-Biasca :

Tunnel de FREGGIO.	1563m,50
— de PRATO.	1557m, »
— de PIANO-TONDO.	1508m, »
— de TRAVI.	1515m, »

Ligne du Monte-Cenere, Giubiasco-Chiasso :

Tunnel du Monte-Cenere	1675m, »
— de Massagno.	933m,07

Dans ces derniers temps, les Anglais ont appliqué de nouveau cette solution, avec un plein succès, pour le passage du chemin de fer sous la *Mersey* entre Liverpool et Birkenhead (fig. 44 et 45). Ils ont construit là un tunnel de plus de 4 kilomètres, pour franchir la Mersey à environ 10 mètres en contre-bas du lit de la rivière, dont la largeur est, à cet endroit, de plus de 1,200 mètres entre les quais des deux villes. Deux galeries en pente donnent accès à la partie située sous l'eau, qui est assainie par des conduites de drainage aboutissant, de chaque côté, à des puits où sont installées des pompes à vapeur. L'aérage du tunnel a dû être assuré par de puissants ventilateurs.

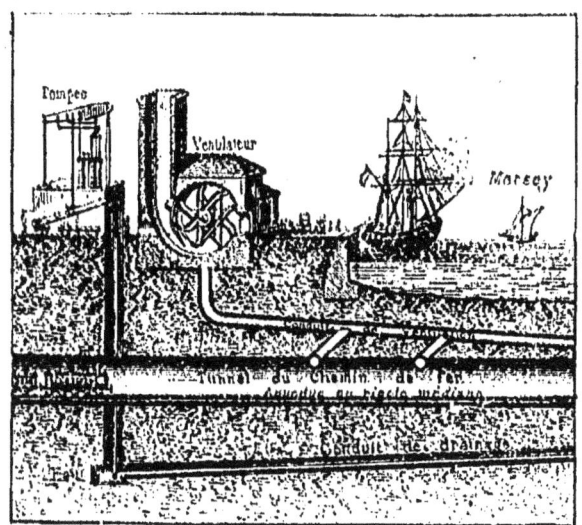

Fig. 45.
Tunnel sous la Mersey. (Épuisement et ventilation.)

En un mot, les Anglais ont établi là en petit ce qui serait parfaitement réalisable pour la création d'un tunnel sous la Manche. Le succès qu'ils ont ainsi obtenu dans cette récente application enlève toute valeur aux arguments techniques qu'on tenterait d'opposer désormais à la construction du tunnel sous-marin.

Avant de quitter les tunnels, il nous faut mentionner encore les galeries couvertes qui sont construites dans certaines tranchées dont on redoute les éboulements, et qui, par la suite, se transforment peu à peu en véritables souterrains, ainsi que celles établies sur des lignes de montagne dans les endroits où la voie est fréquemment exposée à être interceptée par les neiges.

CHAPITRE III

EXÉCUTION DES TRAVAUX (Suite.)
SUPERSTRUCTURE

Éléments de la voie. — Écartement des rails. — Lignes à voie unique, à double voie, à voies multiples. — Types de rails et accessoires. — Traverses et longrines. — Établissement de la voie. — Ballastage. — Courbes, surhaussement, raccordement. — Appareils de la voie; aiguilles, traversées, plaques tournantes, chariots. — Poteaux indicateurs. — Clôtures.

La *plate-forme* du chemin de fer une fois établie, il faut poser la *voie* et tous ses accessoires, en un mot, il faut l'armer de tout ce qui est nécessaire à la formation, aux manœuvres et à la circulation des trains.

Les éléments principaux dont se compose la voie sont :

Les *rails*, réunis entre eux bout à bout par des *éclisses* fixées au moyen de *boulons*; les rails sont maintenus sur des *traverses* par des *tirefonds*, soit directement, soit par l'intermédiaire de *coussinets*. La voie ainsi constituée ne repose pas directement sur la plate-forme des terrassements; elle est, pour ainsi dire, noyée dans une couche de gravier bien sèche, soigneusement bourrée sous les traverses et qui porte le nom de *ballast*.

La *largeur de la voie*, c'est-à-dire la distance entre les deux files de rails, est variable; celle adoptée pour la plupart des chemins de fer européens et qui a fait donner à leur voie le nom de *voie normale*, est de $1^m,445$ d'axe en axe des rails.

Toutes les voies qui ont un écartement supérieur à ce chiffre sont dites *voies larges*, celles qui se tiennent au-dessous sont les *voies étroites*. Les chemins de fer russes et espagnols sont parmi ceux à voie large; la plus grande partie des chemins de fer secondaires ou économiques se construisent maintenant à voie étroite.

Nous ne nous occuperons dans ce volume, — comme nous l'avons déjà dit, — que des chemins de fer à voie normale.

Les chemins de fer s'établissent en général à *une* ou *à deux voies*. Dans ce dernier cas, qui est celui de la plupart des lignes importantes de nos grands réseaux, l'une des voies est affectée au service d'aller et l'autre à celui de retour ; les trains se succèdent par suite toujours dans le même sens sur chacune des deux voies principales.

Quand la circulation n'atteint pas un grand développement, comme sur les lignes secondaires ou d'embranchement, on se contente de poser une voie principale unique, qu'on dédouble seulement à la traversée des gares où s'effectue le croisement des trains. Quelquefois, sur les lignes à voie unique, les terrains sont acquis et les terrassements et ouvrages d'art sont établis pour deux voies dès l'origine, ce qui permet de doubler la voie à peu de frais, sur tout ou partie du parcours, quand l'utilité s'en fait sentir.

Parfois, d'autres considérations que l'importance du trafic obligent à établir des chemins de fer à double voie, comme dans le cas des lignes *stratégiques*.

Enfin, depuis plusieurs années déjà, en Amérique, en Angleterre et même en France, on a été amené à installer, sur certaines sections très chargées, une troisième et quelquefois une quatrième voie. A ce sujet, la question s'est posée de savoir s'il est préférable d'opérer le doublement d'une ligne à deux voies le long des voies existantes, ou s'il n'est pas plus avantageux de construire une nouvelle ligne absolument distincte de la première, reliant entre eux les deux mêmes points terminus, mais desservant sur son parcours d'autres localités. C'est là une question à examiner dans chaque cas particulier.

Comme exemple de doublement de chemins à deux voies par une autre ligne distincte de la première, nous citerons celle d'Amiens à Paris par Montdidier, Ormoy et la ligne de Soissons ; celle de Paris à Mantes par Argenteuil ; celle de Lyon à Nîmes par la rive droite du Rhône, etc. ; comme lignes à voies multiples établies sur la même plate-forme, nous avons les exemples bien connus du faisceau à six voies du réseau de l'Ouest entre Paris et

Batignolles, se continuant à quatre voies jusqu'à Asnières, les quatre voies du P.-L.-M. entre Conflans-Charenton et Villeneuve-Saint-Georges, les cinq voies du Nord de Paris à la bifurcation de Soissons, les six voies de l'Est entre La Villette et Noisy-le-Sec, etc.

Les *rails* des divers types se rapportent presque tous à deux genres principaux : les rails à *double champignon* et les rails à *patin* ou rails *vignole*.

Ils dérivent tous deux de la forme en double T que nous avons déjà vu employer dans les pièces de charpente des ponts métalliques.

La forme des rails est déterminée par la double condition de résister le mieux possible aux efforts qui doivent s'exercer sur eux et de pouvoir être facilement fabriqués.

On a beaucoup discuté sur les avantages et les inconvénients des rails à double champignon et des rails à patin. Aujourd'hui que *l'acier*, matière fondue et homogène, a remplacé à peu près complètement le fer dans la fabrication des rails, les différences entre les deux types ne résident plus guère que dans la facilité plus ou moins grande que l'un ou l'autre offre pour la pose et le remplacement, et dans l'économie qui résulte de leur emploi.

Le rail à patin est stable par lui-même, il repose directement sur les traverses où on le fixe par des vis à bois appelées *tirefonds*; le rail à double champignon, au contraire, exige pour être établi que les traverses soient préalablement munies de *coussinets* dans lesquels il vient s'enchâsser et où on le maintient au moyen de *coins* en bois chassés à force.

Dans le premier cas, on réalise une économie par suite de la suppression des coussinets, économie que Couche évaluait jadis à 4,000 francs par kilomètre de voie simple [1]; mais, par contre,

---

[1]. Le chiffre de 4,000 francs donné par Couche paraîtra un peu élevé aujourd'hui qu'il faut tenir compte de ce fait que, dans les voies Vignole bien posées, le rail est fixé sur les traverses par l'intermédiaire de *selles* en fer dont il faut déduire la valeur du chiffre indiqué ci-dessus.

avec le système à double champignon, le remplacement d'un rail en service s'effectue avec une très grande rapidité, puisqu'il suffit pour l'enlever de chasser les six ou huit coins qui le maintiennent, sans être obligé de dévisser aucun tire-fond comme pour le rail Vignole.

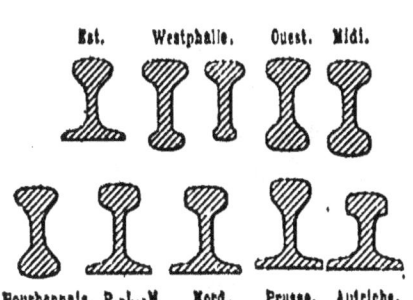

Fig. 46. — Principaux types de rails.

Cette considération a bien son importance lorsqu'il s'agit de lignes où les trains se succèdent à des intervalles très rapprochés.

Quoi qu'il en soit, les profils des rails varient d'une Compagnie à l'autre (fig. 46), ainsi que leur poids, qui est en général de 30 à 40 kilogrammes par mètre courant et que l'on a aujourd'hui une tendance marquée à rapprocher de 50 kilogrammes.

La longueur des rails a été aussi augmentée; pendant longtemps on s'en est tenu au maximum de 6 mètres qu'on porte aujourd'hui à 8 mètres, 10 mètres et même jusqu'à 12 mètres. On diminue ainsi le nombre des *joints*, cause la plus sensible des chocs imprimés aux trains en marche.

L'éclissage des rails des deux systèmes s'opère de la même façon au moyen de deux bandes de fer ou d'acier appliquées de chaque

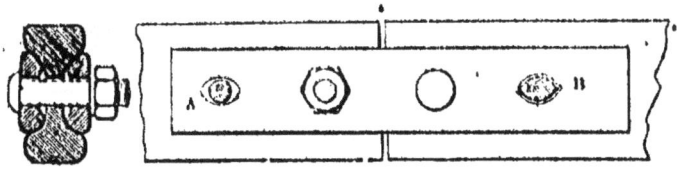

Fig. 47. — Éclissage du joint (Ouest).

côté de l'âme des rails à réunir et maintenues en place par trois ou quatre boulons (fig. 47). L'éclissage se fait soit sur des traverses, dites de joint, soit entre deux traverses (joint *en porte-à-faux*).

Sous l'influence des trains en marche, les rails tendent à se déplacer dans le même sens; cet entraînement de la voie est dû au

SUPERSTRUCTURE.

choc des roues qui attaquent l'extrémité du rail par suite du ressaut qui se produit toujours à l'endroit du joint. Il est assez considérable, surtout dans les pentes, pour que l'on se soit préoccupé d'y porter remède. On fait usage, dans ce but, de goujons, chevillettes ou selles d'arrêt de divers modèles.

Les rails sont fabriqués maintenant en acier Bessemer ou Siemens Martin, coulé et laminé; ils sont soumis à des épreuves qui varient suivant les Compagnies et le type de rails; ils doivent résister en général au choc d'un mouton de 300 kilogrammes tombant de 2 mètres de hauteur.

Les *traverses* se divisent en deux grandes catégories : les traverses *en bois* et les traverses *en métal*. Les premières ont été pendant longtemps les seules employées, et encore aujourd'hui, la plupart des ingénieurs des grandes Compagnies de chemins de fer leur reconnaissent des qualités qu'ils n'espèrent pas pouvoir jamais rencontrer, au même degré, dans les traverses métalliques.

Ces dernières ont néanmoins fait de réels progrès depuis quelques années, et les essais qui ont été poursuivis, sur une vaste échelle, dans divers pays ont donné des résultats encourageants.

Les *traverses en bois*, employées sur la plupart de nos voies ferrées, affectent le plus souvent l'une des formes ci-dessous (fig. 48).

Fig. 48. — Profils de traverses en bois.

Leurs dimensions varient entre 0^m,24 et 0^m,30 pour la largeur, 0^m,12 et 0^m,14 pour la hauteur et leur longueur moyenne est de 2^m,70.

Les essences les plus employées pour la confection des traverses sont le chêne, le hêtre et le sapin.

Les traverses en chêne s'emploient généralement sans préparation, mais les autres doivent préalablement être injectées au moyen d'un liquide antiseptique qui les préserve de la pourriture et augmente leur durée. Les substances les plus usitées pour l'injection sont le *sulfate de cuivre* et la *créosote*. L'injection dans les traverses se fait, soit par le vide, soit sous pression.

Les *traverses métalliques* se fabriquent en fer ou en acier. Comme l'emploi de ces sortes de traverses est encore dans la pé-

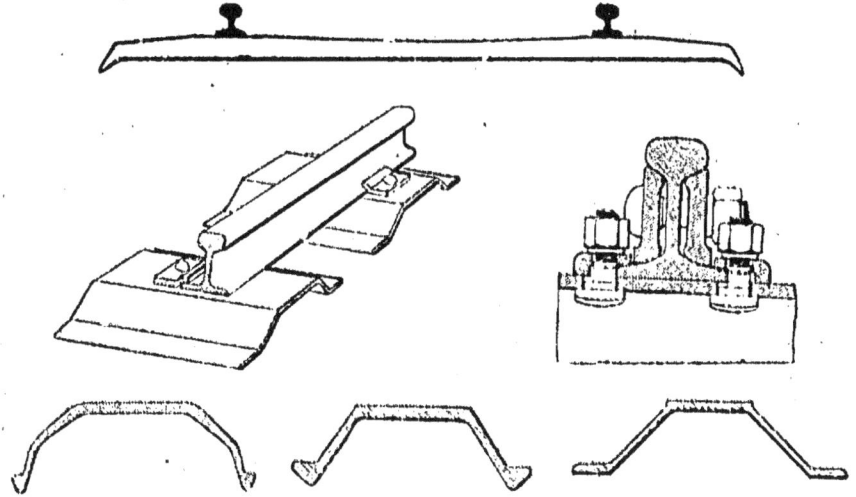

Fig. 49. — Principaux types de traverses métalliques.

riode des expériences et des tâtonnements, il n'est pas étonnant qu'il ait surgi une multitude de types différents. On peut presque dire qu'actuellement chaque ingénieur de chemin de fer a sa traverse, qui naturellement est celle qui satisfait le mieux aux deux grands desiderata de ce système : permettre le bourrage exact du ballast et faciliter l'attache du rail.

Les deux types les plus connus sont la traverse de l'ingénieur hollandais *Post* et la traverse *Vautherin* (dite en auge renversée). Tous les autres se rapprochent de près ou de loin de ces deux systèmes et n'en diffèrent, le plus souvent, que par un mode spécial de fixation du rail (fig. 49).

Les dimensions de ces traverses varient entre $2^m,40$ et $2^m,60$ de longueur, $0^m,24$ à $0^m,30$ de largeur à la base et $0^m,05$ à $0^m,10$

de hauteur; elles pèsent en général de 45 à 50 kilogrammes. Elles sont toutes établies pour l'emploi des rails à patin.

Si la question des traverses métalliques est encore controversée dans les contrées de l'Europe où le bois est abondant et relativement à bon marché, il n'en est plus de même pour les chemins de fer construits dans les pays chauds où les traverses en bois ne sauraient résister longtemps, comme par exemple en Égypte et dans les Indes.

On a cherché, à diverses reprises, à résoudre d'une manière radicale la question des traverses en les supprimant complètement. On a proposé à cet effet, soit des voies sur *longrines*, soit l'emploi des plateaux ou des cloches.

Les longrines en bois, pièces longitudinales placées sous les rails et dans toute leur longueur, sont adoptées pour la pose de la voie à la traversée des ponts métalliques.

Quant aux longrines en fer ou en acier, on les a essayées pour la voie courante, et le système *Hilf*, très employé en Allemagne, paraît être celui qui a donné jusqu'ici les meilleurs résultats.

Nous ne rappelons que pour mémoire les systèmes de cloches Barlow, Hartwich, etc., qui n'ont pas reçu d'extension et qui trouveraient plutôt leur place dans la partie historique de cet ouvrage.

La pose de la voie entièrement métallique diffère peu de celle de la voie sur traverses en bois.

Pour cette dernière, dont nous donnons un exemple dans la figure 50, les traverses reçoivent préalablement, à la place que doit occuper le rail, une entaille peu profonde et inclinée d'un vingtième vers l'intérieur de la voie, de manière à donner au rail l'inclinaison voulue (conséquence de la conicité du bandage des roues des wagons). Cette opération s'appelle le *sabotage* des traverses.

Les traverses sont généralement distantes, dans la voie, de $0^m,80$ à $0^m,95$; en Amérique, toutefois, les traverses ne sont guère espacées que de $0^m,20$ à $0^m,25$, de telle sorte que la voie présente plus de pleins que de vides; il est vrai qu'elle n'est pas ballastée.

Les joints des rails s'effectuent de diverses manières; tantôt ils se font sur une traverse, — qu'on nomme pour cette raison *traverse de joint*, — et qu'on choisit d'un équarrissage plus fort que celui des traverses *intermédiaires;* tantôt le joint se fait en porte-à-faux entre deux traverses ordinaires rapprochées entre elles de

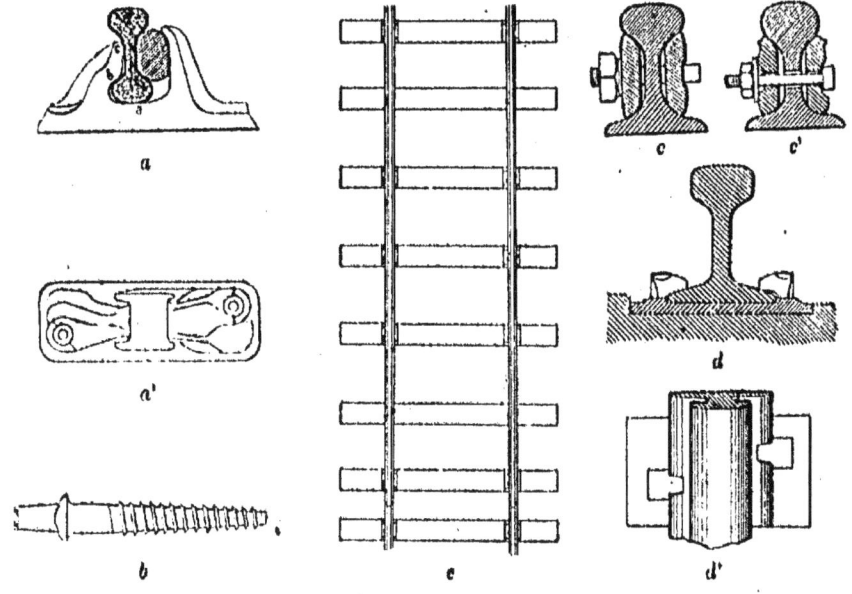

Fig. 50. — Élément divers de la voie.
a et *a'* Coussinet. — *b* Tirefonds. — *c* et *c'* Éclissage. — *d* et *d'* Selle.
e Pose de la voie.

$0^m,60$, de manière à augmenter l'élasticité de la voie. Enfin, on fait ordinairement les joints des deux files de rails en regard les uns des autres; cependant, quelquefois, on fait alterner ces joints d'une traverse à la traverse suivante. C'est ce qu'on appelle la pose *à joints chevauchés*, à laquelle on attribue une plus grande douceur pour le roulement des wagons.

La voie ainsi constituée repose, comme nous l'avons dit, dans une couche de *ballast* qui la fixe, la préserve et lui sert de *matelas* pour amortir les chocs et répartir la pression.

Suivant Couche, un bon ballast doit réunir les qualités ci-après :

« Il faut que l'eau y circule librement pour assurer l'assèchement de la voie ; il faut que ses éléments aient une certaine mobilité qui donne de la flexibilité à la voie et, par suite, de la douceur au mouvement des trains ; il faut que ses éléments résistent à la gelée, à l'eau, aux actions mécaniques des véhicules, au travail de l'entretien ; il faut qu'ils ne soient pas trop ténus ; qu'ils possèdent une stabilité suffisante pour n'être ni soulevés par les tourbillons du vent que forme le passage des trains, ni même trop déplacés par les mouvements et les trépidations des traverses, mouvements que la résistance du ballast doit précisément contenir dans des limites étroites tout en leur laissant une certaine liberté. »

Ces conditions sont très bien remplies par la pierre cassée en fragments de $0^m,06$ à $0^m,08$ de côté. Certains produits industriels comme le mâchefer et les *laitiers* de hauts-fourneaux fournissent aussi un excellent ballast. On doit en exclure les matières crayeuses et argileuses qui donnent de la poussière pendant l'été et de la boue en hiver.

Le *ballastage* des voies s'effectue de la manière suivante :

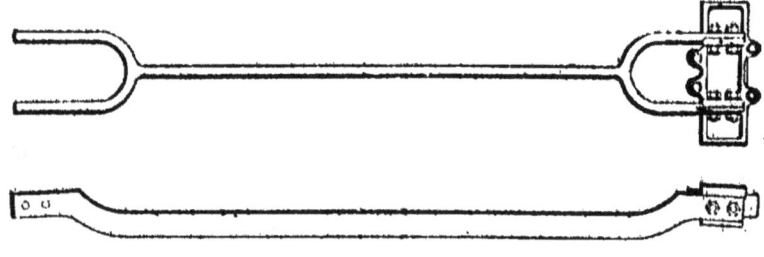

Fig. 51. — Gabarit de pose.

La voie étant d'abord posée *par terre* sur la plate-forme des terrassements, on y fait avancer des trains de ballast dont on décharge successivement les wagons à droite et à gauche ; cette première couche répandue uniformément sert au relevage de la voie, qu'on dresse bien convenablement, en s'aidant du niveau et des gabarits de pose et d'écartement (fig. 51), et on bourre soigneusement le ballast sous les traverses avant de répandre la seconde couche

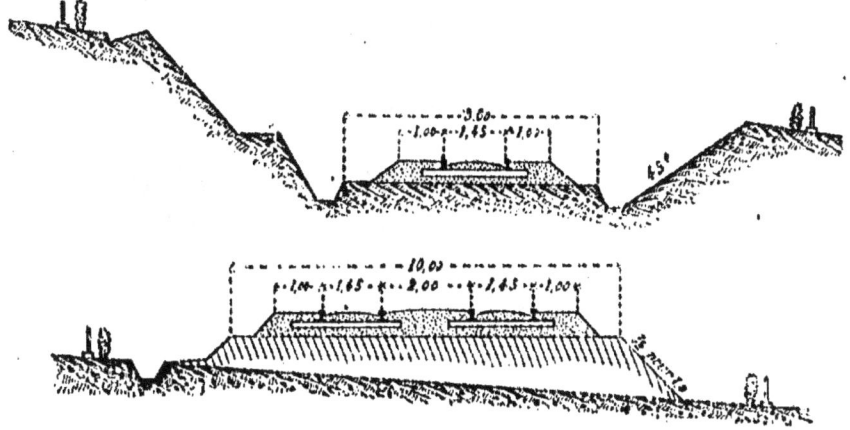

Fig. 52. — Profils en travers types.

et d'amener l'épaisseur totale à 0^m,50 ou 0^m,60, dont moitié sous les traverses.

Le profil définitif imposé par le cahier des charges est conforme aux types de la figure 52.

Dans les courbes, la voie se pose de la même manière que dans les parties droites; mais il faut, dans ce cas, déterminer sur les épures de pose la longueur à donner aux rails de la file *intérieure* pour en faire correspondre les joints avec ceux des rails de la file extérieure.

Pour les courbes des rayons habituellement usités sur les voies à écartement normal, il n'est pas nécessaire de cintrer les rails; on n'a recours au cintrage que pour les courbes de rayon inférieur à 250 mètres.

En général, pour éviter, dans les courbes de petit rayon, le frottement des boudins des roues contre les rails, frottement qui résulte du parallélisme des essieux, on augmente un peu la largeur de la voie dans l'étendue de ces courbes; c'est ce qu'on appelle le *surécartement*.

Au chemin de fer du Nord, cette largeur est portée à 1^m,465 dans les courbes de 100 à 250 mètres de rayon ; à 1^m,460 dans les courbes de 250 à 450 mètres ; et elle redevient normale (1^m,445), dans les courbes d'un rayon supérieur à 450 mètres.

Il est également nécessaire de *surélever*, dans les courbes, le rail extérieur de la voie par rapport au rail intérieur, afin d'annuler l'effet de la force centrifuge qui tendrait à faire sortir le train de la voie suivant une direction tangentielle à la courbe. La force centrifuge étant proportionnelle au carré de la vitesse, ce *surhaussement* ou *dévers* doit être d'autant plus grand que la vitesse des trains est plus élevée. Il est donc réglé sur chaque ligne d'après la vitesse des trains qui doivent y circuler[1].

A la Compagnie du Nord, on le fixe, pour les courbes de 1,000 mètres de rayon :

A 0^m,075 sur les lignes parcourues par les trains rapides dirigés sur l'Angleterre et sur la Belgique ;

A 0^m,05 pour les lignes parcourues par des trains directs de vitesse moindre que celle des express ci-dessus et à 0^m,04 pour les lignes desservies seulement par des trains omnibus.

Pour les autres courbes on le calcule en multipliant, selon le cas, les chiffres ci-dessus par le rapport $\frac{1000}{R}$, R étant le rayon de la courbe dont on cherche le surhaussement.

La transition est ménagée aux deux extrémités des courbes par des rampes et des pentes amenant ou effaçant graduellement cette dénivellation ; elle est répartie sur la courbe et sur la tangente, et les parties droites et courbes sur lesquelles se forme et

---

[1]. Pour déterminer la valeur du surhaussement, on s'impose la condition que la composante du poids des wagons, parallèle à l'inclinaison de la voie, soit égale à la force centrifuge correspondant à la plus forte vitesse des trains sur la courbe considérée. On trouve ainsi :

$$s = \frac{l V^2}{g R}$$

en appelant : s le surhaussement, l la largeur de la voie, V la vitesse en mètre par seconde, g l'accélération due à la pesanteur et R le rayon de la courbe.

s'efface le surhaussement sont, autant que possible, remplacées par une portion de *parabole*, afin d'éviter le mouvement brusque qui se produirait si les roues passaient sans transition de la partie rectiligne à la partie circulaire de la voie. On opère de même pour le raccordement des portions de ligne en pente ou en rampe avec les parties en palier.

Les *appareils* de la voie sont les divers dispositifs employés pour faire passer des trains ou des wagons détachés d'une voie sur une autre.

Ils rentrent tous dans l'une des trois catégories suivantes : les *aiguilles*, les *plaques tournantes*, les *chariots*.

Un *aiguillage* ou *jonction* de voie comprend deux parties distinctes : le *changement* et le *croisement*. Les aiguilles sont à *deux*

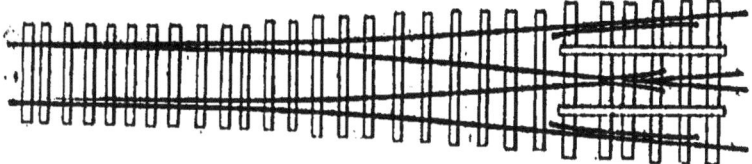

Fig. 53. — Changement à deux voies symétrique.

ou à *trois* directions. Elles sont *symétriques* (fig. 53) lorsque les voies dédoublées auxquelles elles donnent naissance font le même angle de part et d'autre de l'axe de la voie primitive ; elles constituent une déviation *à droite* ou *à gauche* (fig. 54) quand l'une des voies dédoublées seule fait un angle avec la voie primitive, tandis que l'autre se continue dans le prolongement de cette voie.

L'*angle* sous lequel ces dédoublements de voie ont lieu constitue l'angle des aiguilles. On désigne les appareils d'aiguillage soit par leur angle (qui varie habituellement entre 4° 45' et 15°), soit par la tangente trigonométrique de cet angle (tg. 0,07, tg. 0,09, tg. 0,10).

Pour constituer une jonction de voies (fig. 54), on établit toujours la file extérieure des rails d'une manière fixe et sans solution de continuité ; les rails intérieurs, au contraire, sont mobiles à leurs extrémités ED, E'D' autour des points D et D' ; ces rails mobiles sont les *aiguilles* proprement dites dont les *pointes* sont en E et E', et les *talons* en D et D'. Au point de rencontre F des rails intérieurs se place l'appareil spécial de *croisement*.

Les aiguilles sont manœuvrées au moyen d'un levier à contre-poids mobile (fig. 55), qui permet, en changeant la position de la lentille fixée au levier par une clavette, de déplacer l'aiguille, maintenue habi-

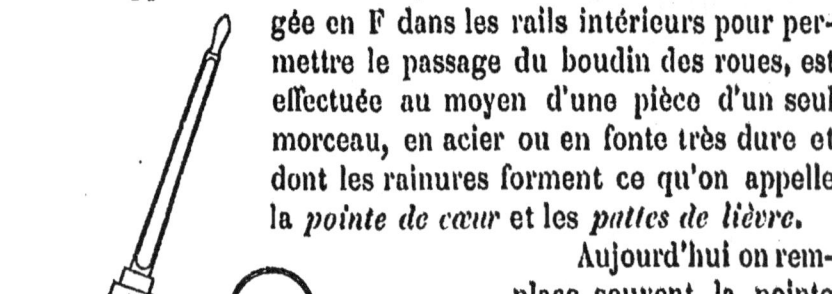

Fig. 54. — Changement à deux voies dissymétrique.

tuellement dans l'une ou l'autre direction. Pendant la manœuvre les lames d'aiguilles, reliées entre elles et au levier par des tringles articulées, glissent sur des coussinets spéciaux fixés solidement aux traverses.

Dans l'appareil de croisement, la solution de continuité ménagée en F dans les rails intérieurs pour permettre le passage du boudin des roues, est effectuée au moyen d'une pièce d'un seul morceau, en acier ou en fonte très dure et dont les rainures forment ce qu'on appelle la *pointe de cœur* et les *pattes de lièvre*.

Aujourd'hui on remplace souvent la pointe de cœur par l'assemblage de deux rails ordinaires rabotés. A l'endroit du croisement, et pour guider les roues pendant le passage des wagons, on

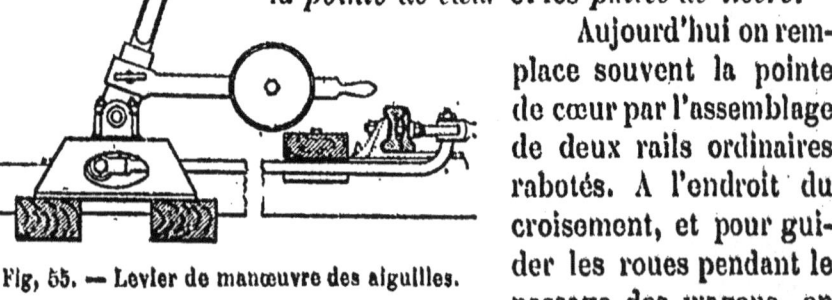

Fig. 55. — Levier de manœuvre des aiguilles.

a soin de munir de *contre-rails* la file extérieure des rails. L'ensemble de l'appareil de croisement est solidement maintenu sur des traverses de longueur exceptionnelle très rapprochées et rendues solidaires par des longrines boulonnées avec elles.

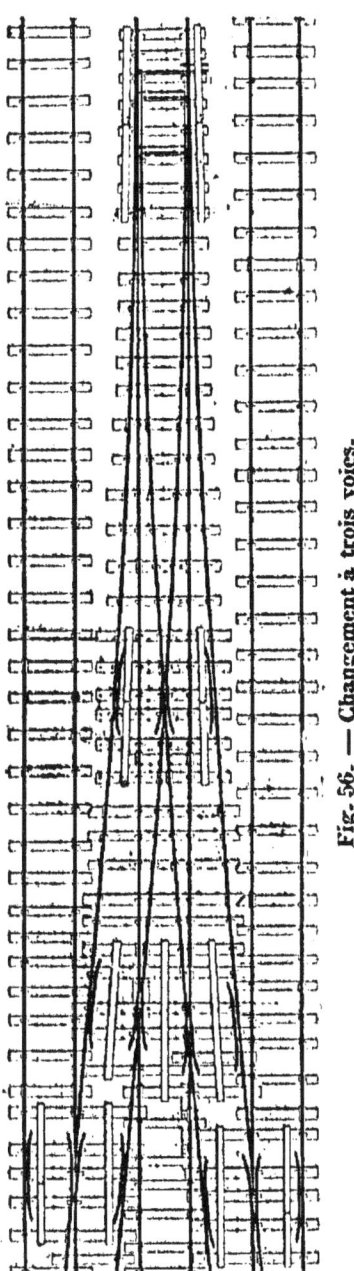

Fig. 56. — Changement à trois voies.

Les *changements triples* (fig. 56) sont établis dans des conditions analogues, et la manœuvre de leurs aiguilles exige deux leviers, ordinairement placés côte à côte.

Nous verrons dans la quatrième partie, quelles sont les dipositions adoptées pour faciliter la manœuvre des aiguilles et la rendre solidaire de celle des signaux en vue d'établir une sécurité complète et d'éviter les collisions ou les fausses directions.

Lorsque deux voies doivent se couper sans communiquer l'une avec l'autre, on a ce qu'on appelle une *traversée* de voies (fig. 57). La traversée est *rectangulaire* si les deux voies se coupent à angle droit, elle est *oblique* dans le cas contraire. L'angle sous lequel deux voies peuvent se couper ne descend pas, en général, au-dessous de 5°,30. On établit cet appareil, comme dans le cas des croisements, en maintenant la continuité des files de rails extérieurs, et en assurant le passage des roues au moyen de contre-rails légèrement recourbés à leurs extrémités.

On emploie beaucoup, depuis quelques années, un appareil qui est une combinaison des deux précédents et qui est désigné sous les noms divers de *traversée-jonction*, *aiguille anglaise*, *traversée à double aiguille*, etc. Cet appareil (fig. 58) permet, dans les deux sens, soit de traverser simplement la voie que l'on croise, soit de s'embrancher sur cette voie. Ce résultat est obtenu par le jeu d'une double combinaison d'aiguilles manœuvrées avec un seul levier.

Enfin, on a parfois à faire communiquer deux voies parallèles, dans les deux sens, au moyen de deux appareils doubles de changement et croisement placés symétriquement ; c'est ce qu'on appelle une *double communication croisée*, ou plus simplement, une *bretelle*.

Les aiguilles sont des appareils très commodes, puisqu'ils permettent de faire passer, directement et d'un seul coup, par la simple manœuvre d'un levier, tout un train d'une voie sur une

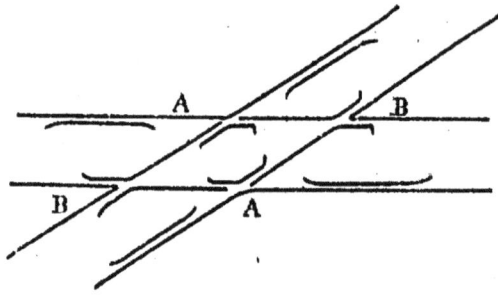

Fig. 57. — Traversée de voies.

autre ; toutefois ces dispositifs ont l'inconvénient d'exiger beaucoup de place, car il faut compter, avec les aiguillages de l'angle le plus ouvert (15°), une distance de $14^m,50$ entre la pointe de l'aiguille et la pointe *mathématique*[1] du croisement ; et encore ne peut-on jamais employer un tel appareil que sur des voies de garage, car le rayon de la courbe de la voie ou des voies déviées y descend dans ce cas à 70 mètres et même à 35 mètres. Du reste, il n'est plus possible d'employer les aiguilles pour faire passer des wagons d'une voie sur une autre voie qui lui est perpendiculaire, ou qui fait avec elle un angle supérieur à 15°.

Dans ce cas, on fait usage des *plaques tournantes*, qui ont de leur côté l'inconvénient de ne permettre que la manœuvre d'un seul wagon à la fois.

---

1. On distingue dans un croisement de voies, la pointe *mathématique* qui est celle de l'angle formé par le prolongement des faces extérieures des deux rails, de la pointe *réelle* qui est celle plus ou moins émoussée ou arrondie, résultant de la construction de l'appareil.

Ces plaques sont formées d'un plateau tournant monté sur un pivot, dont la crapaudine repose au centre d'une fosse garnie d'un chemin de roulement circulaire, sur lequel se meuvent des galets reliés au pivot et assurant la rotation de la plaque.

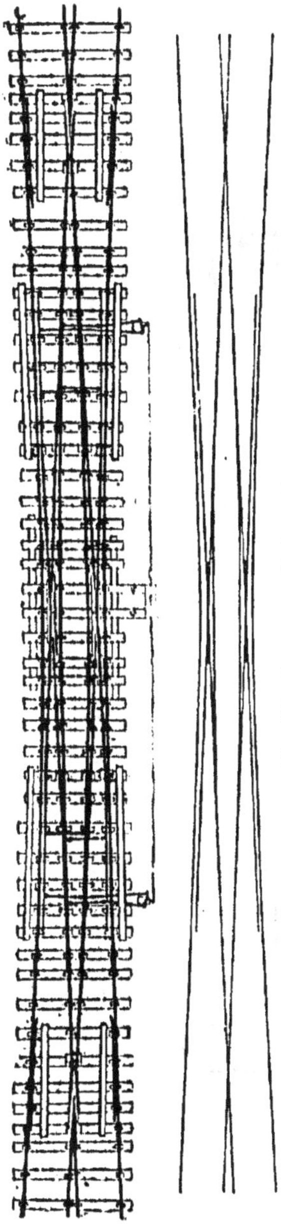

Les plateaux de rotation des plaques tournantes sont ou en bois ou en métal, les fosses dans lesquelles elles sont établies sont en maçonnerie revêtues d'un *cuvelage* en fonte.

Les dimensions des plaques tournantes varient nécessairement suivant le type du matériel roulant. Les plaques ordinaires destinées seulement à la manœuvre des wagons (fig. 59) mesurent $4^m,50$ de diamètre ; on leur donne $5^m,25$ à 6 mètres quand elles doivent permettre de tourner les machines-tender ou les machines séparées de leur tender.

Enfin, lorsque, dans les dépôts ou dans les gares *terminus* il faut pouvoir tourner les machines sans les découpler d'avec leur tender, on fait usage de grandes plaques mues à la vapeur, ou mieux encore de *ponts tournants* équilibrés qui se manœuvrent à bras avec la plus grande facilité.

Quand il s'agit de relier dans une gare une série de voies parallèles au moyen de plaques tournantes, on pose une voie transversale qui coupe les premières perpendiculairement ou obliquement, et aux points de rencontre de ces voies, on établit des

Fig. 58. — Traversée-jonction.

plaques tournantes; on constitue ainsi ce qu'on désigne sous le nom de *batterie* de plaques (fig. 60).

Fig. 59. — Wagon virant sur une plaque tournante.

La disposition oblique est employée quand on n'a pas entre les voies parallèles une entrevoie suffisante pour établir des plaques du diamètre voulu.

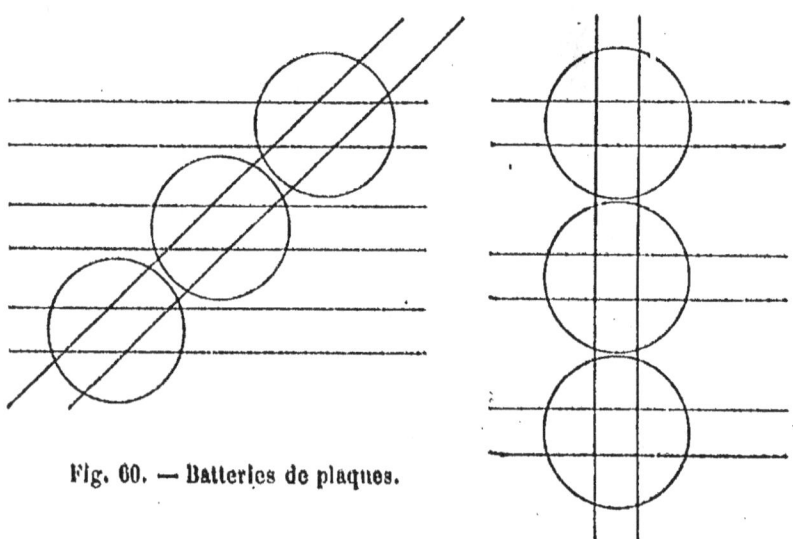

Fig. 60. — Batteries de plaques.

Le passage des wagons d'une voie sur l'autre au moyen d'une batterie oblige à une double manœuvre de plaques et entraîne des pertes de temps et des frais de main-d'œuvre qu'on a cherché à atténuer par l'emploi des *chariots transbordeurs*.

Ces chariots étaient peu répandus au début, parce que ceux qu'on construisait alors exigaient une fosse spéciale pour assurer le déplacement du chariot perpendiculairement aux voies parallèles à relier, et en contre-bas de ces voies. A la Compagnie de l'Ouest, on a remplacé avec avantage, il y a une dizaine d'années, cette grande fosse par trois petites de faible largeur, sortes de rainures dans lesquelles se meuvent les galets du chariot et qui n'exigent plus que des solutions de conti-

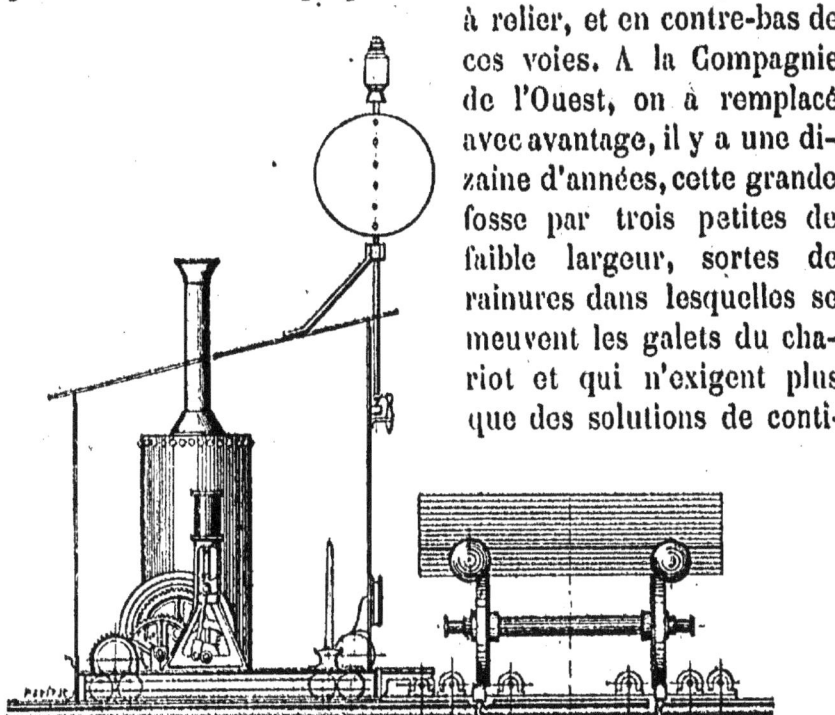

Fig. 61. — Chariot transbordeur.

nuité sans importance dans les voies qu'il s'agit de relier. Enfin, on fait maintenant un usage à peu près général des chariots transbordeurs *sans fosse* qui roulent sur une voie transversale posée au niveau du sol et dont la plate-forme porte une voie prolongée de part et d'autre par des plans inclinés qui permettent l'accès ou la descente des wagons à transborder, quand on vient placer le chariot au droit des diverses voies parallèles.

La manœuvre de ces appareils s'exécute à bras, ou à l'aide d'un moteur à vapeur porté par le chariot lui-même (fig. 61) et qui met aussi en mouvement un treuil pour le hâlage des wagons. Dans certains cas, comme à la Compagnie du Nord, le chariot peut être remorqué par une machine spéciale de manutention.

Les accessoires de la voie comprennent encore toute une série de *poteaux indicateurs,* savoir :

Les poteaux *hectométriques* et *kilométriques,* les indicateurs de *pentes et rampes,* et les indicateurs de *courbes,* que chacun a pu voir au passage, établis le long de la ligne pour renseigner les mécaniciens sur le point où ils se trouvent et sur les conditions d'établissement de la voie.

Citons encore les *poteaux télégraphiques,* qui supportent tous les fils conducteurs de courants électriques par l'intermédiaire de capsules isolantes ou cloches en porcelaine.

L'enceinte du chemin de fer est ordinairement protégée par une *clôture* continue. Dans les gares, cette clôture est formée par des murs, des grilles ou des barrières en bois ; le long de la ligne ces barrières sont remplacées par un simple treillage ou même par des pieux espacés reliés entre eux au moyen de lisses en fil de fer ; la clôture en pleine voie est ordinairement doublée d'une *haie vive* qui en certains endroits la remplace complètement.

CHAPITRE IV

GARES ET STATIONS

Considérations générales sur l'architecture des gares. — Stations ordinaires. — Bâtiments et outillage des gares. — Grandes gares à voyageurs. — La nouvelle gare Saint-Lazare à Paris. — Gares à étages; service des messageries à la gare Saint-Lazare. — Grandes gares à marchandises. — Gares de triage. — Gares de transbordement. — Gares maritimes. — Embranchements particuliers.

La *station,* la *gare,* l'*embarcadère,* c'est, pour le public, l'entrée et la sortie du chemin de fer. C'est par là qu'on part, c'est par là qu'on arrive, et dans la vie sociale moderne la gare a pris, pour la grande ville comme pour la plus petite localité, une importance extraordinaire; c'est devenu un nouveau monument et non le moins essentiel de la cité. On l'a bien senti chez nos voisins, et, dans nombre de villes d'Italie et de Belgique, on se plaît aujourd'hui à consacrer à la gare une partie des trésors artistiques qui étaient, dans les siècles précédents, l'apanage exclusif d'autres monuments. Les belles fresques de la gare de Turin, la magnificence de la nouvelle gare de Bruges sont là pour en témoigner. Il serait à souhaiter qu'en France on comprît enfin que la gare d'une ville de quelque importance doit être toujours un monument en rapport avec la cité qu'elle dessert, et que les municipalités et même l'État devraient participer à sa construction et à son ornementation. A la Compagnie la charge d'établir les installations utiles; aux pouvoirs publics de faire le reste, et nous aurons enfin des gares dignes, sous tous les rapports, de nos belles et riches cités françaises. En attendant que tout cela soit entré dans nos mœurs, il faut nous contenter des bâtiments tels qu'ils sont établis et qui, sauf quelques exceptions, témoignent forcément des idées d'économie qui ont dû présider à leur construction.

Une gare quelconque comprend : 1° un certain nombre de voies avec tous leurs accessoires; 2° des quais, abris et bâtiments; 3° des appareils divers de levage et de pesage et tout ce qui constitue l'outillage des gares.

Nous laisserons de côté ici les dispositions adoptées pour les voies, qui seront décrites dans la quatrième partie relative à l'exploitation, et nous examinerons les conditions d'établissement des bâtiments et des quais ainsi que l'outillage.

Un quai empierré plus ou moins long, suivant l'importance du trafic et par suite la longueur des trains appelés à y stationner, constitue aux abords de la maison de garde d'un passage à niveau la *halte* à voyageurs proprement dite; c'est la station la plus simple. Au-dessus nous trouvons, dans le même ordre d'idée, la halte avec maison de garde à laquelle est annexée une salle d'attente pour les voyageurs. Puis nous avons la *station à voyageurs*, type des lignes de *banlieue*, sans voies annexes de garage ni de manœuvre, mais munie d'un bâtiment spécial et bordée de deux longs quais, généralement bitumés, de 150 mètres environ.

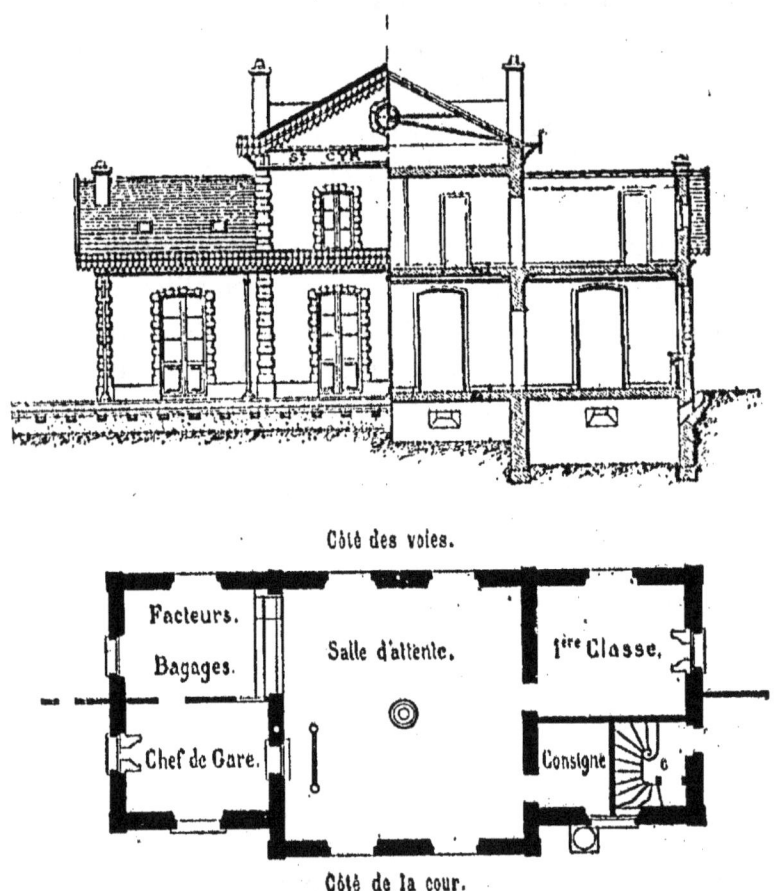

Fig. 62. — Type courant de bâtiment à voyageurs (élévation, coupe et plan).

Enfin nous arrivons à la station courante, type dont nous donnons ci-dessus un exemple (fig. 62).

Les constructions comprennent : le *bâtiment des voyageurs* en façade, d'un côté sur la cour et de l'autre sur les voies ; la *halle* à marchandises avec son quai découvert; et des constructions annexes, telles que l'*abri* pour voyageurs sur le quai opposé au bâtiment, le pavillon pour *lampisterie* et le pavillon pour *water-closets*.

Le bâtiment des voyageurs contient : au rez-de-chaussée, un vestibule ou salle d'attente, ayant accès sur la cour et sur les voies, et dans lequel se trouvent d'un côté le guichet des billets et la table ou comptoir d'enregistrement des bagages, et de l'autre la salle

Fig. 63. — Type de station à niveau (Marcli-Marly).

d'attente des 1res classes, et un petit local pour la consigne. Le guichet des billets s'ouvre dans la cloison qui sépare le vestibule du bureau du chef de gare, lequel communique avec celui des facteurs préposés à l'enregistrement des bagages. De l'autre côté, l'espace laissé libre dans l'angle du bâtiment derrière le magasin de la consigne, est occupé par un escalier auquel on accède directement du dehors et qui conduit au premier étage réservé au logement du chef de gare.

Si la station augmente d'importance, le bâtiment peut s'étendre par l'agrandissement à droite et à gauche et au rez-de-chaussée seulement, des locaux affectés aux bureaux et aux salles d'attente.

En outre, les dimensions de la partie centrale étant plus considérables, on peut diviser le premier étage en deux logements pour le chef et le sous-chef de gare.

Ce type de station à pavillon central à étage, flanqué d'annexes au rez-de-chaussée à droite et à gauche, est d'un usage fort répandu. Dans certaines Compagnies, comme celle du Nord, on a fait parfois le contraire. Dans les gares de quelque importance

Fig. 64. — Type de station en remblai (le Bourget, Grande Ceinture).

où les vestibules, bureaux et salles d'attente ont une certaine étendue, on établit toute la partie centrale en rez-de-chaussée seulement et on la flanque de deux pavillons d'angle à étage, contenant chacun un logement absolument indépendant pour le chef et le sous-chef de gare. Cette solution a l'avantage de permettre de donner plus de hauteur au vestibule et d'obtenir ainsi plus de caractère dans l'architecture en même temps qu'un meilleur aérage.

Les bâtiments des stations sont le plus souvent construits dans des parties où les voies sont au niveau du terrain environnant (fig. 63).

Dans certains cas, on est cependant conduit à établir des stations *en remblai* (fig. 64).

Dans d'autres cas, on doit les construire *en tranchée* (fig. 65).

Enfin, sur les lignes de la banlieue parisienne, il existe de fréquents exemples de bâtiments établis à cheval sur la ligne (fig. 66).

Ces différents types comportent des aménagements et un

Fig. 65. — Type d'une station en tranchée (Épinay, Grande Ceinture).

caractère architectural qu'on rechercherait vainement dans les stations éloignées des pays peu peuplés, comme, par exemple, dans celles qui sont perdues à de grandes distances des centres habités, sur les lignes du Pacifique, dans les prairies du *Far-West* (fig. 67).

Les *halles à marchandises* se construisent d'après les types les plus divers, soit en maçonnerie, soit en charpente, soit en métal, soit par la combinaison de ces trois sortes de matériaux. Le type dont nous donnons l'élévation et le profil est adopté dans un très grand nombre de cas; il a été construit dans les gares du chemin de fer de Grande Ceinture (fig. 68 et 69).

Un quai, élevé de 1 mètre environ au-dessus du sol, est soigneusement dallé et bitumé; il est recouvert par un hangar rectangulaire en maçonnerie de 10 mètres de largeur environ et d'une longueur variable avec le trafic de la gare.

Fig. 66. — Type d'une station à cheval sur la voie
(Boulevard Ornano, Petite-Ceinture).

Ce hangar est abrité par une toiture supportée par des fermes métalliques espacées par travées de 4 mètres et qui se prolongent en dehors du mur de la halle de chaque côté pour former auvent, afin d'abriter les wagons et les voitures en chargement ou déchargement.

Un pignon en maçonnerie ferme la halle à chacune de ses extrémités; on accède à l'intérieur au moyen de deux grandes portes à coulisses placées, l'une du côté du quai, l'autre du côté de la cour. A l'une des extrémités de la halle, le quai se prolonge à découvert pour le déchargement des marchandises qui ne craignent pas l'humidité.

Dans les gares plus importantes, où l'on fait un service de nuit, et où la surveillance permanente n'oblige pas à renfermer les marchandises, on se contente pour les halles de simples hangars ou abris formés d'une toiture, supportée par des piliers ou des mon-

Fig. 67. — Type d'une station dans le Far-West (États-Unis).

tants métalliques, et qui permettent de l'un et de l'autre côté l'accès des wagons et des voitures à charger ou à décharger dans toute la longueur de la halle.

En outre des appareils de voie (aiguilles, plaques ou chariots), dont il a été question au chapitre précédent, l'*outillage* des gares comporte encore une série d'appareils dont les principaux sont destinés au levage et au pesage des marchandises.

Les appareils de levage ou *grues* de divers systèmes sont mues à la main, par la vapeur ou par la pression hydraulique. Il y a peu de grues à vapeur dans les gares de chemins de fer ; celles des gares ordinaires sont des appareils à bras; dans les très grandes gares seulement, on rencontre des grues hydrauliques.

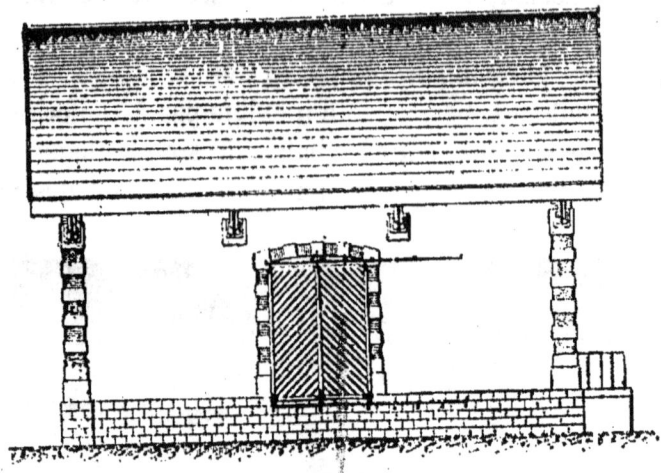

Fig. 68. — Halle à marchandises (élévation).

Les grues à bras sont de deux sortes : les grues fixes et les grues mobiles. Ces dernières, qui sont nécessairement d'une faible

Fig. 69. — Halle à marchandises (pignon).

puissance, sont montées sur un wagon et sont très utilisées dans les travaux; elles sont aussi commodes comme grues de secours, et enfin pour desservir les diverses stations des lignes à faible trafic où l'installation d'une grue fixe n'est pas reconnue nécessaire.

Les grues fixes exigent des fondations considérables, à moins qu'on ne fasse usage de la grue à *plateau*, très répandue aujour-

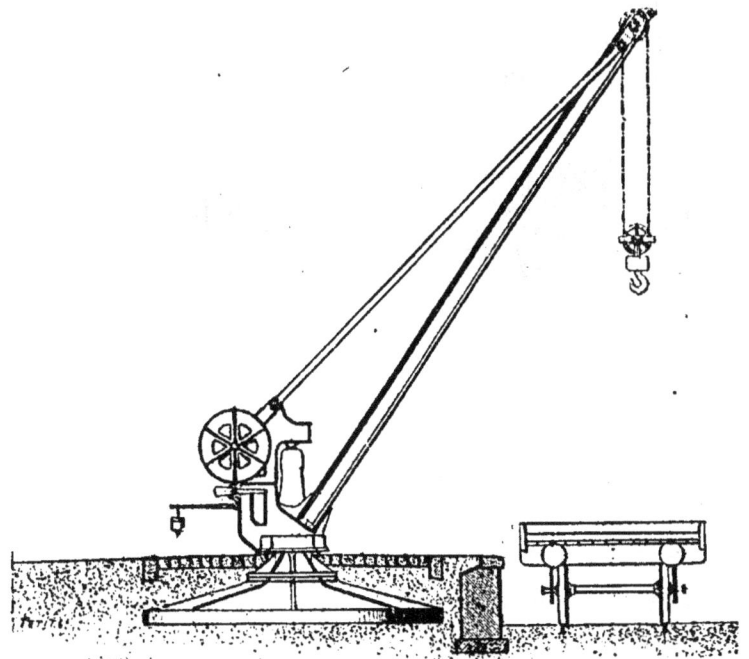

Fig. 70. — Grue de chargement à plateau.

d'hui et dont le croquis (fig. 70) indique clairement les dispositions essentielles.

La force des grues fixes employées dans les gares de chemins de fer varie de 4,000 à 10,000 kilogrammes; le type le plus employé est celui de 6,000 kilogrammes.

Dans les stations où il y a à soulever des poids plus considérables, pour le chargement des pierres de taille par exemple, on installe de grandes *grues roulantes*, qui ne sont autre chose qu'un robuste pont en charpente qui peut se déplacer sur une voie spéciale et qui supporte à sa partie supérieure un treuil mobile mû à bras ou à la vapeur.

La figure 71 donne une idée des grues de ce type employées au chemin du fer du Nord et qui peuvent enlever jusqu'à 20,000 kilogrammes.

Les appareils de pesage consistent en *ponts à bascule* (fig. 72) pour peser les wagons ; ils sont généralement établis sur une voie transversale voisine des quais à marchandises et complétés par un

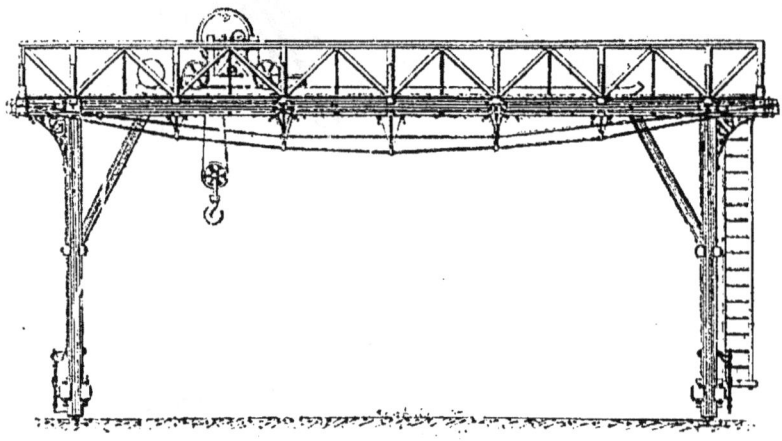

Fig. 71. — Grue roulante (type des grues à pierres de la Cie du Nord).

gabarit de chargement sous lequel on fait passer tous les wagons à expédier afin de vérifier s'ils sont bien dans les conditions voulues pour circuler sans encombre sur la ligne.

Les installations que nous venons de décrire s'appliquent en général à toutes les stations de passage qui ne diffèrent essentiellement entre elles que par leur plus ou moins grand développement.

Dans les grandes gares tête de lignes ou *gares terminus* à voyageurs, les dispositions à adopter pour les bâtiments doivent répondre à des besoins multiples et être conçues d'après la nature des services à assurer.

C'est ainsi que, dans les grandes gares parisiennes, on sépare presque partout le service des grandes lignes de celui de la banlieue, surtout lorsque, — comme au Nord et à l'Ouest, — ce dernier service acquiert une importance exceptionnelle.

Quand on le peut, il est avantageux de concentrer le service des trains de banlieue en tête des quais réservés à cet usage et de faire le service des grandes lignes le long même des quais de départ et d'arrivée de ces lignes. On obtient ainsi de grandes facilités pour le service des bagages au départ et à l'arrivée des trains

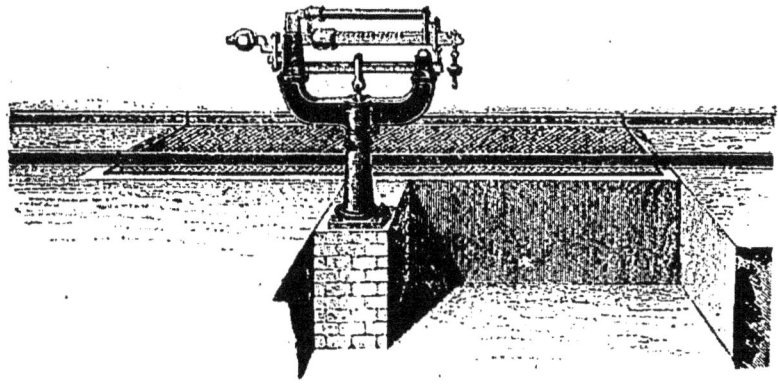

Fig. 72. — Pont à bascule.

de long parcours. Au contraire, pour les lignes de banlieue, où les bagages sont l'exception, on a l'avantage de grouper dans le plus faible espace possible tous les bureaux de distribution de billets, les salles d'attente, et les portes ou escaliers de sortie en face des voies et des quais multiples où se fait le service des trains de banlieue. Les services au départ et à l'arrivée sont eux-mêmes séparés et placés, le premier à gauche, le second à droite de la gare.

A ce sujet, la disposition générale de la gare du Nord à Paris est à recommander. Celle de la nouvelle gare Saint-Lazare, bien que peut-être un peu serrée du côté des départs de grandes lignes, donnera aussi sans doute d'excellents résultats.

Nous donnons dans la planche II la vue de la nouvelle gare

GARES ET STATIONS.

Saint-Lazare qui est aujourd'hui, sans contredit, la plus spacieuse et la plus remarquable de la capitale.

Les deux façades principales de la cour de Rome et de la place du Havre sont identiques.

L'immense salle des pas-perdus a été prolongée dans la direction de la rue d'Amsterdam et sert de salle d'attente pour les lignes de la banlieue.

On y accède des deux côtés par les façades du monument. Tous les départs de banlieue sont concentrés dans la partie gauche de la gare, du côté de la rue de Rome et ceux de la grande ligne restent établis du côté de la rue d'Amsterdam. Les services de distribution des billets, d'enregistrement et de livraison des bagages se font en partie au rez-de-chaussée, en partie au 1er étage, tant pour la banlieue que pour les départs de grandes lignes. Des ascenseurs et des plans inclinés

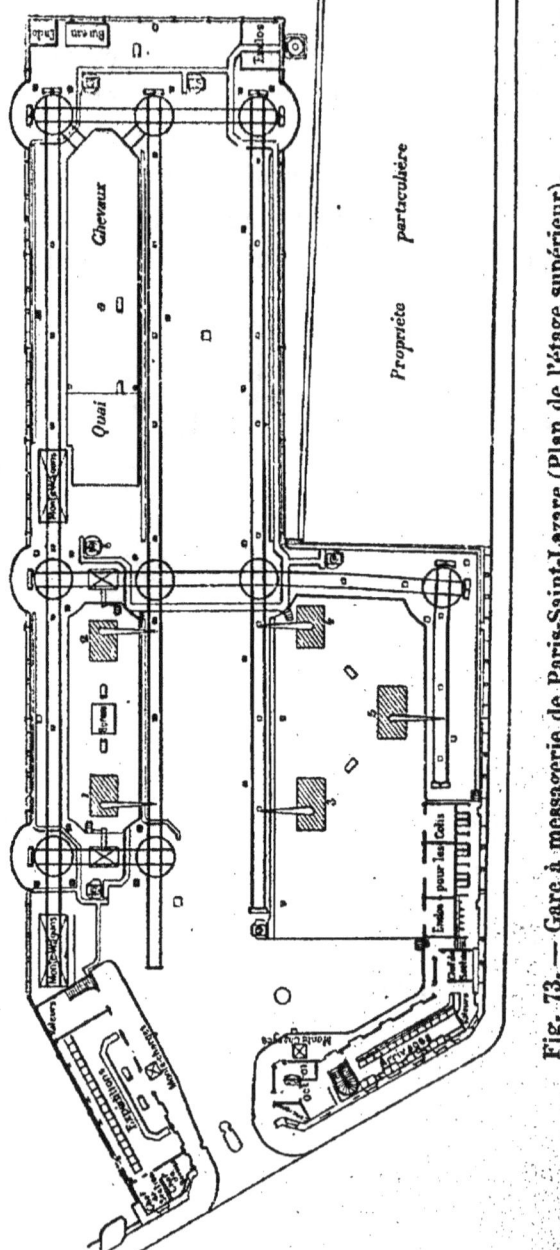

Fig. 73. — Gare à messagerie de Paris-Saint-Lazare (Plan de l'étage supérieur).

avec chaînes sans fin élèvent les bagages au niveau des voies ou les en descendent. Vingt-cinq quais, desservis par douze groupes de voies, sont affectés au service des trains; seize sont réservés à la banlieue et neuf aux grandes lignes. L'arrivée des grandes lignes se fait par la rue d'Amsterdam où des salles spacieuses sont établies pour la livraison des bagages et les services de douane.

Les bâtiments d'administration du côté de la rue de Rome sont réservés aux services de la Direction, des Finances et de la Comptabilité; ceux de la cour du Havre contiennent les services de l'Exploitation. Un bâtiment spécial a été construit vers le pont de l'Europe pour le Matériel et la Traction; quant au service des Travaux (construction et entretien des lignes) il reste installé près du pont de l'Europe dans la rue de Londres.

Enfin, sur la rue Saint-Lazare, entre les deux façades de la gare et formant avant-corps avec elles, tout en laissant derrière lui une rue de vingt mètres de largeur, on a construit le magnifique *Hôtel Terminus*, représenté aussi dans la planche II. Cet hôtel, relié directement, à la hauteur du premier étage, avec la grande salle des pas-perdus, au moyen d'une passerelle, occupe une superficie totale de 3000 mètres carrés et contient quatre cents chambres : il a coûté environ 12 millions.

Le service de la *messagerie* a été reporté dans une *gare* spéciale *à étage* établie près du pont de l'Europe (fig. 73). Les wagons arrivant au niveau des voies principales sont montés à l'étage supérieur, élevé de 9 mètres, qui correspond au niveau de la rue, par des ascenseurs hydrauliques ou monte-wagons (fig. 74); des cabestans et des grues, actionnés également par la pression hydraulique, permettent de faire la manœuvre des wagons et la manutention des marchandises. Cette solution originale a permis d'augmenter la surface de la gare de près de 6000 mètres carrés, alors que le terrain complètement bâti dans le voisinage aurait coûté un prix exhorbitant et n'aurait pu être utilisé, en raison de la différence de niveau, sans des travaux considérables. La dépense résultant du fonctionnement des monte-wagons a d'ailleurs été réduite au minimum, grâce à l'emploi facultatif d'un, de deux ou des trois cylindres des ascenseurs, suivant la charge des wagons. En

Fig. 74. — Monte-wagons hydraulique de la gare Saint-Lazare.

outre, la rapidité de manœuvre obtenue à l'aide des cabestans hydrauliques permet de réaliser une économie sensible de personnel.

Si nous passons maintenant aux *grandes gares à marchandises*, qui sont toujours distinctes des gares à voyageurs, nous constatons qu'elles sont outillées de la même manière : appareils perfectionnés pour la manutention rapide et, par suite, économique des wagons et des colis; éclairage intensif à l'électricité, au gaz ou autres substances, etc.

Au point de vue de la disposition générale, nous devons faire remarquer l'avantage qu'il y a à disposer les halles parallèlement au faisceau des voies de service afin de pouvoir faire accéder directement par aiguilles les wagons aux quais des halles. Nous trouvons cette disposition appliquée à Paris aux gares de Batignolles, la Chapelle (fig. 122), Bercy et Ivry; à la Villette, au contraire, les halles de la gare à marchandises du chemin de fer de l'Est étant perpendiculaires au faisceau des voies, les wagons ne peuvent y accoster qu'un à un, par l'intermédiaire de plaques tournantes.

Ainsi que nous le verrons plus loin (à la quatrième partie), il existe, sur certains points des réseaux, des gares de bifurcation où le service local des marchandises est nul ou presque nul, mais où, cependant, on aperçoit de grandes halles s'alignant le long de voies nombreuses; ces grands points de concentration sont ce qu'on appelle les *gares de triage* (fig. 125), dans lesquelles on reçoit des trains venant de plusieurs directions, souvent même de réseaux différents et dont on opère le triage pour en reformer d'autres trains à destination des diverses lignes qui aboutissent à la gare.

Les gares de *transbordement* sont celles établies au point de jonction de deux lignes dont les voies n'ont pas le même écartement; d'un chemin de fer à voie normale, par exemple, avec un chemin de fer à voie étroite. Dans ce cas il faut transborder le contenu de tous les wagons, et cette opération se fait par l'intermédiaire de quais et halles de transbordement bordés d'un côté par la voie large, de l'autre par la voie étroite, et aussi directement de wagon à wagon au moyen de grues ou de voies à niveaux différents.

Les *gares maritimes* sont des gares de transbordement d'un

autre genre; elles consistent en voies, hangars et outillage de manutention installés sur les quais et le long des bassins des ports; les installations du port d'Anvers, où tous les appareils de manœuvre et d'enlèvement sont mûs par la force hydraulique, sont regardées comme un modèle du genre.

Enfin, il existe un autre genre de gare, ou plutôt de garages privés ; ce sont les *embranchements particuliers* établis pour desservir les mines, les entrepôts ou les établissements industriels de quelque importance. Ils n'offrent rien de spécial, si ce n'est que le service y est entièrement fait sous la responsabilité des propriétaires.

CHAPITRE V

ENTRETIEN ET SURVEILLANCE DES VOIES

Organisation du service. — Travail des équipes. — Surveillance de la ligne. — Passages à niveau.

Le *Service de la Voie* est chargé de l'entretien courant, des travaux de réfection et de grosses réparations et de la surveillance de la ligne. C'est lui qui a pour mission de maintenir en parfait état de viabilité la route que les trains doivent suivre et qui assure en même temps la sécurité de leur circulation en dehors des gares.

Il dispose, à cet effet, d'un personnel discipliné et sûr, de gardes, cantonniers ou poseurs, organisés en équipes sous la conduite de chefs ou brigadiers poseurs. Ces derniers relèvent des piqueurs, conducteurs ou chefs de district, qui sont eux-mêmes sous les ordres des chefs de section, dirigés à leur tour par l'ingénieur de la Voie.

Chaque ingénieur est chargé d'une partie du réseau appelée *arrondissement* ou *divsion* et la direction supérieure du service incombe à l'ingénieur en chef de la voie, assisté d'un service central.

Les équipes sont le plus souvent de huit à dix hommes et comportent au minimum six hommes, y compris le chef cantonnier; l'étendue de leur canton a été portée, au chemin de fer du Nord, jusqu'à 8 kilomètres, ce qui correspond à un coefficient de 0,75 d'homme par kilomètre, et à environ 225 journées de travail effectif par an et par kilomètre.

Voici comment le travail est habituellement organisé : la brigade ou équipe est réunie à l'origine du canton AB et le parcourt d'une façon continue de A vers B, en faisant sur son passage, au fur et à mesure qu'elle avance, tous les travaux qui lui incombent; arrivée en B, elle se reporte en A pour recommencer le même itinéraire. Ce système appliqué avec trop de rigueur n'est pas exempt de critique; en effet il y a certains travaux, comme l'entretien des haies, qui ne peuvent se faire que pendant la saison propice; d'autres qu'on ne peut exécuter quand il gèle, etc.. Pour ces diverses raisons, certains ingénieurs préfèrent le système dit de la *voltige,* dans lequel l'équipe se porte toujours où le travail est le plus pressant, sans observer une marche absolument régulière, mais sans négliger cependant l'inspection rigoureuse de toutes les parties du canton. On obtient de la sorte une meilleure utilisation de la main-d'œuvre. C'est l'application judicieuse de ce procédé qui a permis à la Compagnie du Nord de réduire aux chiffres que nous avons indiqués le nombre des hommes qui composent une brigade.

Ces chiffres sont relatifs aux lignes à simple voie; pour les lignes à double voie, ils doivent être notablement augmentés, mais non pas doublés comme on le penserait *à priori*. Il faut, en effet, tenir compte de cette particularité que, sur les lignes à voie unique la surveillance de la ligne, l'entretien des clôtures, des talus, des accotements et des ouvrages d'art nécessite généralement autant de main-d'œuvre que sur les lignes à double voie.

L'application du système des équipes à personnel restreint

oblige, par contre, à réunir deux équipes quand il s'agit d'exécuter des manœuvres de force, comme le remplacement des rails, par exemple.

Les travaux à exécuter par les équipes comprennent l'assainissement, le bourrage, le réglage et le renouvellement du ballast, le remplacement des rails, traverses et accessoires, l'entretien de la chaussée, des talus, des signaux, des clôtures, et les réparations courantes aux ouvrages d'art et dans les gares.

La durée des rails *en acier*, actuellement en usage, est presque

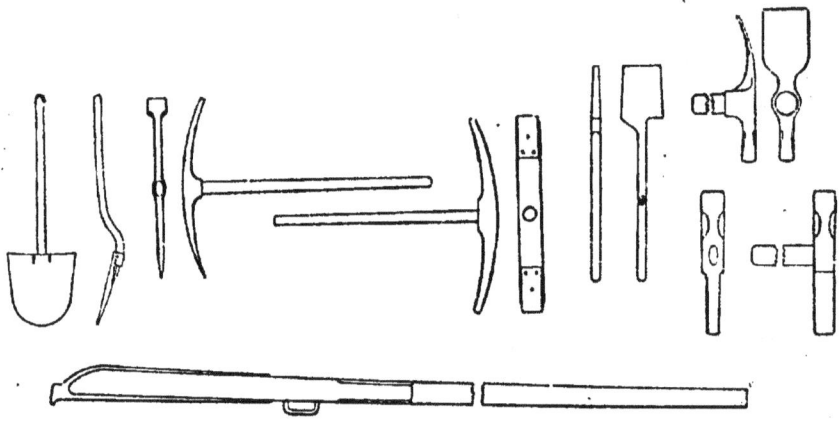

Fig. 75. — Outils des poseurs.

indéfinie; sur les voies à très grande circulation et aux abords des gares où l'usage des freins les fatigue davantage, on estime à trente ans leur durée moyenne.

Une bonne traverse en chêne, qui coûte de 6 francs à 8 francs, dure une vingtaine d'années.

Pour l'exécution de leurs travaux, les hommes d'équipe sont munis d'outils spéciaux dont les principaux sont indiqués dans la figure 75. Ils ont de plus à leur disposition des *parcs d'entretien courant*, disposés le long des voies à intervalles plus ou moins éloignés, généralement tous les kilomètres, et comprenant un certain nombre de rails, traverses et accessoires disposés sur des poteaux et cadenassés ensemble pour qu'il soit impossible d'en rien distraire, sans la présence du brigadier possesseur de la clef. De plus grandes quantités de matériaux sont approvisionnées dans un magasin général qu'on appelle le *parc* ou *dépôt de la voie*.

Fig. 76. — Vélocipède sur rails pour l'inspection des voies.

Les matériaux et les outils d'entretien sont amenés à pied d'œuvre au moyen de wagonnets légers dits *lorrys* simplement posés sur leurs essieux, que les hommes d'équipe poussent à bras et qu'ils enlèvent des voies lorsqu'un train est attendu.

Depuis quelques années on emploie en Amérique, en Allemagne et même en France un *vélocipède* d'une forme particulière pour la visite des voies (fig. 76). Grâce à cet ingénieux appareil, l'ingénieur, le conducteur ou le piqueur peut se rendre rapidement

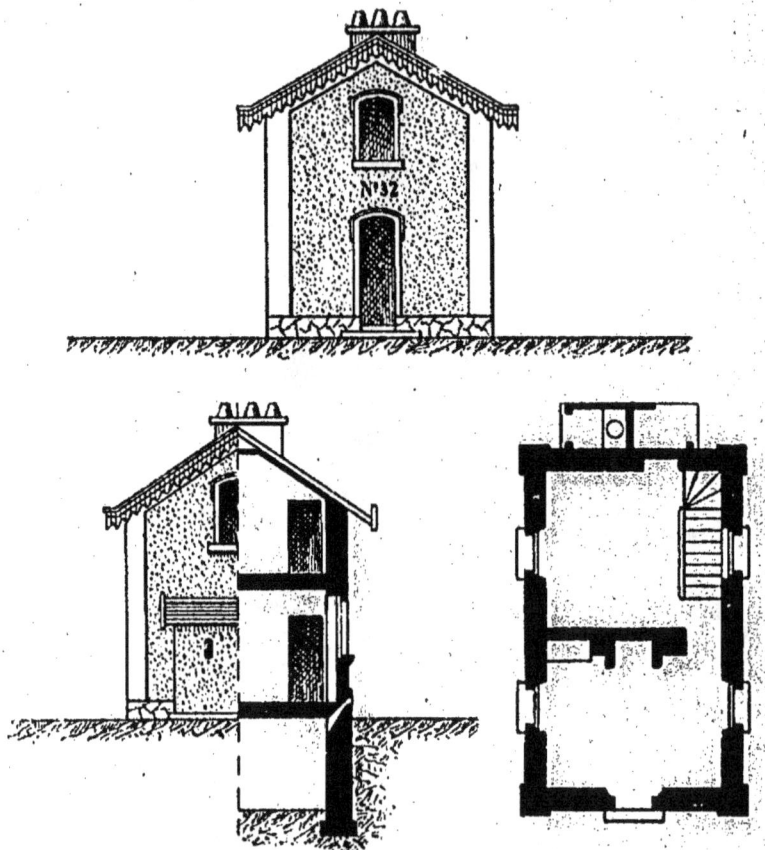

Fig. 77. — Maison de garde (Grande Ceinture).

sur un point donné, ce qui est très avantageux, surtout quand il s'agit de lignes secondaires où les trains sont rares et les stations très éloignées les unes des autres.

En dehors du travail d'entretien proprement dit, les équipes doivent assurer également la surveillance de la ligne. Les cantonniers qui les composent veillent à la sécurité des trains en marche, et leur font au besoin les signaux d'arrêt ou de ralentissement. Ils signalent les ruptures de rails et prennent toutes les mesures voulues en cas de danger ou d'accident ; ils s'opposent à l'introduction des animaux ou des personnes étrangères dans l'enceinte du chemin de fer.

Ils sont munis des drapeaux, lanternes, pétards et cornes d'appel nécessaires.

C'est encore au service de la Voie qu'incombe le fonctionnement des signaux placés en dehors des gares, soit pour maintenir l'intervalle réglementaire entre les trains qui se succèdent dans le même sens, soit parfois pour protéger les bifurcations.

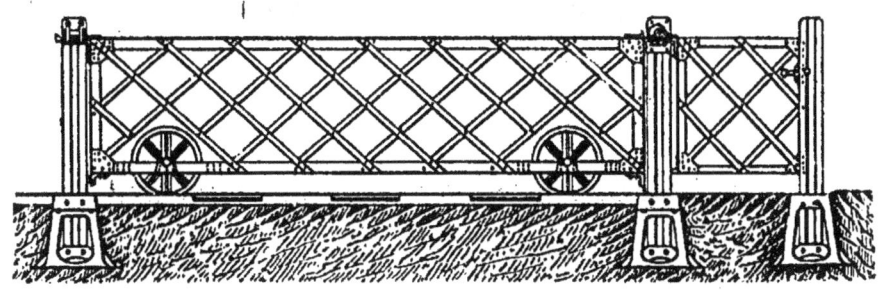

Fig. 78. — Barrière roulante métallique pour passage à niveau.

Les brigadiers ou cantonniers sont habituellement des hommes mariés, qu'on loge dans les maisons de garde de *passages à niveau* (fig. 77) et dont la femme exerce, moyennant une petite rétribution, les fonctions de *garde-barrière*.

Les *passages à niveau* sont de deux espèces : les passages *gardés* et les passages *libres* ; dans ces derniers, la circulation publique s'effectue sous la responsabilité et aux risques et périls des passants qui sont d'ailleurs avertis de se tenir en garde par un écriteau placé près du passage.

Sur les lignes où la circulation des trains acquiert une certaine importance, tous les passages à niveau sont gardés. Il y a néanmoins quelques passages dont les barrières sont manœuvrées *à distance* par le garde du passage voisin.

A la traversée des passages à niveau, la chaussée est établie sur le même plan que la partie supérieure des rails, et ces derniers sont munis intérieurement de contre-rails qui maintiennent l'intervalle ou ornière nécessaire au passage du boudin des roues.

Les barrières qui clôturent les passages à niveau sont de deux types : *pivotantes* ou *roulantes*. Ces dernières sont aujourd'hui les plus employées ; elles sont en fer, à croisillons d'un aspect très léger et d'une manœuvre très facile.

Nous donnons ci-dessus (fig. 78) le type adopté par le réseau du Midi.

L'éclairage des passages à niveau et la manœuvre de leurs barrières sont réglés pour chaque ligne par des arrêtés ministériels ou préfectoraux.

TROISIÈME PARTIE

LA TRACTION ET LE MATÉRIEL

CHAPITRE PREMIER

LA LOCOMOTIVE

Considérations générales. — Conditions d'établissement. — Organes principaux et dispositions de détail des locomotives et des tenders. — Types divers (express, omnibus, mixtes, marchandises, manœuvres). — Locomotives étrangères. — Un mot de l'esthétique en matière de locomotive. — Types spéciaux (locomotives compound, machines Ricour des chemins de fer de l'État français).

Nous avons vu comment l'idée de la locomotion à vapeur s'est transformée et complétée depuis le chariot de Cugnot et la locomotive de Stephenson, jusqu'aux machines aptes à faire un service régulier sur nos chemins de fer.

Aujourd'hui que de longues années d'expérience sont venues éclairer toutes les parties de la question, les ingénieurs recherchent dans l'établissement des locomotives soit la *vitesse*, soit la *puissance*, liées dans les deux cas aux meilleures conditions de sécurité et de marche régulière et économique.

De là deux types principaux de locomotives : celles à grande vitesse et celles à grande force. On cherche maintenant à concilier, dans une certaine mesure, ces deux termes du problème, afin d'arriver à remorquer très vite des trains très lourds ; mais on ne saurait, dans tous les cas, obtenir ce double résultat d'une manière absolue, car il ne faut pas oublier ce principe de la mécanique élémentaire : « *Ce qu'on gagne en force, on le perd en vitesse, et réciproquement.* »

En principe, une locomotive est une machine à vapeur accompagnée de sa chaudière, de son foyer et de sa cheminée, montée sur un chariot spécial et placée, le plus souvent, en tête du convoi qu'elle remorque.

Elle se compose de trois parties principales : la *chaudière*, le *mécanisme* et le *châssis*.

Nous allons en décrire les dispositions essentielles, indiquées

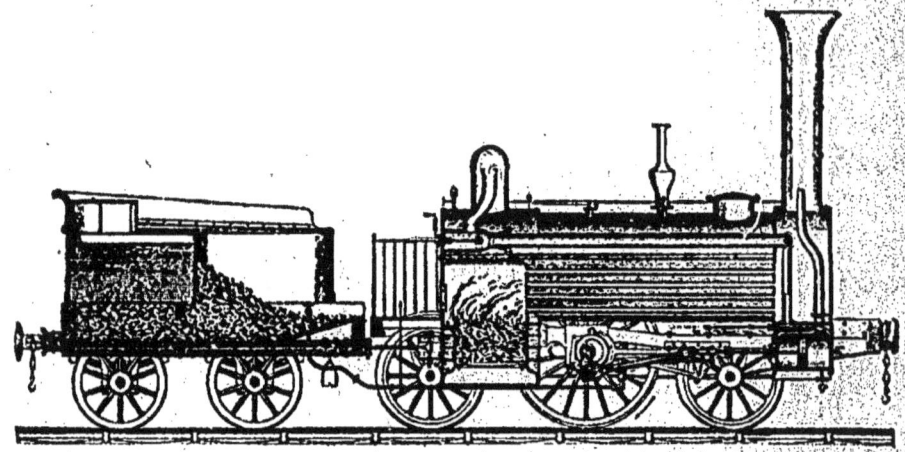

Fig. 70. — Coupe d'une locomotive et de son tender.

dans la coupe (fig. 79) d'une locomotive et de son tender. Pour faciliter l'intelligence du dessin, nous avons choisi un type déjà ancien, mais très simple (celui de Sharp Roberts, 1845), où l'on peut suivre aisément le fonctionnement des principaux organes.

La *chaudière* des locomotives est, depuis l'invention de Séguin, du système tubulaire, le seul qui permette de produire rapidement une grande quantité de vapeur avec un appareil de poids et de dimensions limités. Elle comprend le *foyer*, le *corps cylindrique* et la *boîte à fumée*.

Le foyer est une capacité généralement rectangulaire, fermée à sa partie supérieure par une paroi qu'on appelle *ciel du foyer*.

Sa surface intérieure est en contact avec le combustible qui est déposé sur la grille, et sa surface extérieure est entourée d'une couche d'eau de 7 à 10 centimètres d'épaisseur contenue dans une enveloppe faisant corps avec la chaudière et qui suit les contours du foyer jusqu'à la hauteur du ciel. Les foyers de locomotives sont construits en cuivre rouge ou en tôle d'acier.

Toutes les parois planes du foyer doivent être solidement armées pour résister à la pression de la vapeur qui tend à les déformer ; à cet effet, les faces verticales sont réunies à celles de l'enveloppe, au moyen d'*entretoises* ou petits cylindres en cuivre ou en fer de 20 à 25 millimètres de diamètre, assemblés à vis et rivés dans les parois du foyer et de son enveloppe. Le ciel du foyer est consolidé lui-même par des armatures en fer forgé affectant la forme parabolique, ou des solides d'*égale résistance ;* elles sont espacées de 10 centimètres environ et boulonnées au ciel du foyer.

Les *grilles* sont de modèles très divers ; elles sont ordinairement composées de barreaux en fer indépendants, disposés longitudinalement et dont la forme et l'écartement diffèrent selon la nature du combustible employé.

Dans ces dernières années, on a surtout étudié la disposition des grilles, en vue de brûler les houilles menues de toute qualité. Dans cet ordre d'idées, nous devons citer le foyer du système *Belpaire* (fig. 80). Sa grille est d'une grande surface, les barreaux très minces et très rapprochés ($0^m,005$) sont sensiblement inclinés vers l'avant, où est ménagée une partie mobile pour faciliter le nettoyage. Le combustible menu y est déposé en couche mince, et toutes les dispositions sont prises pour que le chauffeur puisse facilement diriger son feu et nettoyer sa grille.

Dans le foyer Belpaire, la longueur de la grille dépassant souvent $2^m,60$ et atteignant parfois 3 mètres [1], on est obligé de loger

---

[1]. Dans la locomotive à grande vitesse des chemins de fer de l'État belge, qui était exposée à Anvers en 1885, le foyer a 3 mètres de longueur et les tubes $2^m,56$ seulement. Par les dimensions exceptionnelles du foyer de cette machine, on reconnaît bien qu'on se trouve en Belgique dans le pays même de la houille.

un des essieux de la locomotive au-dessous de la grille, et le *cendrier* est spécialement disposé à cet effet.

D'autres systèmes de grilles sont aménagés pour brûler du coke ou des mélanges de houille et de coke, ou des briquettes d'agglomérés. Dans quelques contrées et principalement en Amérique, les foyers de locomotives sont établis pour brûler du bois.

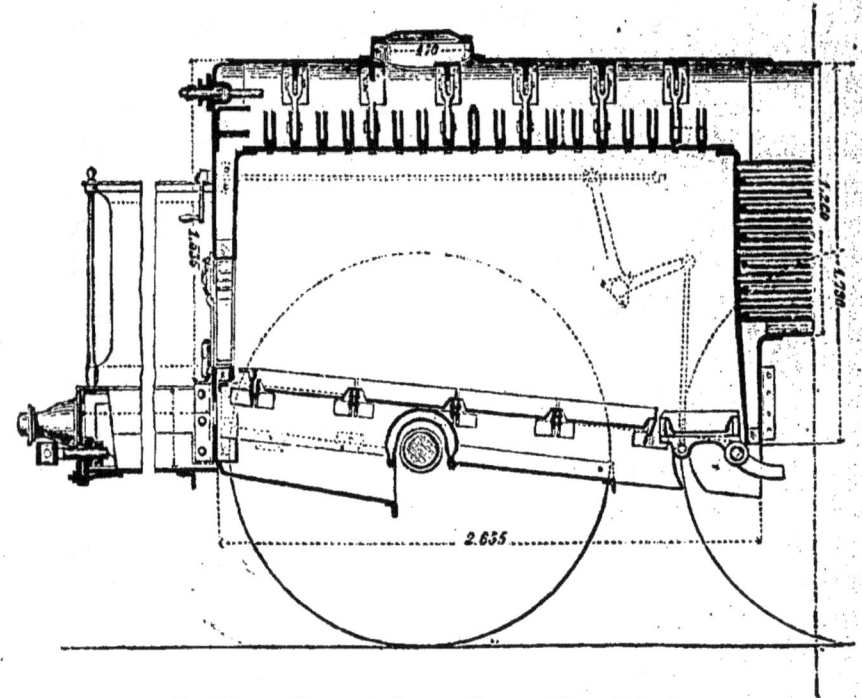

Fig. 80. — Foyer de locomotive, système Belpaire.

Enfin, depuis quelque temps on emploie couramment le *pétrole* comme combustible des locomotives sur les lignes de la Russie méridionale. La figure 81 montre l'un des dispositifs très simples adoptés à cet effet.

Dans le *corps cylindrique* ou chaudière proprement dite, il faut distinguer les *tubes* et l'*enveloppe*. Les tubes, dont le nombre varie de 100 à 300, sont de petits cylindres de 30 à 50 millimètres de diamètre intérieur, de même longueur que le corps cylindrique. Ils sont fixés par l'une de leurs extrémités dans la paroi antérieure ou *plaque tubulaire* du foyer, et sont traversés dans toute leur longueur par les gaz de la combustion. Les tubes sont contenus dans un grand cylindre en tôle qui est le *corps cylindrique* proprement dit ; il communique librement avec l'enveloppe du foyer ; il contient l'eau qui baigne les tubes et sert de réservoir à la vapeur à mesure qu'elle se forme. Les extrémités antérieures des tubes et du corps cylindrique sont solidement fixées sur une forte plaque de tôle, appelée plaque tubulaire de la *boîte à fumée*.

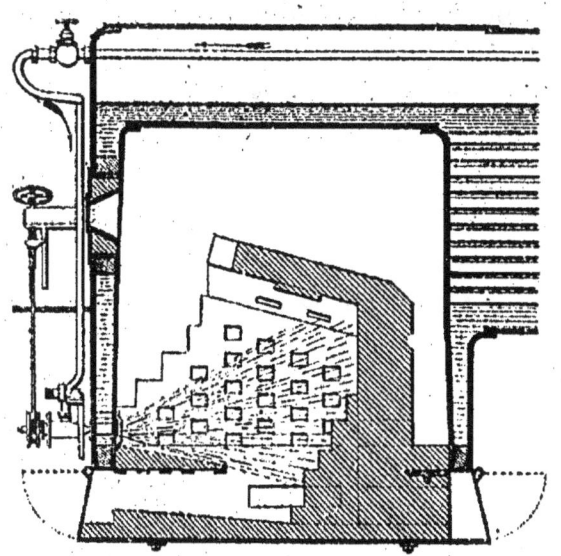

Fig. 81. — Foyer de locomotive pour le chauffage au pétrole.

Si bien établis que soient les tubes, il arrive parfois qu'un tube se crève en route et que l'eau et la vapeur pénètrent dans le foyer. Dans ce cas, le mécanicien isole provisoirement le tube crevé en y enfonçant un tampon en bois blanc.

On emploie, pour fabriquer les tubes de locomotives, du fer, de l'acier doux, du cuivre ou du laiton. En France, c'est le laiton qui domine ; en Amérique, c'est le fer ; en Angleterre, c'est le fer ordinaire ou l'acier très doux.

Pour les chaudières, on fait usage de tôle de fer ou d'acier. Ces tôles, dont l'épaisseur atteint 15 à 20 millimètres, auraient une grande durée si l'on pouvait les maintenir toujours en contact avec l'eau. Ce n'est pas que les mécaniciens n'entretiennent soigneusement un niveau suffisant ; mais les incrustations, provenant du dépôt des sels en suspension dans l'eau, produisent des coups de feu qui brûlent les tôles. On a tout essayé pour empêcher ces dépôts : lavages, dissolvants chimiques, courants électriques, épuration préalable des eaux; mais, jusqu'ici, on n'a pas obtenu de résultat absolument satisfaisant.

Les produits de la combustion, après avoir traversé les tubes, se rendent dans la boîte à fumée que surmonte la *cheminée* et où débouche également l'échappement de vapeur des cylindres, qui est l'élément essentiel du tirage des locomotives et permet de se contenter, pour les chaudières de ces puissantes machines, de cheminées d'une très faible hauteur.

La chaudière tubulaire et le tirage par jet de vapeur sont les deux *caractéristiques* des locomotives. Ces machines ne peuvent, par suite, être à condensation ni à basse pression; elles marchent ordinairement à la pression de 8 à 10 atmosphères.

La *prise de vapeur*, c'est-à-dire le dispositif au moyen duquel la vapeur produite dans la chaudière se rend dans les cylindres, se compose généralement d'un tuyau qui court longitudinalement dans la partie supérieure de la chaudière et qui, se recourbant verticalement à ses deux extrémités, débouche d'un côté à la partie supérieure du *dôme* de prise de vapeur et aboutit à l'autre extrémité, par un double branchement, à chacune des boîtes à vapeur attenant aux cylindres. Quand il n'y a pas de dôme sur la chaudière, la prise de vapeur se fait tout le long du tuyau lui-même, qui est alors percé de trous dans sa partie horizontale; c'est le système des machines Crampton. Il est toutefois préférable de prendre la vapeur dans un dôme élevé, aussi loin que possible du contact de l'eau, afin d'avoir de la vapeur sèche et d'éviter les entraînements d'eau qui nuisent au jeu des pistons et font *cracher* les machines.

L'orifice du tuyau de prise de vapeur peut être ouvert ou fermé par un mécanisme dont les dispositions varient à l'infini et qui a reçu le nom de *régulateur*. Le régulateur n'est autre chose qu'une valve de fermeture à grande surface d'une forme particulière, et c'est sur son levier de manœuvre que le mécanicien agit, soit pour mettre la machine en marche, soit pour en modifier la vitesse, soit pour l'arrêter.

La chaudière des locomotives comporte les mêmes appareils de sécurité que celle des machines fixes; ils sont toutefois d'un modèle différent et approprié à leur destination spéciale.

Les *soupapes de sûreté*, généralement doubles, ont leurs leviers habituellement maintenus par des ressorts à boudin logés dans des gaînes en bronze. Depuis quelques années, on fait un usage courant de soupapes, employées surtout en Angleterre, et dans lesquelles les ressorts affectent une disposition spéciale permettant la suppression des gaînes.

Pour prévenir les accidents qui pourraient survenir dans le cas où le niveau d'eau baisserait assez pour laisser le ciel du foyer à découvert, on visse au centre de ce dernier un bouchon percé, suivant son axe, d'un trou conique qu'on remplit soit de plomb, soit d'un alliage fusible. Quand le niveau de l'eau découvre ce *bouchon fusible*, le métal entre en fusion, la vapeur se précipite dans le foyer et éteint le feu.

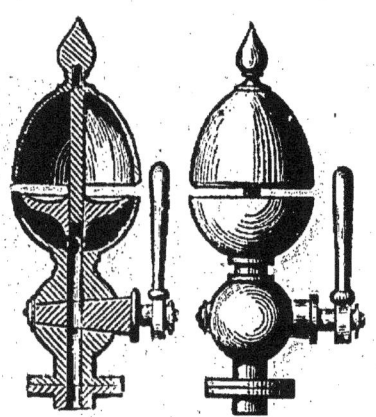

Fig. 82. — Sifflet à vapeur.

Indépendamment de ces appareils de sécurité, chaque chaudière de locomotive est encore munie d'un *niveau d'eau*, de *robinets d'épreuves* et d'un *manomètre*.

Enfin le *sifflet à vapeur* (fig. 82) sert à signaler tous les mouvements des machines et l'approche des trains. Il consiste en une cloche en bronze portée sur une tige verticale et dont les bords, taillés en biseau, sont placés à une petite distance au-dessus d'un vide annulaire très étroit, ménagé entre les bords d'un godet inférieur et d'un champignon en métal qu'il contient. Au moyen d'une soupape, le mécanicien peut admettre de la vapeur dans cet appareil; cette vapeur s'échappe par la fente annulaire, et en frappant contre les bords de la cloche, produit un son qui s'entend de fort loin. Dans plusieurs Compagnies, on emploie des sifflets à son grave pour les machines à marchandises et des sifflets à son aigu pour celles des trains de voyageurs.

Le *mécanisme* comprend les organes dans lesquels s'effectue le travail de la vapeur, et ceux destinés à transmettre aux roues motrices le mouvement produit.

Ce mécanisme est disposé soit en dedans, soit en dehors des longerons du châssis de la machine; d'où les machines dites à *mécanisme intérieur* et à *mécanisme extérieur*.

Les cylindres placés, suivant le cas, soit au bas de la boîte à fumée, soit sur les côtés, sont généralement au nombre de deux. Ils sont identiques entre eux, de même que leurs organes de distribution et de transmission.

Ils constituent ainsi, de chaque côté, un moteur ordinaire dans lequel le travail alternatif de la vapeur sur chaque face du *piston* détermine le mouvement de celui-ci, qui est transmis par une *bielle* et une *manivelle* à l'*essieu moteur* de la machine. Pour des raisons que nous indiquerons plus loin, on est souvent amené à accoupler l'essieu actionné directement par la bielle motrice, à un ou plusieurs autres essieux. On se sert pour cela de *bielles d'accouplement* reliant, extérieurement aux roues, les manivelles qui terminent chaque essieu.

Les *tiroirs* sont mis en mouvement par des *excentriques* calés sur l'essieu moteur. On prend, en outre, la précaution de monter les deux manivelles qui actionnent cet essieu de part et d'autre, de façon qu'elles fassent entre elles un angle de 90°; cette condition est indispensable pour qu'on puisse remettre la locomotive en marche quand on l'a arrêtée, par hasard, alors qu'une des manivelles se trouvait *au point mort* (point correspondant au moment où le piston est à bout de course dans le cylindre).

Les cylindres sont en fonte, et parfaitement alésés; les tiroirs en fonte, ou mieux en bronze. Des *robinets purgeurs*, actionnés par le mécanicien, permettent d'évacuer l'eau de condensation qui se dépose dans les cylindres.

Les pistons sont formés de deux disques ou *plateaux* entre lesquels se loge une *garniture* en fonte, en bronze ou en acier ; les tiges de piston sont en acier tourné et poli. Les bielles et les manivelles sont en fer forgé ou en acier ; elles sont à section rectangulaire ou évidées, droites ou à fourche. Les excentriques sont en fonte de fer ou en acier et la bague mobile qui les entoure est en bronze.

On commande ordinairement chaque tiroir au moyen de deux excentriques disposés l'un pour la marche *en avant* et l'autre pour

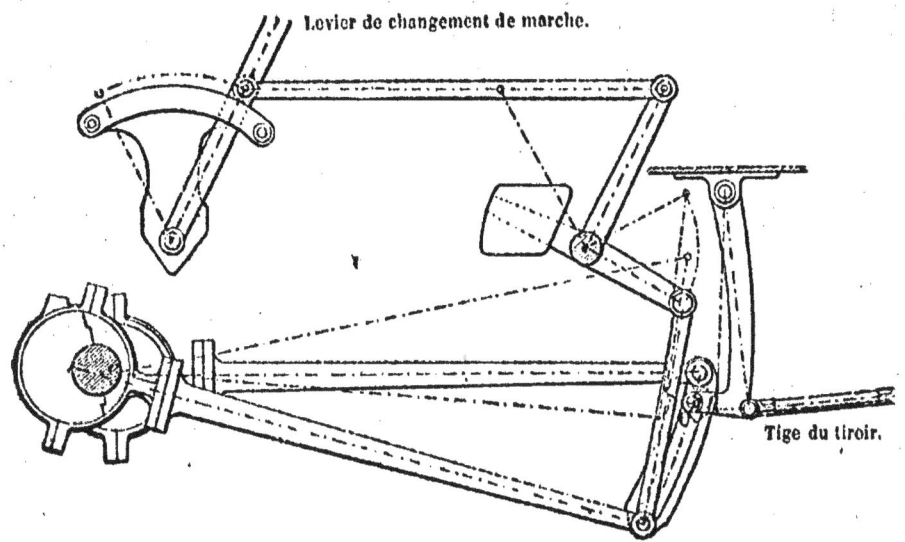

Fig. 83. — Coulisse de Stephenson.

la marche *en arrière*. Quand une machine est au repos et qu'il faut la faire revenir en arrière, on agit sur le tiroir au moyen de ce jeu d'excentriques pour le déplacer de la position qu'il occupe et changer le sens d'introduction de la vapeur dans le cylindre, de sorte que le mouvement du piston qui aurait continué à s'effectuer dans la direction de la marche en avant, va au contraire se produire dans le sens opposé et déterminer la marche en arrière de la machine. Ce résultat est obtenu par le mouvement d'une coulisse agissant sur les barres des excentriques et sur un levier coudé actionnant la tige du tiroir (Fig. 83). Le dispositif de changement de marche le plus usité est celui connu sous le nom de *coulisse de Stephenson*. Il est mis en action par un levier, ou mieux par une vis à volant placée sous la main du mécanicien.

Par le jeu *partiel* du mécanisme de changement de marche, le mécanicien peut à volonté faire varier l'amplitude de la course du tiroir et obtenir une admission plus ou moins prolongée de la vapeur dont le résultat se traduit par un travail de *détente* et une meilleure utilisation de la force de la machine. C'est aussi en agissant en cours de route sur le mécanisme de changement de marche qu'il produit la marche à *contre-vapeur* pour obtenir un arrêt rapide, quand il y a lieu, comme on dit vulgairement, de *renverser la vapeur*.

Toutefois, pour ce dernier usage, un dispositif spécial est nécessaire pour éviter l'introduction dans le cylindre des gaz qui se mêleraient à la vapeur d'échappement dans la boîte à fumée. Ce dispositif a pour effet d'injecter dans la boîte à fumée de l'eau qui se vaporise immédiatement et rentre dans les tiroirs au lieu et place des gaz de la combustion. Presque toutes les machines sont aménagées pour l'emploi de la contre-vapeur comme frein, soit pour l'arrêt rapide, soit pour la descente prolongée de fortes pentes.

Le *châssis* des locomotives se compose de deux *longerons* réunis par des *traverses*. Les longerons sont en tôle découpée et portent les *plaques de garde* où se placent les boîtes à huile contenant les coussinets dans lesquels tournent les essieux. Les traverses étaient exclusivement en bois dans les anciennes locomotives; on les établit maintenant en fer, même pour la traverse d'avant.

La chaudière et les diverses pièces de la boîte à feu sont reliées au châssis, soit par des supports en fer forgé rivés, soit par des boulons.

Les *ressorts* sont formés de lames d'acier superposées. Ils servent à suspendre le châssis et tout ce qu'il supporte sur les essieux par l'intermédiaire des boîtes à huile qui peuvent, par suite, glisser dans les rainures des plaques de garde. Ils doivent être assez rigides pour ne pas fausser le mécanisme.

On conçoit que, pour la même raison, les fusées des essieux doivent être maintenues d'une façon invariable dans les boîtes à huile; toutefois, l'expérience a fait reconnaître qu'il était nécessaire de donner, soit à l'essieu d'avant, soit à celui d'arrière, lorsque ce sont de simples essieux *porteurs*, indépendants du mécanisme, un certain *jeu*, dans le but de réduire la longueur de l'*empattement* rigide de la machine et de faciliter son passage dans les courbes. Ce jeu est obtenu par l'emploi de *plans inclinés* ou d'appareils spéciaux tels que la *boîte radiale* (système Roy) ou le *bissel*[1], qui consiste à donner à l'essieu lui-même un certain jeu autour d'un axe vertical.

Quand la locomotive est destinée à parcourir habituellement avec de très grandes vitesses une ligne à tracé sinueux, il faut augmenter encore davantage la flexibilité de l'essieu d'avant, et pour cela, on est amené à le remplacer par un truck articulé, à quatre roues, dénommé *bogie*. Ce système de machines à *bogies*, adopté couramment en Amérique (fig. 97), s'est généralisé en Angleterre (fig. 93-95) et commence à être appliqué en France et dans les autres pays de l'Europe (fig. 94-96).

Les *roues* de locomotive sont ordinairement au nombre de 6 ou de 8. Elles se fabriquent en fer forgé. Les roues *en fonte* des Américains n'ont pas jusqu'à présent reçu d'application chez nous. Les roues en fer du système Arbel continuent à jouir d'une préférence méritée.

Le *bandage* est une bague d'acier dont le profil comporte le *boudin* ou saillie destinée à maintenir les roues sur les rails ; il est fretté à chaud sur les roues et maintenu en outre par des boulons.

Les moyeux sont calés sur les essieux au moyen de la presse hydraulique. Des clavettes en acier, enfoncées à coup de masse pénètrent, à la fois, dans le moyeu et dans l'essieu.

---

1. Du nom de l'inventeur *Levi Bissell*.

Les locomotives en marche sont soumises à diverses oscillations qu'il importe de combattre et auxquelles on a donné le nom de *perturbations*. Celles qui s'exercent dans le sens vertical et qui, pour cette raison, impriment à la machine des mouvements de galop, doivent être particulièrement étudiées. Pour les annuler, ou les réduire au minimum, on fait usage de *contre-poids* dont on charge les roues qui présentent alors des parties pleines calculées de façon que la résultante de leur masse soit dans la direction diamétralement opposée à celle suivant laquelle agissent les forces perturbatrices. Quant aux mouvements latéraux ou de lacet, on les atténue en plaçant, autant que possible, les cylindres et le mécanisme à l'intérieur des longerons.

Les aménagements d'une locomotive sont complétés par la *sablière* qui permet, au moyen d'une soupape et d'un tuyau, d'envoyer du sable sec sur les rails devant les roues motrices pour augmenter l'adhérence et faciliter le démarrage, surtout quand les rails sont humides. Ce qui est curieux, c'est qu'on obtient un résultat encore meilleur et qu'on augmente encore plus l'adhérence en lavant énergiquement le rail à l'aide d'un jet de vapeur mélangée d'eau. Enfin, tout récemment, on a fait des essais au chemin de fer du Nord, pour la projection du sable sur le rail au moyen d'un jet de vapeur.

Toutes les pièces du mécanisme et les cylindres sont munis de *godets graisseurs* que le mécanicien doit garnir d'huile avec le plus grand soin.

Enfin, la plate-forme d'arrière sur laquelle prennent place le mécanicien et le chauffeur est généralement recouverte d'un *abri* muni de deux ouvertures garnies de vitres, pour ménager la vue en avant.

L'ensemble de la locomotive, chaudière, cylindres, roues, etc., est recouvert, au-dessus des longerons, d'une enveloppe métallique, généralement peinte et vernie, ou quelquefois en laiton poli (chemin de fer d'Orléans), qui s'oppose au refroidissement et protège les pièces du mécanisme.

Le *tender* est un véhicule invariablement relié à la locomotive en marche, qui renferme l'eau et le combustible nécessaires à l'alimentation de la machine. Dans les tenders des locomotives de construction ancienne on ne pouvait guère emmagasiner que 5000 à 8000 litres d'eau et 1000 à 3500 kilogr. de charbon. Cet approvisionnement permettait de parcourir 40 à 60 kilomètres sans reprendre d'eau. Mais aujourd'hui que, pour les trains rapides des grandes lignes, on a espacé les points d'arrêt jusqu'à 200 kilomètres, il a fallu créer des tenders de dimensions exceptionnelles. Celui

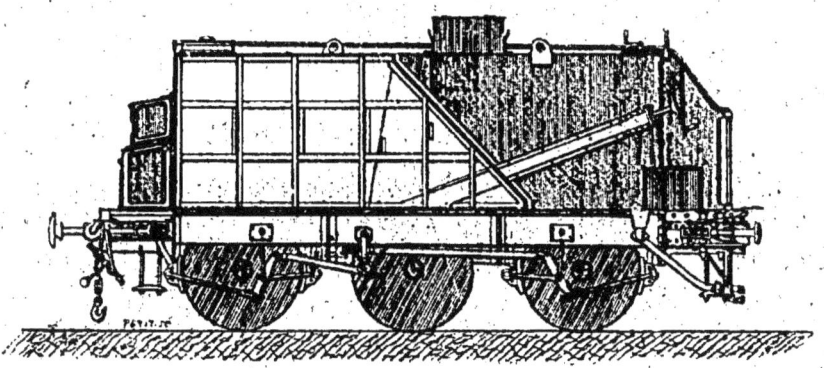

Fig. 84. — Tender pour le service des trains rapides
(Paris-Lyon-Méditerranée).

dont nous donnons la coupe (Fig. 84.) est le tender modèle Paris-Lyon-Méditerranée des trains rapides de Marseille, il permet de faire 155 kilomètres sans arrêt, grâce à sa provision de 16 000 litres d'eau et de 5000 kilogr. de combustible.

Les Américains ont imaginé une solution très originale de la question d'alimentation, solution également appliquée en Angleterre. Pour éviter de surcharger leurs trains en augmentant la capacité des tenders, ils les alimentent en route : ils font courir le long de la voie, entre les deux rails (fig. 85) un bac en tôle de $0^m,20$ de profondeur environ, toujours rempli d'eau. Le tender est muni d'une trompe (fig. 86) que l'on peut, par un jeu de leviers relever ou faire plonger dans le bac. Lorsque cette trompe est abaissée, son extrémité est complètement immergée et la pression produite par le mouvement du train y fait monter l'eau, qui se déverse dans le tender. Le seul inconvénient de ce système est qu'il coûte fort cher d'installation et d'entretien; c'est ce qui en a empêché l'extension.

Le tender se compose, comme tous les véhicules en usage sur les chemins de fer, d'une caisse et d'un châssis. Le châssis, constitué à peu près comme celui de la locomotive, reçoit comme ce der-

Fig. 85. — Bac pour l'alimentation en route des locomotives aux États-Unis.

nier les *appareils de choc et de traction*, nécessaires à son attelage avec la locomotive d'un côté et avec les wagons des trains de l'autre. L'attelage avec la machine est obtenu au moyen d'une barre rigide et de deux tampons en caoutchouc fortement serrés sur la traverse arrière de la locomotive. La caisse des tenders ordinaires est en tôle de 4 à 6 millimètres d'épaisseur et renferme la caisse à eau en forme de fer à cheval. Entre les branches et sur la partie supérieure de cette caisse, on charge le combustible.

Deux orifices garnis de couvercles servent à l'introduction de l'eau dans la caisse. La prise d'eau pour alimenter la machine se fait au moyen de deux soupapes placées à l'avant de chacune des branches du fer à cheval et communiquant avec deux tuyaux flexibles en caoutchouc épais, entourés d'une spirale en fil de fer et

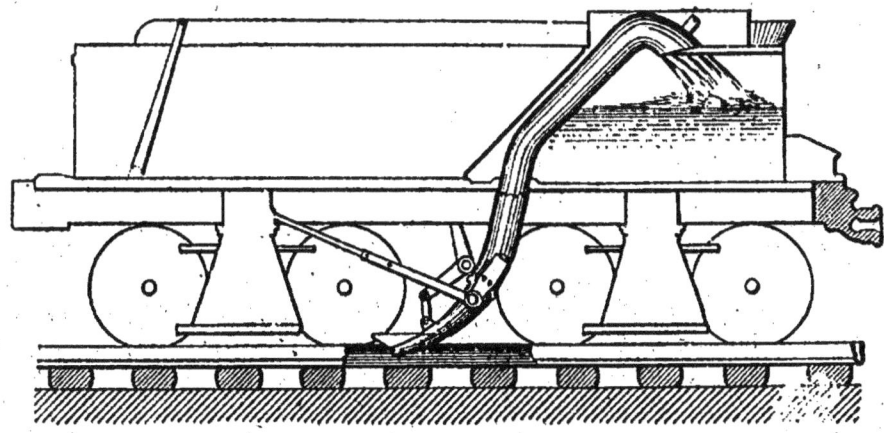

Fig. 86. — Tender américain à trompe pour l'alimentation en route des locomotives.

réunis à deux tuyaux semblables, adaptés à la machine, au moyen d'un joint étanche.

Le tender est muni d'un frein à main agissant sur les roues et il est complété par un ou plusieurs coffres à outils, appareils et

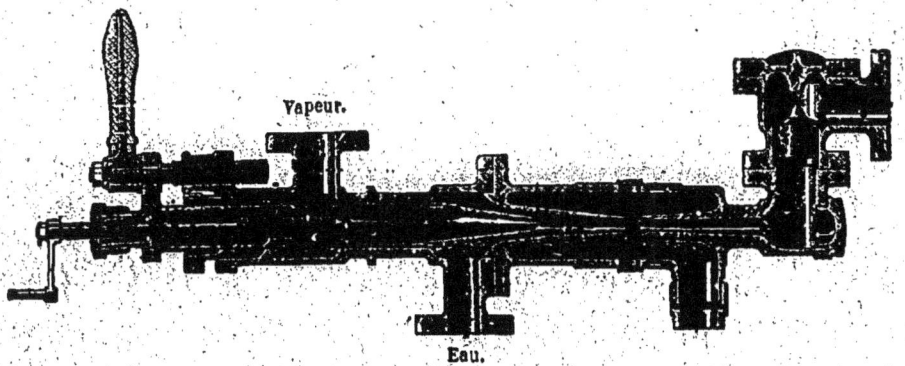

Fig. 87. — Injecteur Giffard.

agrès divers ; il porte aussi une cloche ou un timbre destiné à faire communiquer à l'aide d'une corde le mécanicien avec le chef du train qu'il remorque.

On s'est servi pendant longtemps, pour l'*alimentation* des chaudières de locomotives, de *pompes* alimentaires. Aujourd'hui, depuis l'invention de Giffard, l'usage de l'*injecteur* s'est généralisé. Tout le monde connaît le jeu de cet ingénieux appareil qui projette l'eau d'alimentation dans la chaudière sous pression, grâce à un entraînement produit par un jet de vapeur.

On a fait bien des modèles d'injecteurs, et chaque administration de chemin de fer en applique de plusieurs types, mais tous sont basés sur l'injecteur primitif de Giffard, représenté à la figure 87.

Nous allons maintenant indiquer les conditions d'établissement et donner quelques chiffres relatifs aux types divers de locomotives en usage sur les réseaux français.

Ainsi que nous l'avons vu plus haut, les locomotives sont actuellement construites pour réaliser, à un degré plus ou moins considérable, l'une ou l'autre de ces deux conditions :

   grande vitesse,
   grande puissance.

La solution de ces deux problèmes opposés comporte un point commun : l'extension de la capacité de vaporisation de la machine, qui s'obtient en augmentant la surface de grille et la surface de chauffe, surtout dans le foyer; de là ces machines énormes qui semblent de véritables mastodontes à côté des locomotives de 1840.

Un autre point commun est la difficulté d'obtenir une adhérence suffisante. Nous avons vu plus haut, en effet, quelle était par tonne de train la résistance au roulement sur les rampes. Pour remorquer des trains de différents tonnages, il faut nécessairement des adhérences supérieures aux chiffres du tableau ci-après, dans lequel nous partons des rampes de 5 millimètres par mètre qui peuvent être considérées comme un minimum.

POIDS DU TRAIN EN TONNES.	RÉSISTANCES SUR LES RAMPES DE			
	5 millimètres.	10 millimètres.	15 millimètres.	20 millimètres.
Tonnes.	Kilogrammes.	Kilogrammes.	Kilogrammes.	Kilogrammes.
100	770	1220	1770	2300
200	1440	2440	3540	4600
300	2310	3660	5310	6900
400	3080	4880	7080	
500	3850	6100		
600	4620			
700	5390			
800	6160			

Le *coefficient d'adhérence*, c'est-à-dire le rapport entre la résistance au glissement et la charge de l'essieu moteur, varie avec l'état d'humidité du rail : de 0,07 pour un rail légèrement humide, il s'élève à 0,14 et même à 0,17 pour un rail très sec ou largement lavé. On admet généralement dans les calculs la valeur de 0,10.

Si donc on suppose une charge de 15 tonnes par essieu moteur, chiffre qu'on n'a guère dépassé en France et qui est limité par la résistance de la voie, on reconnaît que :

Une machine à roues libres correspond à une adhérence de 1500 kilogr.
   — 2 essieux couplés — — 3000 —
   — 3 — — — 4500 —
   — 4 — — — 6000 —

On voit donc que, sur une ligne comportant des rampes de 10 millimètres, une machine à roues libres ne pourrait remorquer qu'un train de 100 tonnes, c'est-à-dire de 10 voitures, charge insuffisante, qui a conduit, comme nous allons le voir, à adopter pour les trains express et rapides des machines à deux essieux couplés. Mais, comme il faut conserver aux roues motrices un diamètre de 1^m,80 à 2 mètres pour obtenir de grandes vitesses, on n'a pas jugé, jusqu'ici, possible d'aller au delà, c'est-à-dire d'accoupler trois essieux, sans nuire à la stabilité de la machine. Cependant on vient de construire, sur les indications de M. Estrade, une machine à grande vitesse à trois essieux couplés et à roues de 2^m,50 de diamètre, qui est représentée à la figure 88. Cette machine, dont, il faut le reconnaître, l'aspect n'est pas rassurant, vient d'être essayée récemment sur le réseau des chemins de fer de l'État. Ces premiers essais ne semblent pas avoir donné les résultats qu'en attendaient l'inventeur.

Pour les machines à petite vitesse, au contraire, on tend à

Fig. 88. — Locomotive *la Parisienne*, système Estrade.

diminuer le diamètre des roues motrices pour réaliser une plus grande puissance; mais on est arrêté dans l'augmentation du nombre des essieux couplés par l'obligation de passer dans les courbes, ce qui limite l'empattement et a empêché jusqu'ici d'accoupler plus de quatre paires de roues.

Pour les machines à voyageurs, on a donc cherché d'abord, sans augmenter la puissance, à obtenir de très grandes vitesses par l'emploi des roues motrices de grand diamètre. On a été bientôt arrêté par l'inconvénient qu'il y avait, en surélevant la chaudière, d'augmenter l'instabilité de la machine. L'invention des machines

Crampton (Fig. 92) a eu justement pour objet de tourner la difficulté, en plaçant l'essieu moteur et ses roues de 2^m,10 à 2^m,30 de diamètre à l'arrière de la chaudière. Ces machines très bien établies ont pendant longtemps été considérées comme le *nec plus ultra* du genre.

Mais à mesure qu'augmentaient les habitudes de bien-être des voyageurs et le confortable des véhicules, et aussi à mesure que se développait le besoin de déplacements rapides, les trains devenant plus lourds, il a fallu chercher, par l'*accouplement* de l'essieu moteur avec l'essieu voisin, l'augmentation d'*adhérence* et, par suite, de puissance dont on avait besoin. C'est de cette nécessité qu'est né le type actuellement universel de la machine à grande vitesse *à deux essieux couplés*. On est parvenu, par une judicieuse distribution des divers organes, à obtenir pour ces machines des roues motrices dont le diamètre atteint celui des anciennes Crampton; mais on s'en tient généralement en France aux roues motrices de 2 mètres qui permettent, sans une vitesse exagérée des pistons, d'aller aussi vite que les exigences du service le commandent. La machine à voyageurs de la compagnie de l'Ouest (fig. 89), rentre dans cette catégorie. On peut marcher, avec les machines de ce type, à des vitesses qui atteignent et dépassent même 80 kilomètres à l'heure[1].

Dans le même ordre d'idées, mais pour circuler à des vitesses plus réduites sont établies les *machines ordinaires* à voyageurs *à deux essieux couplés*, dont les roues ont des diamètres de 1^m,50 à 1^m,80.

Ces machines, dont l'emploi est fort répandu, ont été aussi

---

[1]. Voici l'indication des vitesses normales de pleine marche des principaux trains rapides des Compagnies françaises. (Ces vitesses peuvent être notablement dépassées en cas de retard.)

Adm^{on} de l'État.	— Express de Bordeaux	65	kilom. à l'heure.
Cie du Midi.	— Rapide de Bordeaux-Cette	70	—
de l'Est.	— Orient-express	70	—
de P.-L.-M.	— Rapides de Marseille	72	—
de l'Ouest.	— Trains de marée	74	—
d'Orléans.	— Rapide de Bordeaux. — Sud-express	75	—
du Nord.	— Trains express de Calais et de Lille	80	—

dénommées machines *mixtes* et peuvent servir à faire la traction des voyageurs et celle des marchandises sur les lignes à profil ordinaire, quand les trains sont relativement peu chargés.

Il en est de même de la série suivante comprenant les machines *à trois essieux couplés*, qui constituent le type classique de la locomotive à marchandises, mais qui peuvent être aussi appe-

Fig. 89. — Locomotive à voyageurs pour le service des grandes lignes (Ouest).

lées à faire le service des trains mixtes, ou celui des trains de voyageurs sur les lignes à profil un peu difficile.

Enfin, si nous faisons encore un pas dans la voie de l'augmentation de puissance, nous arrivons aux grosses machines *à quatre essieux couplés*, affectées spécialement à la traction des trains de marchandises fortement chargés, ou au service des lignes de montagne. Les locomotives, destinées spécialement à ce dernier usage, portent le nom de *machines à fortes rampes*.

Les locomotives des diverses catégories que nous venons d'énumérer peuvent, à l'exception toutefois des machines rapides

des trains de grandes lignes, être destinées à faire leur service sur des parcours restreints (n'excédant jamais 40 à 50 kilomètres); dans ce cas, il n'est pas nécessaire d'emporter dans un tender spécial et indépendant de la machine une grande provision d'eau et de charbon ; on installe alors sur la locomotive elle-même les caisses à eau et les soutes à combustible et on constitue ainsi les

Fig. 90. — Locomotive-tender à voyageurs pour le service de la banlieue (Ouest).

machines-tenders qui peuvent être, selon le but auquel on les destine, à 2, 3 ou 4 essieux couplés.

Le type le plus répandu et le plus connu est celui des locomotives-tenders qui font le service des voyageurs dans la banlieue parisienne des réseaux de l'Ouest, du Nord et de l'Est (fig. 90).

Pour le service des trains de marchandises très lourds de la Ceinture de Paris, on fait usage de puissantes locomotives-tenders à quatre essieux couplés (fig. 91) qui remorquent couramment des trains de 30 véhicules et 350 tonnes sur des rampes de 0^m,015.

Dans cette dernière série rentrent, pour la même raison, les *machines* spéciales de *manœuvres* employées dans les gares.

Ajoutons que, dans quelques Compagnies, la tendance marquée est à la simplification des types et qu'à l'Ouest, par exemple on fait usage des mêmes machines pour remorquer tous les trains de voyageurs, express ou omnibus, ce qui a pour avantage de mieux

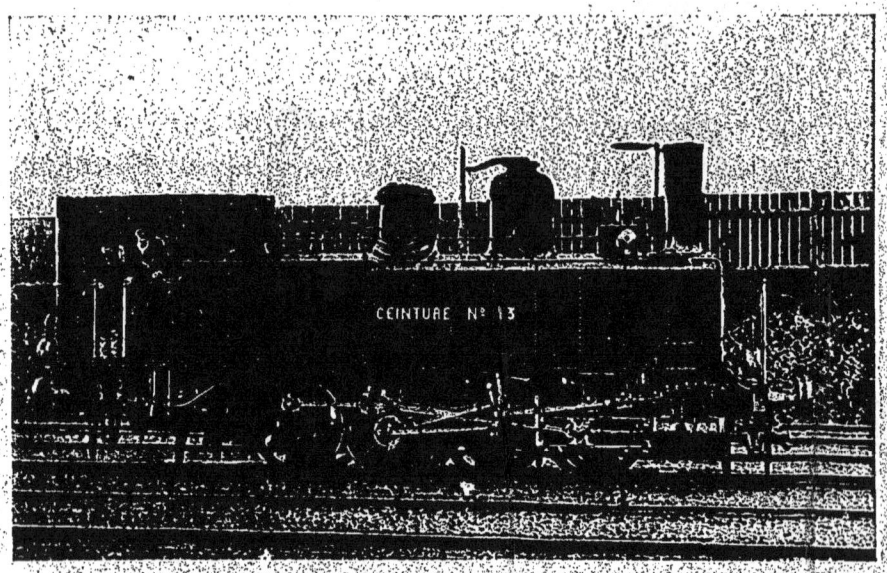

Fig. 91. — Locomotive-tender à quatre essieux couplés (Ceinture de Paris).

utiliser ces machines. On n'a plus alors à considérer que trois types principaux :

Machines à voyageurs ;
— à marchandises ;
— tender : banlieue et gares.

Nous donnons dans la figure 92 plusieurs des types de machines que nous venons de passer en revue et nous en indiquons les principales données et dimensions.

1° *Machine à roues indépendantes.*

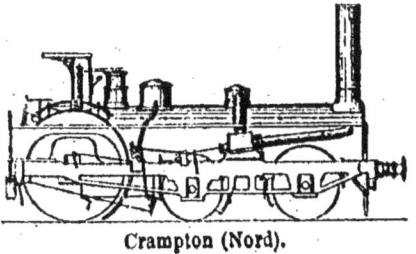

Crampton (Nord).

2° *Machines à 4 roues accouplées.*

Orléans (1877).

P.-L.-M. (1879).

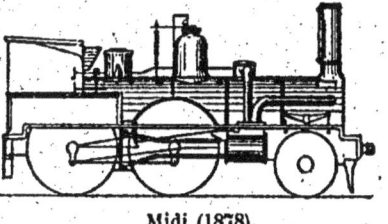

Midi (1878).

3° *Machines à 6 roues accouplées.*

Ouest (1882).

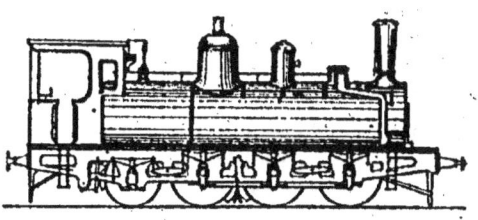

Est (1881).

4° *Machines à 8 roues accouplées.*

Orléans (1878).

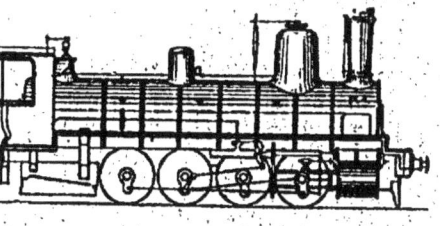

État (1882).

Fig. 92. — Divers types de locomotives françaises.

1° *Machine à roues indépendantes.*
(Type Crampton. — Nord).

Surface de chauffe...... { Foyer.............		6^{m2},15
Tubes..............		86^{m2},83
Diamètre des roues motrices (au contact)...........		2^m,10
Poids utile pour l'adhérence.............................		12^T,600
Poids total de la machine en charge.....................		29^T,100

2° *Machines à quatre roues accouplées.*

Types :	Orléans (1877).	P.-L.-M. (1879).	Midi (1878).
Surface de chauffe..... { Foyer....	10^{m2},60	10^{m2},50	9^{m2},12
Tubes.....	135^{m2},19	132^{m2},21	98^{m2},95
Diamètre des roues motrices (au contact) .	2^m,00	2^m,00	2^m,09
Poids utile pour l'adhérence.........	21^T,950	27^T,640	26^T,000
Poids total (en pression)............	41^T,800	48^T,750	37^T,500

3° *Machines à six roues accouplées.*

Types :	Ouest (1882).	Est Machine-tender (1881).
Surface de chauffe..... { Foyer.......	8^{m2},38	8^{m2},80
Tubes........	129^{m2},42	101^{m2},49
Diamètre des roues motrices......	1^m,41	1^m,55
Poids utile pour l'adhérence......	36^T,050	40^T,008
Poids total (en pression).........		53^T,693
Approvisionnements..... { Eau..........	»	5,000 lit
Combustible.......	»	2,000 kg

4° *Machines à huit roues accouplées.*

Types :	Orléans (1878).	État (1882).
Surface de chauffe..... { Foyer.........	11^{m2},52	9^{m2},71
Tubes........	193^{m2},96	189^{m2},77
Diamètre des roues motrices................	1^m,26	1^m,27
Poids total (en pression) (adhérence totale)......	48^T,800	53^T,300

Un mot maintenant des locomotives étrangères.

En Angleterre, pays d'origine de la locomotive, on a abandonné assez vite le dispositif Crampton pour le système des machines à deux essieux couplés. La machine dont nous donnons la vue (Fig. 93), peut être considérée comme le type le plus usité de la locomotive à grande vitesse. Elle fait le service des express sur la ligne du Midland et présente cette particularité que l'essieu *por-*

Fig. 93. — Locomotive express à deux essieux couplés du Midland-Railway.

teur de l'avant est remplacé par un truck articulé ou *bogie* qui permet à la machine — comme nous l'avons dit plus haut — d'épouser plus facilement les courbes de la voie. Dans cette machine, comme dans la plupart de celles que construisent aujourd'hui les Anglais, le *foyer* de forme carrée est logé entre les deux essieux accouplés. Cette disposition permet d'éviter la complication des grilles du système Belpaire, mais oblige à écarter davantage les essieux et conduit, par suite, à augmenter beaucoup la longueur des bielles d'accouplement, ce qui, d'ailleurs, n'est plus considéré comme un danger, aujourd'hui qu'on se sert couramment de bielles d'accouplement en acier atteignant $2^m,70$ de longueur.

On peut voir, en comparant ce type anglais au type français du Nord (Fig. 94), qu'il y a une grande analogie entre les deux machines. Ce qui caractérise seulement les locomotives anglaises, c'est leur aspect de grande simplicité : les Anglais cachent leur mécanisme, qui est du reste le plus souvent à *l'intérieur* du *châssis* et ils affectent même de dissimuler toutes les pièces de détail sous l'enveloppe extérieure de la locomotive.

Quoi qu'il en soit, on ne peut refuser à leurs ingénieurs des

Fig. 94. — Locomotive et tender des trains rapides du chemin de fer du Nord.

qualités d'esthétique qui leur font rechercher pour les machines rapides une forme élégante, élancée, réservant l'aspect trapu et ramassé aux lourdes locomotives à marchandises. Ce côté *artistique* de la construction des locomotives rencontre aussi beaucoup de partisans chez nous, et on ne saurait nier qu'il est absolument rationnel, puisqu'il est l'expression du vrai. — N'en déplaise à MM. les artistes, il y a dans les choses de l'Industrie un genre spécial de beauté et l'on en est arrivé aujourd'hui à dire d'une locomotive qu'elle est *belle* ou qu'elle est *laide*. Et ceci ne s'applique pas seulement à la locomotive, mais à toute espèce de machines; quoi de plus gracieux, en effet, que ces puissantes machines à vapeur devant lesquelles on s'arrête saisi d'admiration dans les galeries de nos expositions! Donc la locomotive anglaise de la figure 93 est une belle locomotive.

Cependant nos voisins n'ont pas renoncé à l'emploi des

Fig. 95. — Locomotive à grande vitesse à roues libres du Great-Northern-Railway.

locomotives à roues motrices indépendantes ou libres et dans ces derniers temps, ils ont construit des locomotives du type représenté dans la figure 95 et qui sont destinées à remorquer à une très grande vitesse (90 à 100 kilomètres à l'heure) les trains spéciaux légers, à nombre limité (limited) de voyageurs, qui font le service rapide de Londres à Édimbourg sur les voies de Great-Northern Railway [1].

[1]. Ces locomotives possèdent des roues motrices de $2^m,40$ de diamètre avec poids adhérent de 17 tonnes. Elles font en deux étapes, le parcours de Londres à York (303 kilomètres) et vont en huit heures de Londres à Édimbourg (648 kilomètres), ce qui représente une vitesse *commerciale* (c'est-à-dire arrêts et ralentissements compris) de 81 kilomètres et correspond à une vitesse moyenne de marche de 90 kilomètres.

Dans les autres contrées de l'Europe, en Belgique, en Allemagne, en Italie, etc., les locomotives sont établies sur les mêmes principes que celles que nous venons de décrire. On voit à la figure 96 une des locomotives italiennes, pour fortes rampes, qui font le service de la ligne de Turin à Gênes, traversant le col des Giovi (Apennins) avec des rampes d'accès de 37 millimètres par mètre.

Les machines de ce type, dont la première a été construite à Turin en 1884, sont aussi destinées au service des express sur la ligne nouvelle à pentes modérées de 10 millimètres par mètre, construite entre Gênes et Busalla, pour éviter la rampe des Giovi.

Elles sont à six grandes roues accouplées de 1^m,65 et munies d'un bogie à l'avant; elles peuvent remorquer des trains de 130 tonnes à la vitesse de 45 kilomètres sur des rampes de 10 millimètres et à 60 kilomètres en plaine.

Fig. 96.
Locomotive à trois essieux couplés du réseau de la Méditerranée (Italie).

Mais si maintenant nous traversons l'Atlantique, nous trouvons aux États-Unis un type de machine tout à fait différent des locomotives européennes.

Ce qui caractérise la locomotive américaine (fig. 97), c'est d'abord son immense cheminée en entonnoir qui n'est que l'enveloppe du véritable tuyau, et est disposée de manière à recueillir les flammèches nombreuses produites par l'emploi du bois comme combustible ordinaire. Sur certaines lignes, comme celle du métropolitain de New-York, où les machines brûlent du charbon ou du coke, les cheminées ont la même forme qu'en Europe.

A côté de la cheminée, ce qui nous frappe le plus dans la locomotive américaine, ce sont les dimensions extraordinaires de la lampe destinée à éclairer la voie à l'avant. Cette lampe, alimentée au pétrole, au gaz, et quelquefois même à l'électricité, est munie d'un réflecteur parabolique de 0^m,40 à 0^m,60 de diamètre, qui en projette l'éclat à une grande distance, de manière à permettre au mécanicien de surveiller au loin la voie.

Toujours à l'avant de la locomotive américaine nous trouvons l'appareil appelé *cow-ratcher* (chasse-vache) et qui est destiné au même usage que le modeste chasse-pierre de nos machines. Cet appareil dont les dimensions horizontales atteignent parfois près de 2 mètres et le poids 500 kilogrammes, est d'une grande utilité

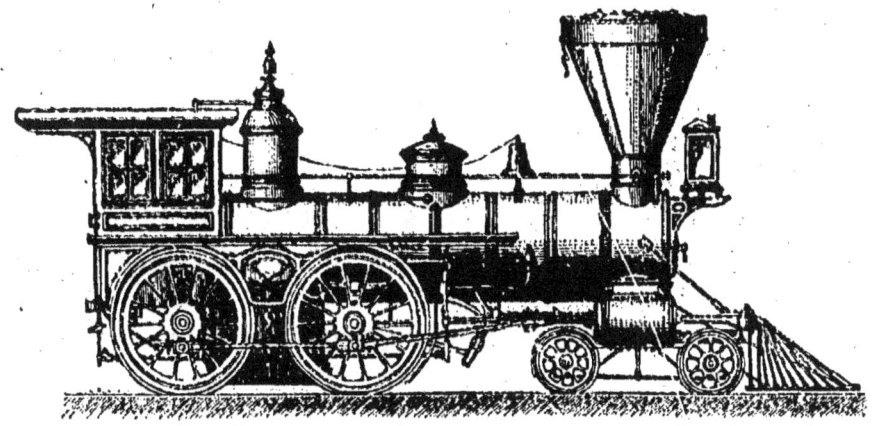

Fig. 97. — Locomotive américaine.

sur des lignes traversant, sans clôtures, de vastes pâturages où l'on est exposé, en effet, à rencontrer fréquemment un animal égaré qui en l'absence du cow-catcher ferait assurément dérailler la machine.

Nous trouvons encore sur la locomotive américaine une cloche de dimensions respectables, qui signale le passage de la machine à travers les voies publiques de certaines villes où les rails du chemin de fer sont au niveau des rues, et aussi une *cabine* vitrée complètement fermée et très bien aménagée pour le mécanicien et le chauffeur.

Quant au mécanisme, on peut voir dans le type que nous reproduisons qu'il est analogue à celui des machines européennes à deux essieux couplés avec *bogie* à l'avant. La plupart des locomotives usitées en Amérique depuis trente ans rentrent dans ce type général.

On a cherché, dans ces dernières années, à appliquer aux locomotives le dispositif *compound* déjà employé dans les machines fixes. Ce système consiste, comme on le sait, à admettre d'abord la vapeur dans un petit cylindre où elle travaille sous une détente déterminée; puis, au lieu d'évacuer dans l'atmosphère cette vapeur qui possède encore une certaine force élastique, on l'envoie dans un second cylindre plus grand que le premier, où elle achève de se détendre en produisant le reste de travail dont elle était susceptible. Il y a là, on le comprend, une utilisation complète de la force élastique de la vapeur et par conséquent, pour un même travail, une économie de vapeur et, par suite, de combustible.

Les premières applications de ce système ont été faites en France par M. Mallet aux locomotives du chemin de fer de Bayonne à Biarritz; le même type a été depuis appliqué sur les chemins de fer russes, et la Compagnie du Nord l'a également essayé. La locomotive compound du système Mallet est à deux cylindres de diamètres inégaux et fonctionne de la même manière que les machines fixes du même genre de l'industrie.

En Angleterre, M. Webb a construit un autre genre de locomotives compound dont la Compagnie de l'Ouest français possède un spécimen.

Dans la machine Webb il y a trois cylindres : deux petits d'égal diamètre, placés extérieurement au châssis et un grand d'une capacité égale à la somme des deux précédents et logé dans l'axe de la machine sous la boîte à fumée. Les deux petits cylindres extérieurs actionnent l'essieu moteur d'arrière, et le grand cylindre intérieur celui d'avant; de sorte qu'il y a là une double locomotive constituant par son double fonctionnement une machine à *deux* essieux moteurs indépendants. C'est l'augmentation de l'adhérence obtenue sans bielle d'accouplement. On peut par le moyen de combinaisons dans le mécanisme de distribution, soit faire fonctionner séparément les deux machines en admettant directement la vapeur dans chacun des trois cylindres, soit employer le dispositif compound en alimentant le grand cylindre avec la vapeur d'échappement des deux petits, soit enfin faire fonctionner l'une des machines (petits cylindres ou cylindre unique). On fait varier de cette façon, dans de très grandes limites, la force de la locomotive; mais on conçoit en même temps que son fonctionnement soit très délicat, et, — en fait, — la machine Webb employée sur le réseau de l'Ouest, rentre bien souvent aux ateliers.

Un ingénieur français, M. Ricour, s'est préoccupé de la résistance que l'air oppose à la marche des locomotives; pour atténuer cette résistance, il a proposé de revêtir la locomotive d'une enveloppe extérieure disposée un peu comme l'éperon d'un navire cuirassé. Ce dispositif a été essayé sur les chemins de fer de l'État, mais il a été reconnu qu'en dehors de la question de forme extérieure qui était absolument sacrifiée, le résultat obtenu n'était pas en rapport avec l'accroissement de poids et de dépense correspondant.

CHAPITRE II

MATÉRIEL A VOYAGEURS

Considérations générales. — Matériel à compartiments indépendants et matériel à intercirculation. — Conditions d'établissement. — Éclairage et chauffage; appareils de sécurité. — Types divers. — Voitures de luxe. — Voitures spéciales (postes, prisons, émigrants). — Matériel accessoire de la grande vitesse (fourgons, wagons-écuries).

Le *confortable* joint à la *sécurité* sont les deux termes vers lesquels tendent les efforts des ingénieurs de chemins de fer dans la construction du matériel roulant destiné au transport des voyageurs.

A cet égard, de grands progrès ont été accomplis chez nous depuis quelques années, et, de même que l'Exposition de 1878 avait vu surgir les types nouveaux de locomotives pour trains express et rapides, celle de 1889 verra apparaître les nouveaux modèles de voitures à voyageurs que les Compagnies françaises sont décidées à employer pour les voyages de long parcours.

On se plaît souvent à accuser de routine nos administrations, sans se rendre compte que nos lignes de chemins de fer sont généralement plus anciennes que certaines lignes étrangères mieux pourvues sous le rapport du matériel et sans songer à combien s'élèvent les capitaux *non encore amortis* qui ont été employés à constituer le matériel actuellement en usage chez nous.

Mais, au moins, nous avons l'avantage de ne rien perdre pour attendre plus longtemps, et nous pouvons dire, dès à présent, que le nouveau matériel des trains de luxe de la Compagnie Paris-Lyon-Méditerranée, par exemple, dépassera encore celui déjà si confortable et si apprécié de la Société internationale des wagons-lits.

Le matériel employé aujourd'hui sur les chemins de fer pour le service des voyageurs, et qu'on désigne sous le nom de *voitures* pour le distinguer des *wagons* affectés au transport des marchandises, correspond à deux types principaux : les voitures à compartiments séparés et les voitures à intercirculation ou à couloir.

Les premières sont encore d'un usage presque général sur les lignes françaises, et, en dépit des avantages divers que présente le matériel à couloir, il est incontestable que les voitures à compartiments séparés répondent mieux à nos habitudes d'isolement en voyage, habitudes qui nous font rechercher de préférence les compartiments où il n'y a que peu ou point d'autres voyageurs.

Le matériel à couloir se divise lui-même en voitures à couloir *central* et en voitures à couloir *latéral*; les secondes sont de plus en plus à la mode, car elles ont l'avantage d'établir l'indépendance des compartiments tout en permettant la circulation facile d'un bout à l'autre de la voiture, et même d'un bout à l'autre du train, si les plates-formes extrêmes, par lesquelles on accède dans les voitures, sont reliées entre elles; cette dernière faculté, parfois dangereuse pour le public, est réservée le plus souvent aux seuls employés chargés du contrôle des billets.

On donne aux nouvelles voitures à couloir une longueur considérable ; on diminue de la sorte le *poids mort* à transporter relativement au nombre des voyageurs. Ce résultat est obtenu par la construction de châssis spéciaux montés non plus sur deux ou trois essieux parallèles, comme dans les voitures ordinaires, mais bien sur deux trucks ou *bogies* analogues à ceux employés pour les locomotives et qui ont l'avantage d'absorber dans une large mesure les chocs résultant du roulement et de donner aux véhicules une très grande douceur, autre élément du confortable.

Par contre, les voitures à compartiments indépendants, qui offrent à chaque station une portière d'entrée et de sortie par compartiment de huit ou dix places, devront toujours être préférées pour les cas où — comme sur les lignes de banlieue — on a à faire monter et descendre, en très peu de temps, un nombre considérable de voyageurs.

Les voitures à voyageurs, quel que soit leur type, comprennent deux parties distinctes : le *châssis* et la *caisse*.

Le *châssis* est en fer; il se compose de deux brancards portant les *plaques de garde* et de deux traverses extrêmes, fortement maintenues au moyen de pièces en croix de Saint-André.

Les voitures du type ordinaire sont habituellement portées sur deux essieux et quelquefois sur trois (P.-L.-M.), par l'intermédiaire des *boîtes à huile* qui, entourant la fusée des essieux, peuvent glisser dans les plaques de garde et auxquelles sont fixés les *ressorts* de suspension. Ces ressorts sont formés comme ceux des locomotives, de lames d'acier superposées et fortement réunies par des étriers, mais plus flexibles et plus longues; en raison de l'écartement des essieux, dans les nouveaux véhicules, la maîtresse lame de ces ressorts dépasse parfois deux mètres de longueur.

Les extrémités des lames sont reliées aux brancards du châssis par des articulations dites *mains de ressort* garnies de caoutchouc. La suspension est souvent complétée par des plaques ou rondelles en caoutchouc ou en feutre interposées entre le châssis et la caisse (1res classes du Nord, de l'Ouest et d'Orléans).

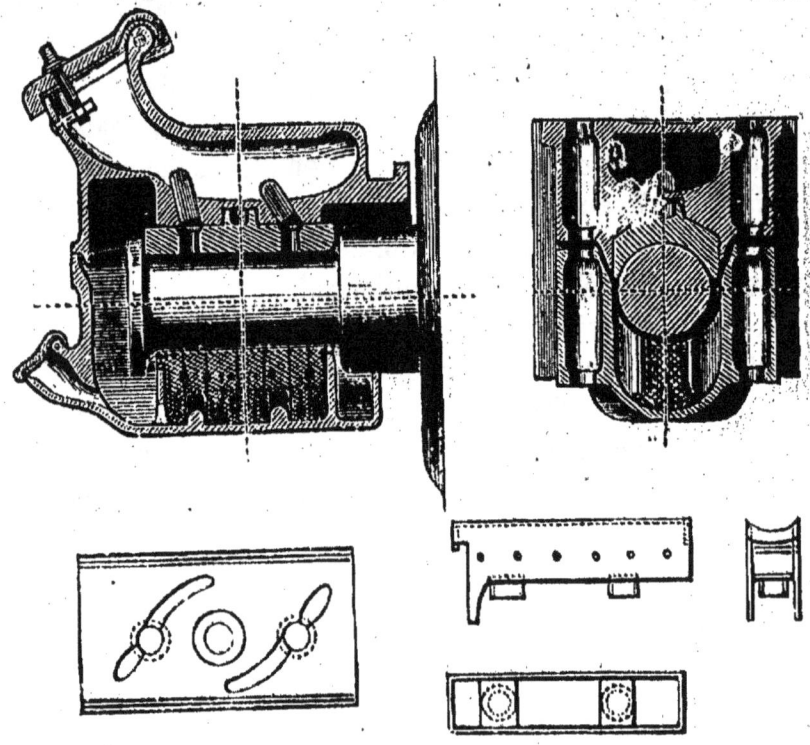

Fig. 98. — Boîte à huile (type de l'Est).

Les *roues* sont de divers modèles, soit à rais, soit à centre plein. Ces dernières sont plus couramment employées aujourd'hui. Les centres sont en fer forgé, en acier fondu, ou quelquefois en bois dur, chassé entre les rais et formant remplissage.

On a employé depuis quelques années les roues américaines dites *en papier*, dont le centre est formé de plateaux en carton très dur, comprimés à la presse hydraulique et maintenus entre deux disques de tôle fortement boulonnés.

Le montage des bandages et des essieux sur les roues se fait comme pour les roues de machines et de tenders.

Le *graissage* de la fusée s'effectue d'une manière permanente dans la boîte à huile ou à graisse qui entoure le *coussinet* où elle tourne. Il y a une infinité de modèles de boîtes à huile, nous donnons ici l'un des types de la Compagnie de l'Est (fig. 98). Quant aux boîtes à graisse, elles ne sont plus employées que par quelques Compagnies anglaises et, en France, par la Compagnie de l'Ouest;

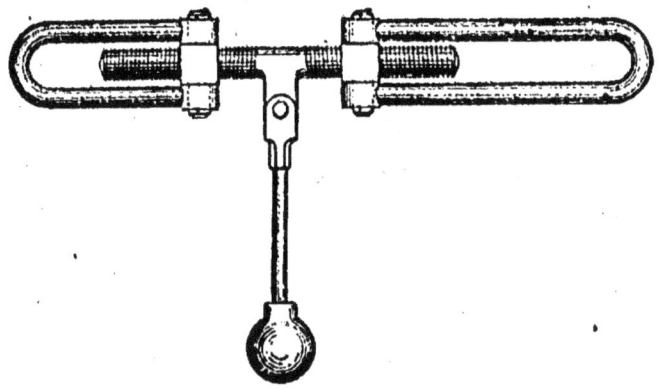

Fig. 99. — Tendeur ou barre d'attelage.

elles tendent à disparaître, en raison de la résistance qu'elles opposent au roulement, surtout au moment du démarrage.

Les véhicules d'un train sont réunis les uns aux autres au moyen d'un système spécial nommé *appareil de choc et de traction*. Il est formé par les deux *tampons* élastiques montés sur chaque traverse extrême et dont les tiges sont articulées à l'extrémité des lames d'un ressort horizontal fixé sur une traverse du châssis; ce même ressort porte en son centre une tige dirigée suivant l'axe longitudinal de la voiture et qui, passant dans la traverse extrême, se termine au milieu de l'espace compris entre les deux tampons par un *crochet d'attelage*. On comprend que les tampons de choc et le crochet de traction puissent être solidaires d'un même ressort, puisque ce ressort ne peut agir que séparément sous l'action du *choc* produit par un mouvement rétrograde du véhicule ou de la *traction* résultant d'un mouvement en sens contraire, et que ces deux mouvements opposés l'un à l'autre ne sauraient se produire simultanément. Il y a toutefois des modifications à ce dispositif, où l'on fait usage de plusieurs ressorts indépendants les uns des autres.

L'attelage entre deux véhicules s'opère à l'aide d'une barre d'attelage ou *tendeur* (fig. 99), munie d'une vis à levier qui permet de serrer les tampons au contact, de manière à éviter les chocs entre les véhicules aux changements de vitesse; il est complété par les deux *chaînes* dites *de sûreté* imposées par les règlements administratifs.

C'est également le châssis qui supporte les appareils des *freins* dont il sera question dans la IVe partie, et les marchepieds par lesquels on accède dans les véhicules.

Une fois le châssis constitué, la *caisse* boulonnée sur ce châssis pourra être aménagée de façons très diverses, selon le service auquel elle doit satisfaire. On la construit généralement en bois, doublé de tôle peinte et vernie à l'extérieur.

Nous allons indiquer la distribution de cette caisse dans les cas qui se présentent habituellement en France, mais auparavant, il nous faut dire quelques mots des moyens employés pour l'*éclairer* et la *chauffer*, ainsi que des systèmes en usage pour assurer la *sécurité* des voyageurs en leur permettant de correspondre facilement avec les agents du train pendant la marche.

L'*éclairage* des voitures à voyageurs se fait encore le plus souvent au moyen de lampes *à huile*. Ces lampes sont renfermées dans des coupes en verre disposées, à la partie supérieure des véhicules. On a modifié d'une façon heureuse l'ancien système à bec plat, qui ne donnait qu'une lumière insuffisante, en le remplaçant par divers types de lampes à bec rond et à cheminée en verre dont un des plus parfaits est celui de la Compagnie du Nord.

Le *gaz*, essayé sans succès, il y a plus de vingt ans, par M. Sauvage au chemin de fer de l'Est, donne maintenant des résultats très remarquables et — à l'exemple de la Compagnie de l'Ouest — les réseaux de l'Est, de Paris-Lyon-Méditerranée et de l'État, l'ont adopté à leur tour. Le système le plus usité en France est celui de M. Pintsch, qui emploie le gaz riche produit par la distillation des huiles de pétrole, de goudron, de parafine, de lignite, etc., comprimé à six atmosphères. Ce gaz est emmagasiné dans un réservoir spécial, placé sous chaque voiture et alimentant, par l'intermédiaire d'un régulateur, les lampes de chaque compartiment. A la Compagnie Paris-Lyon-Méditerranée, un dispositif ingénieux produit automatiquement la mise en veilleuse de la lampe, chaque fois que, pour en modérer l'éclat, on ferme le store qui entoure la coupe. En Belgique où l'éclairage au gaz est appliqué depuis 1869 sur tout le réseau de l'État, on a eu recours au système Cambrelin qui comporte un réservoir unique dans le fourgon de chaque train, pour alimenter les conduites qui règnent sur le toit de chaque voiture et qui sont reliées entre elles par des accouplements en caoutchouc.

L'éclairage *électrique* a été l'objet d'études sérieuses et d'essais suivis, mais son usage, en dehors de quelques cas exceptionnels, n'est pas encore entré dans la pratique courante.

Quant au *pétrole*, qui avait paru donner des résultats satisfaisants, tant au point de vue de la simplicité d'installation et des facilités d'entretien qu'à celui de l'intensité lumineuse, on semble y renoncer depuis quelque temps en raison des difficultés de réglage de la flamme, qui varie beaucoup avec la température.

Le *chauffage* des voitures à voyageurs est une question qui a de tout temps vivement préoccupé nos ingénieurs de chemins de fer. En France, si la solution désirable n'a pas encore été trouvée cela tient principalement à deux causes : d'abord nos véhicules à compartiments indépendants ne se prêtent pas facilement à l'application des systèmes de calorifères ou autres qui donnent de bons résultats dans les contrées où l'on fait usage de voitures à circulation intérieure; et d'autre part, notre pays jouit d'un climat généralement tempéré qui s'oppose à l'adoption d'un système de chauffage complet, susceptible de donner trop de chaleur et d'incommoder les voyageurs. C'est ce qui s'est produit à la Compagnie de l'Est où l'on a fait un grand nombre d'essais de tous les genres de chauffage, et où — à part quelques voitures munies de *thermosiphons* — on est revenu à la classique *bouillotte* mobile, dont on réchauffe l'eau dans les gares au moyen d'appareils à vapeur.

Le principal inconvénient de la bouillotte est son refroidissement rapide qui oblige à en opérer le renouvellement plusieurs fois dans le cours d'un voyage, au grand ennui des voyageurs dérangés dans leur sommeil pendant les nuits d'hiver. Aussi, aux chemins de fer du Nord, de l'Ouest et de l'État, a-t-on essayé le système de bouillottes Ancelin, à l'*acétate de soude*; ces bouillottes restent chaudes fort longtemps et quand elles commencent à se refroidir, il suffit de les secouer fortement pour les réchauffer un peu.

Enfin, on a expérimenté récemment sur le réseau de l'Ouest, un système de bouillottes fixes annulaires, logées dans l'épaisseur du plancher des voitures, et dans lesquelles circulent les gaz produits par la combustion lente de briquettes spéciales qu'on charge extérieurement à la voiture dans deux petits fourneaux établis à chaque extrémité de la bouillotte. Ces essais ont donné d'excellents résultats et cette solution paraît devoir être adoptée.

L'usage des voitures à compartiments indépendants, s'il présente de grands avantages n'en a pas moins des inconvénients, dont le plus sérieux est assurément l'isolement dans lequel se trouvent les voyageurs dans un train en marche. Le matériel à intercirculation ne les met pas non plus complètement à l'abri de tout désagrément, et dans un cas comme dans l'autre, il est utile que le public puisse communiquer pendant la marche avec les agents du train, pour réclamer du secours.

Les moyens employés dans ce but, dans nos trains formés de wagons habituellement séparés les uns des autres, sont les *appareils* dits *d'intercommunication*. Le plus connu est celui du système Prudhomme qui consiste dans un circuit électrique, au moyen duquel le voyageur, en agissant sur l'anneau ou le bouton d'appel qui se trouve dans chaque compartiment, fait fonctionner une sonnerie placée dans le fourgon du chef de train. La jonction du câble conducteur entre les diverses voitures se fait à l'aide de porte-mousquetons en cuivre dont chaque bout de câble est muni. Le système Prudhomme est adopté depuis plusieurs années par la plupart des Compagnies françaises. Néanmoins, malgré les résultats pratiques donnés par ce système, on s'est plaint avec raison que l'oxydation des porte-mousquetons amenait parfois des interruptions de courant et que d'un autre côté, son usage exigeait une jonction nouvelle entre les véhicules, ce qui augmente encore la complication de l'opération de l'attelage.

Pour obvier à ces deux inconvénients, on se sert, à la Compagnie de l'Ouest, du frein continu Westinghouse lui-même comme appareil d'intercommunication. On verra plus loin (IV° partie) de quelle façon ce frein fonctionne ; il nous suffira de dire ici qu'il peut être mis en action chaque fois qu'on provoque la sortie de l'air comprimé contenu dans une conduite qui règne sur toute la longueur du train. Si donc le bouton d'appel placé dans chaque compartiment n'est autre que la tige de manœuvre d'une valve de sortie de l'air et qu'on ait vissé un sifflet sur le toit de la voiture à l'orifice de cette valve, quand un voyageur agira sur le bouton d'appel, il provoquera du même coup la mise en action des freins sur toute l'étendue du train, et le fonctionnement du sifflet de la voiture d'où est parti l'appel ; en même temps il fait fonctionner, grâce à un dispositif spécial, un second sifflet disposé sur la machine près du mécanicien. Le train ralentit sa marche, il peut être rapidement arrêté et l'air continuant à s'échapper, le sifflet de la voiture ne cesse de retentir que lorsqu'on vient refermer la conduite et remettre les choses en état, après avoir pris connaissance des causes de l'appel. Ce procédé très simple est d'un fonctionnement certain et il a de plus l'avantage de n'exiger aucune jonction nouvelle entre les voitures du train.

Ajoutons — pour terminer ce qui est relatif à l'intercommunication — qu'on a établi dans les voitures des divers réseaux des ouvertures munies de vitres, pratiquées dans la cloison séparative de chaque compartiment et permettant de voir facilement ce qui se passe dans le compartiment voisin.

Nous allons maintenant passer rapidement en revue les aménagements que comportent les diverses voitures à voyageurs et le matériel accessoire de la grande vitesse des types les plus usités sur les réseaux français.

Nous examinerons successivement : les voitures des trois classes, celles à impériale ou à deux étages des lignes de banlieue, le matériel de luxe des Compagnies et celui de la Société internationale des wagons-lits ; puis les wagons spéciaux pour le service de la poste, des prisons, pour le transport des émigrants ; enfin les fourgons à bagages, les wagons à messagerie et à denrées, les trucks à voitures et les wagons-écuries [1].

Voiture de 1ʳᵉ classe (Midi). — La voiture de 1ʳᵉ classe que nous reproduisons dans la figure 100 est celle qui fut exposée par la Compagnie du Midi en 1878, et qui est employée pour le service des trains rapides de Bordeaux à Cette. Toutes les précautions ont

---

[1]. Notons, en passant, que sur tous les réseaux français, les diverses sortes de véhicules sont désignées par des lettres de série et des numéros d'ordre. La lettre A se rapporte aux voitures de 1ʳᵉ classe ; B, à celles de 2ᵉ ; C, à celles de 3ᵉ ; AB désigne une voiture *mixte* de 1ʳᵉ et 2ᵉ classe ; D, un fourgon à bagages, et Dꟳ le même muni d'un frein ; en continuant la série, on arrive au matériel à marchandises, où l'on appelle K les wagons couverts ; M, les wagons plats ; L ou S, les wagons à houille, etc. Sur la Ceinture de Paris, on désigne par une double lettre, BB, les voitures à deux étages ; sur le Paris-Lyon-Méditerranée, la double lettre distingue les véhicules à trois essieux de ceux qui n'en ont que deux ; sur l'Orléans, Aᵂ, Bᵂ, Cᵂ, signifie que les voitures de ces trois classes sont munies du frein continu Westinghouse ou Wenger.

Les indications qui précèdent diffèrent un peu d'un réseau à l'autre, mais il est admis partout que A, B, C, D, désignent les trois classes de voitures et les fourgons qui entrent dans la composition des trains de voyageurs. Dans cet ordre d'idées, on dénomme, à la compagnie de l'Ouest, A B C Dꟳ, les véhicules comportant à eux seuls les trois classes et le compartiment à bagages qui font le service de *trains-tramways* sur quelques petits embranchements, entre autres sur le raccordement de Saint-Germain-Ouest à Saint-Germain-Grande-Ceinture.

été prises dans la construction du châssis pour assurer la douceur de la suspension. Cette voiture contient des cabinets de toilette et water-closets mis en communication, comme l'indique le dessin, avec les trois compartiments; pour cela, on a sacrifié dans chacun d'eux une ou deux places pour permettre de pratiquer une porte

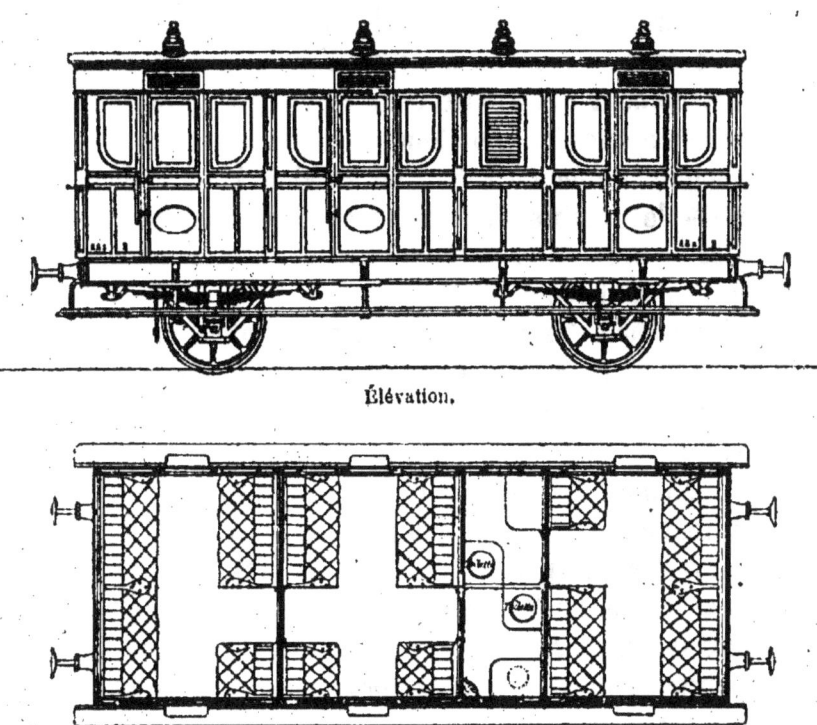

Fig. 100. — Voiture de 1re classe avec toilette et water-closet (Midi).

dans les cloisons séparatives. A part cette disposition, si appréciée du public pendant les voyages à long parcours, l'arrangement intérieur est semblable à celui des voitures ordinaires de 1re classe : banquettes et dossiers rembourrés, accoudoirs mobiles, tapis, châssis à glace munis de rideaux et souvent doublés d'un châssis mobile capitonné pour la nuit, une ou deux lampes d'intérieur, plafond en érable à double pavillon pour permettre la circulation de l'air et maintenir une fraîcheur relative pendant l'été, etc., etc.

Les voitures de 1re classe des autres Compagnies (avec ou sans cabinet de toilette) sont à trois compartiments de huit places pour les anciens modèles, et à quatre compartiments dans la plupart des types nouveaux. Souvent les deux compartiments des deux bouts de la voiture comportent une seule banquette à quatre places, et la paroi extrême du véhicule est garnie de glaces ménageant la vue en avant ou en arrière ; c'est ce qu'on nomme un *coupé*, compartiment qui rentre dans la catégorie des places de luxe, dont il sera question plus loin.

Aux chemins de fer de l'État, on a réduit à six — comme en Angleterre — le nombre des places par compartiment; chaque banquette est alors formée de trois stalles, avec accoudoirs; les deux du milieu sont mobiles.

Une des principales conditions du confortable en matière de voitures à voyageurs réside dans les dimensions des compartiments ; il faut qu'on puisse aisément se lever, se déplacer, entrer dans les voitures et en sortir sans déranger ni gêner ses voisins. Cette obligation a été fort bien comprise par toutes nos Compagnies, qui augmentent aujourd'hui le plus possible la hauteur des caisses et la largeur des compartiments. Sous ce rapport, les grandes voitures de 1re classe du Nord et d'Orléans sont des mieux établies.

Voiture mixte de 1re et de 2e classe (Ouest). — Pour desservir certains embranchements où le nombre des voyageurs de 1re et de 2e classe n'est pas très considérable, on a trouvé souvent avantageux de réunir dans une même voiture les compartiments de ces deux classes. Une solution très satisfaisante a été adoptée à cet égard par la Compagnie de l'Ouest, qui dispose, à chaque extrémité de la caisse (fig. 101), un compartiment ordinaire de 2e classe, réservant le milieu pour un élégant *salon* de 1re classe, muni de banquettes sur tout son pourtour. Cette voiture contient onze places de 1re classe et vingt places de seconde classe.

Ces derniers compartiments sont aménagés comme tous ceux des autres voitures de la même classe : banquettes à dossier rembourrées, châssis à glace mobiles, munis de stores à la portière et sur les côtés, filets à bagages, lampes à huile ou à gaz, etc. Au chemin de fer de l'État, les compartiments de 2ᵉ classe contiennent seulement huit places, et chaque banquette présente deux stalles doubles séparées par un accoudoir mobile.

Les voitures de 2ᵉ classe des modèles les plus usités sont à quatre compartiments, soit à quarante places.

Voiture de 3ᵉ classe (Est). — Depuis quelques années, l'augmentation du confortable s'est surtout fait sentir dans l'amé-

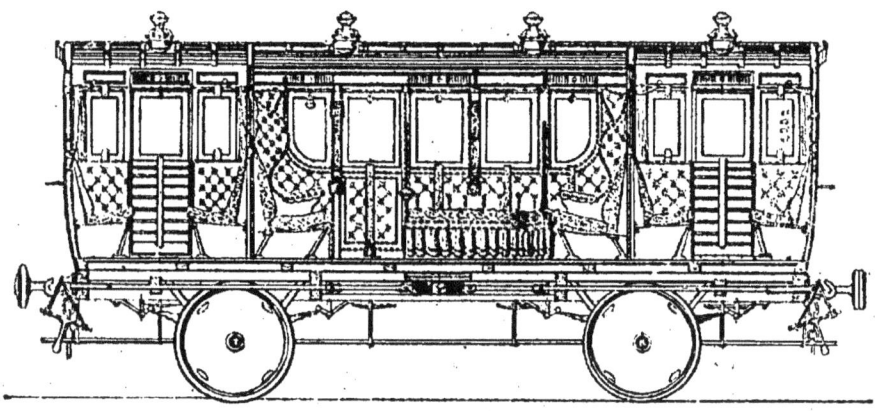

Fig. 101. — Voiture mixte de 1ʳᵉ et 2ᵉ classe (Ouest).

nagement des voitures de 3ᵉ classe. On a trouvé — avec raison — que les banquettes en bois étaient bien dures pour les longs voyages, et l'on s'est décidé à les rembourrer sur certains réseaux (Orléans, Paris-Lyon-Méditerranée, État). Cette innovation a été d'autant plus appréciée du public qu'en même temps les voyageurs de 3ᵉ classe étaient admis, comme nous le verrons plus loin (IVᵉ partie), dans certains trains express.

Dans les nouvelles voitures, les sièges et les dossiers sont garnis en crin et recouverts d'une étoffe spéciale, des cloisons de séparation isolent complètement certains compartiments (réservés aux dames, par exemple) ou s'arrêtent, pour d'autres, à la hauteur des portières; elles supportent des planchettes ou filets à bagages; une lampe suffit généralement à éclairer à la fois deux compartiments. Comme pour les voitures de 2ᵉ classe, le bois employé pour le revêtement intérieur est le plus souvent du *yellow-pin* vernis.

Antérieurement à l'adoption de sièges rembourrés pour les voitures de 3ᵉ classe, la Compagnie de l'Est avait fait construire le type de véhicule que nous reproduisons à la figure 102, et qui, par ses grandes dimensions, par le soin apporté à sa construction, par la forme bien étudiée des banquettes, peut encore être considéré comme le meilleur modèle de voiture de 3ᵉ classe à sièges en bois. La voiture dont il est question ici comprend six compartiments,

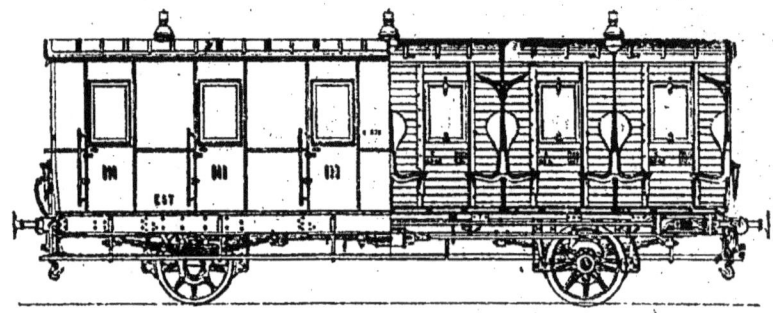

Fig. 102. — Voiture de 3ᵉ classe (Est).

soit soixante places. Sur les autres réseaux, le chiffre de cinquante places paraît être le maximum généralement admis pour les voitures à deux essieux.

Voitures à impériales ou à étages pour les services de banlieue. — Tout le monde connaît la *voiture à impériale* représentée à la figure 103; elle est adoptée par les réseaux de l'Ouest, du Nord et de l'Est pour le service des trains de la banlieue parisienne. Sur le premier de ces réseaux, le rez-de-chaussée est presque toujours aménagé en 2ᵉ classe, la plupart des lignes de banlieue de l'Ouest ne comportant que deux classes de voyageurs. Ce modèle, malgré la faveur dont il jouit auprès du public, n'est pas sans présenter des inconvénients et même des dangers pour les voyageurs d'impériale; aussi s'est-on préoccupé, il y a déjà longtemps, de fermer les impériales et de constituer de véritables voitures à deux étages, comme il en circule sur plusieurs lignes françaises et étrangers. C'est dans ce but qu'a été établie la *voiture à deux étages* et à châssis surbaissé représentée dans la figure 104. Ce véhicule, construit d'après les plans de l'ingénieur Vidard, est en service sur les lignes de Ceinture de Paris et de l'Est. Pour gagner la hauteur nécessaire à l'entrée des voyageurs à l'étage supérieur, on a dû surbaisser le châssis, et comme il fallait conserver aux tampons de

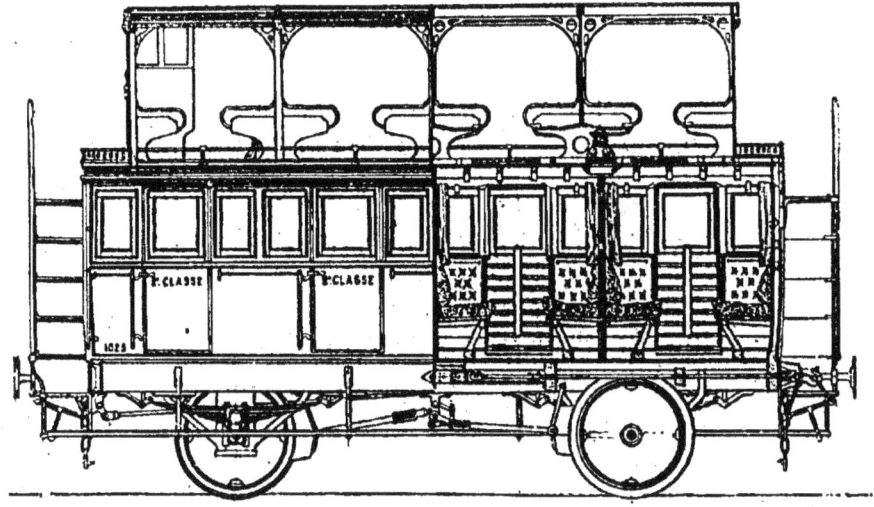

Fig. 103. — Voiture de 2ᵉ classe à impériale pour le service de la banlieue (Ouest).

choc leur hauteur réglementaire au-dessus des rails pour l'attelage avec les véhicules ordinaires, on a recourbé en forme de *crosse* chaque brancard à son extrémité, pour amener la traverse extrême, munie de ses tampons, à la hauteur voulue.

Dans les voitures Vidard, l'étage supérieur est disposé à la façon des wagons à intercirculation, muni de sièges de 2ᵉ ou de 3ᵉ classe et éclairé au gaz; mais, quel que soit le confortable qu'on a essayé d'apporter dans cet aménagement, ces voitures ne sont pas goûtées par le public parisien, qui leur préfère, en été, la voiture à impériale ouverte, qu'il aime à escalader en bandes joyeuses et d'où la vue s'étend librement sur le paysage.

Voitures de luxe. — En dehors des types ordinaires que

nous venons de décrire, les Compagnies ont dû créer, pour satisfaire le goût des voyageurs de trains express ou rapides à long parcours, des compartiments ou des voitures *de luxe,* comportant des aménagements plus confortables que ceux des voitures ordinaires de 1re classe. D'où les voitures dites *coupés, coupés-lits, coupés-lits-toilette, fauteuils-lits, lits-salons,* etc., dont les noms indiquent

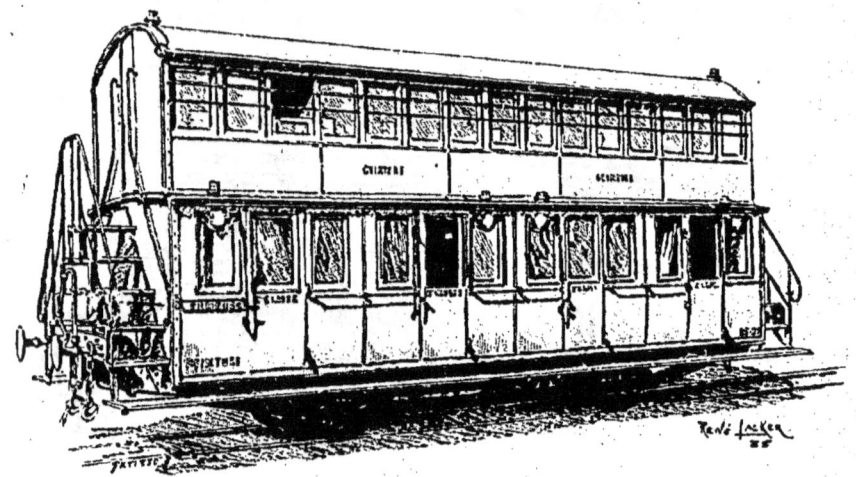

Fig. 104. — Voiture à deux étages et à châssis surbaissé, système Vidard (Ceinture de Paris).

suffisamment la destination. Dans cet ordre d'idées, il faut placer en première ligne les *lits-salons* du modèle de la Compagnie Paris-Lyon-Méditerranée, dont on trouve, du reste, des variantes sur d'autres réseaux et qui sont formés d'un grand compartiment muni de trois larges fauteuils se transformant, pour la nuit, en trois lits par un simple mouvement de bascule du dossier. Une porte, ménagée dans la cloison opposée, donne accès dans un cabinet de toilette-water-closet. Chaque voiture de ce genre comprend deux compartiments semblables, qu'on peut réunir au besoin.

Depuis quelques années circulent, sur les grandes artères des réseaux européens, des trains complets de luxe appartenant à la *Compagnie internationale des wagons-lits.* Ces trains à intercirculation offrent au voyageur un confortable analogue à celui qu'il peut rencontrer sur un paquebot : *wagons-lits* dont les cabines se transforment, pour le jour, en élégants compartiments séparés; *wagons-salons* pour la conversation et les réunions en commun; *fumoirs, wagons-restaurants,* et, comme accessoires : *wagons-cuisines, offices, réserves,* etc.

C'est à bord de ces hôtels roulants que s'effectuent aujourd'hui les longs voyages de Paris à Salonique et Constantinople (Orient-Express), de Paris à Lisbonne (Sud-Express), de Calais à Nice et à Rome (Méditerranée-Express), etc., qui mettent les voyageurs à l'abri des incertitudes pour les correspondances de trains et des stationnements aux frontières pour les visites de douane, ces visites s'effectuant en cours de route, dans le train lui-même.

Nous donnons (fig. 105), une vue d'un des sleeping-cars qui entrent dans la composition des trains énumérés ci-dessus.

Ce wagon-lit est porté par deux bogies à deux essieux; il mesure $16^m,75$ de long, et la distance d'axe en axe des bogies est de $11^m,10$. Les compartiments à lits sont au nombre de sept, dont cinq à deux places et deux à quatre places. A chaque extrémité se trouve une plate-forme communiquant avec le couloir intérieur et avec les cabinets de toilette.

Grâce à son mode de suspension sur les trucks ou bogies, cette voiture jouit d'une grande stabilité. Elle est chauffée par un thermosiphon et éclairée au gaz. Le châssis et la charpente de la caisse sont en bois de teak, l'ébénisterie en noyer, les parois extérieures en tôle et celles de l'intérieur en carton comprimé. Elle pèse à vide 22 tonnes.

La voiture-restaurant du type ordinaire des express européens a $9^m,20$ de long. La caisse est divisée en trois parties : la cuisine et l'office sont au milieu, la salle à manger est ménagée de part et d'autre. Les extrémités sont terminées par des plates-formes ouvertes, protégées par la saillie de la toiture et qu'on abrite au moyen de rideaux en toile. Le fourneau de la cuisine est chauffé au charbon, il est à circulation d'eau chaude; la voiture entière est éclairée

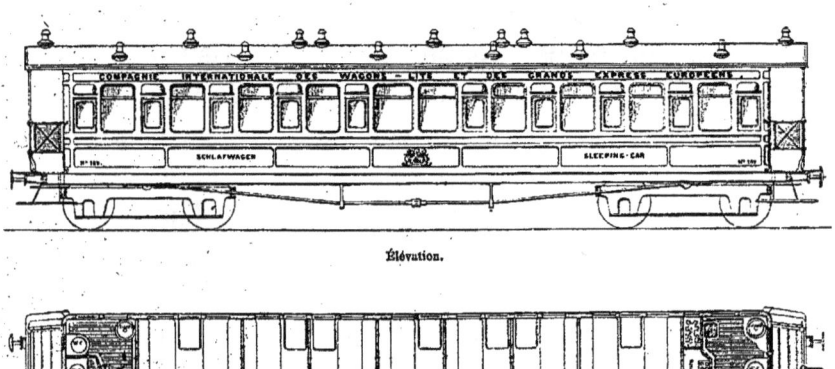
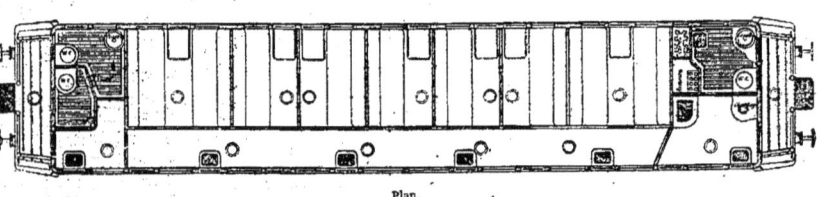

Fig. 105. — Sleeping-car de la Compagnie internationale des wagons-lits.

au gaz. Chaque salle à manger contient quatre tables, disposées sur deux rangs, de façon à laisser au milieu un passage pour le service. Les chaises sont mobiles. Les parois des salles à manger, ainsi que les chaises, sont garnies de cuir de Cordoue. Les glaces sont en deux parties : l'une inférieure est fixe; la partie supérieure, au-dessus de la tête des voyageurs, est mobile et garnie d'un léger châssis en laiton. Enfin des armoires sont ménagées dans l'offi pour le linge, la vaisselle, les vins et provisions; ces dernières sont placées dans des caisses frigorifiques.

En dehors des grands express européens, la Société des wagons-lits fait circuler sur un certain nombre de lignes françaises et étrangères un ou plusieurs de ses *sleeping-cars* dans les express de nuit et un *wagon-restaurant* dans les express de jour. Sur la ligne de Paris au Havre, où les voyageurs de 2ᵉ classe sont admis dans les express, cette voiture de 17^m,50 de long (fig. 106) comporte, outre un riche salon de conversation, une salle à manger de 1re classe et une de 2e classe; les menus et les prix sont de deux classes également. Ajoutons que, grâce à l'adjonction des wagons-restaurants, on a pu gagner beaucoup de temps, dans la marche des trains express de jour, par la suppression des arrêts de buffet.

Voitures pour transports spéciaux. — Celui de ces véhicules spéciaux qui entre le plus fréquemment dans la composition des trains de voyageurs est le *wagon-poste* (fig. 107). Il est aménagé intérieurement en forme de bureau, muni de sièges, de tables et de casiers pour le service du chef de brigade et de ses employés; chauffé au moyen d'un poêle, éclairé le jour par des châssis ventilateurs et la nuit par de fortes lampes (types carcel). Une cloche de grande dimension sert à faire connaître aux chefs des gares où le train s'arrête que le service postal est terminé et que, par suite, ils peuvent donner le signal de départ. Une boîte aux lettres disposée sur la portière reçoit en route les lettres isolées que le public ou les employés apportent au wagon-poste. Dans certains trains rapides de la ligne de l'Est, par exemple, les wagons de la poste sont munis d'un appareil pour prendre et laisser en route les sacs

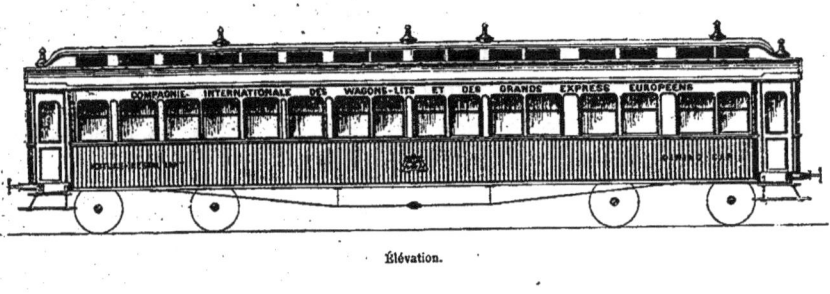

Élévation.

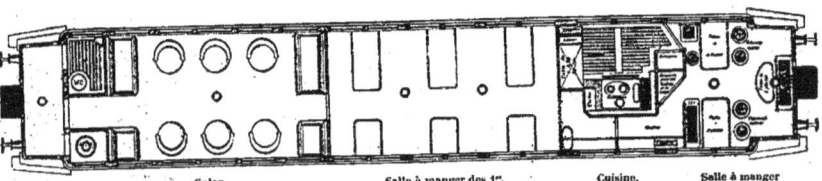

Salon. Salle à manger des 1res. Cuisine. Salle à manger des secondes.

Plan.

Fig. 106. — Voiture-restaurant de la Compagnie internationale des wagons-lits.

de dépêches sans arrêt du train. Quelquefois, on est obligé, par l'importance du service, d'accoupler deux wagons-poste; on emploie pour cela un grand soufflet en cuir qui fait correspondre deux portes pratiquées dans les parois extrêmes des deux wagons. Chaque véhicule porte l'indication du parcours qu'il effectue (Paris-Rennes, Paris-Marseille) et une brigade est affectée à chacun de ces parcours; toutefois, pour les trajets trop longs, la brigade change en cours de route; exemple : Paris-Lyon, Lyon-Marseille; Paris-

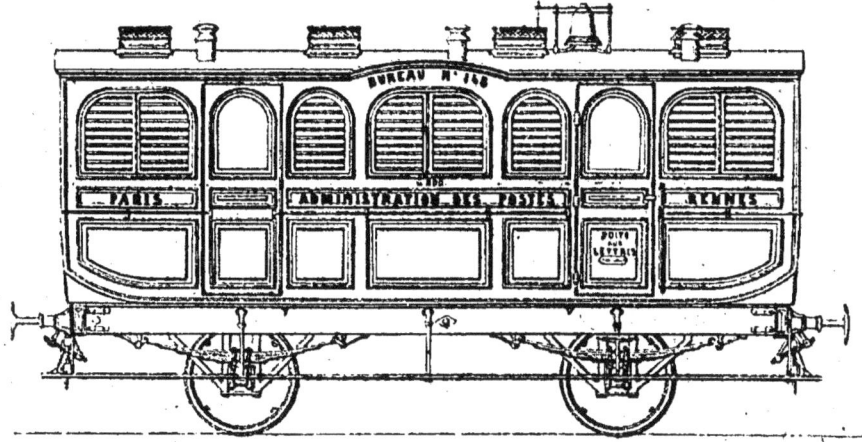

Fig. 107. — Wagon-poste.

Limoges, Limoges-Toulouse. Enfin, aux termes du cahier des charges, les Compagnies françaises n'ont à s'occuper que de l'entretien des châssis et de tous les appareils qu'ils comportent, l'entretien de la caisse restant à la charge de l'État.

De son côté, l'Administration pénitentiaire, qui a la faculté de requérir le transport des *prisonniers* isolés et de leur escorte dans les voitures ordinaires des Compagnies, a jugé utile, pour desservir ses maisons centrales et autres lieux de détention, de faire construire des wagons spéciaux dont la caisse est distribuée de la même façon que celle des voitures cellulaires : couloir central où se promène le gardien et cellules séparées de chaque côté.

L'émigration des colons allemands et italiens vers l'Amérique

MATÉRIEL A VOYAGEURS.

a pris un tel développement que la *Compagnie générale transatlantique* a dû créer, de concert avec les Compagnies de chemins de fer, des trains spéciaux qui vont à Bâle et à Modane chercher les émigrants qui s'embarquent chaque semaine au Havre sur ses grands paquebots de la ligne de New-York. Le matériel de ces trains est du système américain; ce sont de longues voitures à intercirculation et à plates-formes, montées sur des châssis à bogies, comme les wagons-lits. Les installations intérieures comportent des banquettes pour les adultes et des hamacs pour le coucher des jeunes enfants; l'une des voitures (fig. 108) est disposée en sorte de buffet ou réfectoire dans lequel les voyageurs peuvent venir successivement consommer ou acheter leur nourriture.

Les *fourgons à bagages* (fig. 109) sont des wagons couverts à caisse en tôle, fermés par des portes pleines roulantes et qui renferment l'espace réservé au chargement des colis, ainsi que des objets nécessaires au conducteur ou garde-frein. Ce dernier prend place sur un siège surélevé qui lui permet, étant assis, de surveiller le train à l'avant et à l'arrière par un vitrage ou *vigie* qui dépasse la toiture du fourgon. Sur certains réseaux

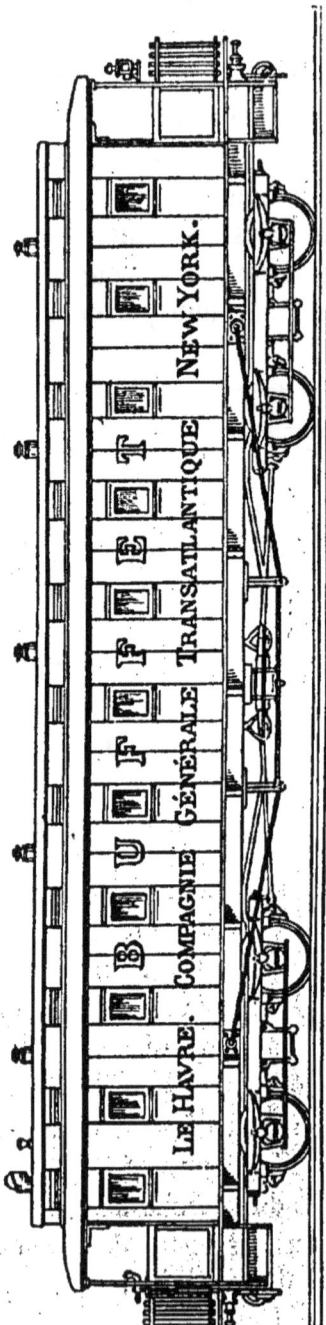

Fig. 108. — Voiture pour le transport des émigrants (Compagnie générale Transatlantique).

(État), on y ajoute deux miroirs latéraux au moyen desquels le conducteur peut, sans se déranger, inspecter le train à droite et à gauche. A portée de la main du conducteur se trouve le volant à vis servant à la manœuvre du frein ordinaire, et le robinet de mise en action du frein continu. Un casier pour les écritures du train, un coffre fermant à clef pour les valeurs, deux ou quatre niches à chiens ouvrant à l'extérieur, un coffret à torches, des

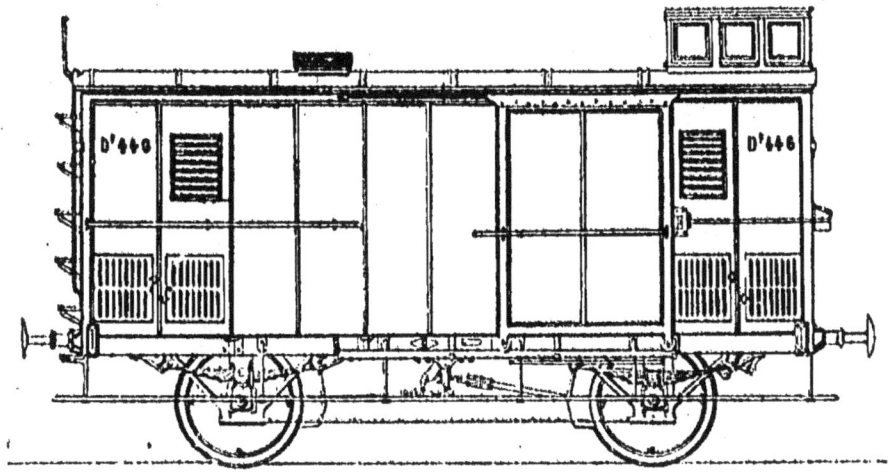

Fig. 100. — Fourgon à bagages.

crochets supportant les agrès de secours, une lampe, une boîte de pharmacie complètent les aménagements ordinaires des fourgons des trains de voyageurs.

Ces trains devant assurer aussi le transport des denrées ou autres marchandises à grande vitesse, on a créé à cet effet des types de wagons appropriés. Les wagons à *messagerie* ou à *denrées* ne sont autre chose que des fourgons fermés, ne comportant ni vigie extérieure ni poste pour le conducteur; les seconds sont munis d'appareils de ventilation et quelquefois — pour le transport du poisson — de caisses réfrigérantes.

Dans les *wagons à lait*, les brocs sont disposés sur plusieurs étages dans des caisses à claire-voie.

Enfin, les *voitures* suspendues transportées dans les trains de voyageurs sont amarrées sur des *trucks à équipages*, wagons plats dont les bouts se rabattent pour faciliter le chargement et le déchargement.

Quant aux chevaux, on les transporte dans des *wagons-écuries* (fig. 110), où ils sont placés soit en long, soit en travers, et isolés

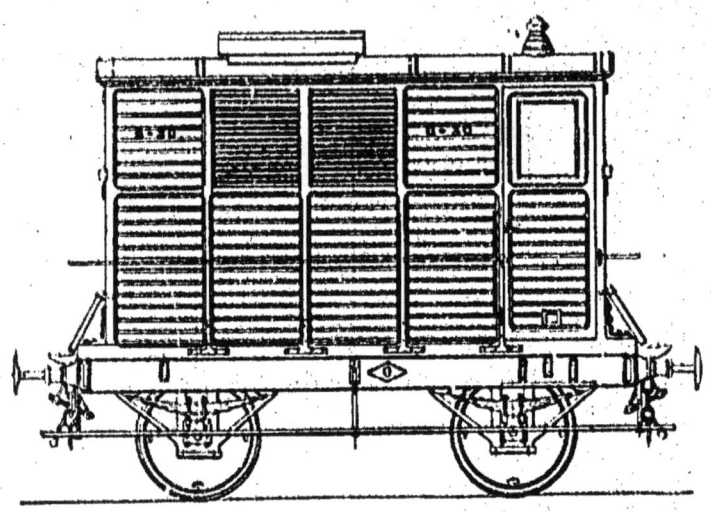

Fig. 110. — Wagon-écurie.

les uns des autres par des cloisons matelassées; ces véhicules contiennent, en outre, des mangeoires et râteliers ordinaires ainsi qu'un espace réservé aux palefreniers qui accompagnent les chevaux.

Un certain nombre de voitures et de wagons à grande vitesse sont pourvus du volant de manœuvre du frein à vis, qui est disposé dans une *guérite* ou *vigie* extérieure, à laquelle le garde-frein accède par un escalier ou par de simples palettes. Ils sont également munis des porte-lanternes et des douilles à drapeau nécessaires à l'accrochage des signaux de jour et de nuit prescrits par les règlements.

CHAPITRE III

MATÉRIEL A MARCHANDISES ET WAGONS DIVERS

Conditions d'établissement. — Types divers. — Wagons aménagés pour des transports spéciaux. — Wagons-citernes. — Wagons-glacières. — Wagons de secours. — Transport des troupes en chemin de fer. — Transport des blessés. — Trains sanitaires. — Transport du matériel de la guerre et de la marine.

Les conditions d'établissement du matériel destiné au transport des marchandises sont identiques, en ce qui concerne le *châssis*, à celles décrites au chapitre précédent pour le matériel à voyageurs. Toutefois, on apporte moins de luxe dans sa construction, moins de soins dans l'établissement de la suspension et de la plupart des autres organes ; enfin on emploie encore fréquemment le bois pour l'exécution des châssis proprement dits.

Quant à la caisse, elle diffère, comme précédemment, selon son affectation spéciale et la nature ou la forme des marchandises qu'elle doit contenir.

Les wagons à marchandises présentent donc des dispositions très variées, mais qui se rapportent presque toutes néanmoins à trois types principaux : les *wagons couverts*, les *wagons tombereaux* et les *wagons plats*.

Les premiers (fig. 111), analogues aux fourgons à messagerie, sont destinés aux transports des marchandises de valeur, le plus souvent emballées et craignant les intempéries. Ceux de ces wagons qui servent au transport des *bestiaux*, sont munis latéralement, dans leur partie supérieure, d'ouvertures fermées par des panneaux mobiles et qui peuvent se rabattre autour d'une tringle à charnières ou glisser dans deux rainures pour laisser pénétrer à l'intérieur l'air et la lumière nécessaires. La fermeture des wagons couverts se fait, comme celle des fourgons, au moyen de portes à coulisses. Leur caisse est généralement en bois.

Les marchandises moins délicates, les liquides en fûts, les matières expédiées *en vrac*, les fruits et légumes à la pelle, les minéraux, les matériaux de construction, les engrais, la houille se transportent dans les *wagons tombereaux* (fig. 112). Ce sont des véhicules d'un type commode et courant, qu'on peut bâcher au besoin et qui peuvent à la rigueur remplacer dans certains cas les

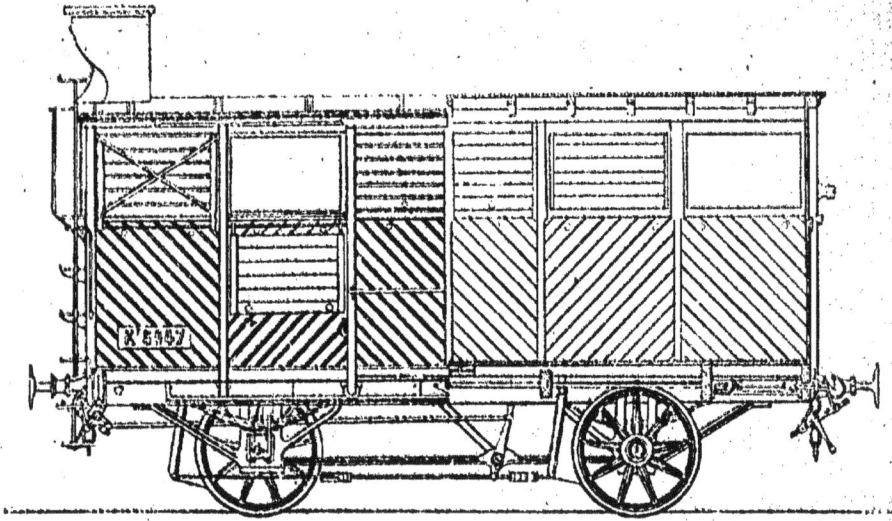

Fig. 111. — Wagon couvert à frein (demi-élévation et demi-coupe.)

wagons fermés. Ils ont sur ces derniers l'avantage très grand de pouvoir être chargés et déchargés à l'aide des grues; mais, par contre, on éprouve dans leur construction des difficultés de contreventement. Dans les wagons couverts, ce contreventement s'opère par la toiture, mais ici, sous l'influence de la charge, la caisse a toujours une tendance à la déformation. C'est pour éviter cet inconvénient qu'au chemin de fer du Nord on élève les deux extrémités de ces wagons en forme de pignons dont on réunit les faîtes par une pièce longitudinale qui les rend solidaires l'un de l'autre; cette disposition facilite en même temps le bâchage. Enfin, pour le déchargement des houilles et autres marchandises en vrac, les wagons tombereaux sont munis de portes latérales à vantaux s'ouvrant extérieurement et maintenues par un solide système de fermeture, afin d'éviter leur ouverture intempestive en cours de route sous la pression de la charge intérieure. Les caisses de ces wagons se font en bois ou en tôle. Dans ce dernier genre, on peut citer comme modèles les grands et solides wagons à houille des chemins de fer belges.

Les *wagons plats* sont réduits à une simple plate-forme quelquefois munie d'un petit rebord de $0^m,20$ à $0^m,40$ de hauteur. Ces bords peuvent être, suivant l'usage auquel on destine le wagon,

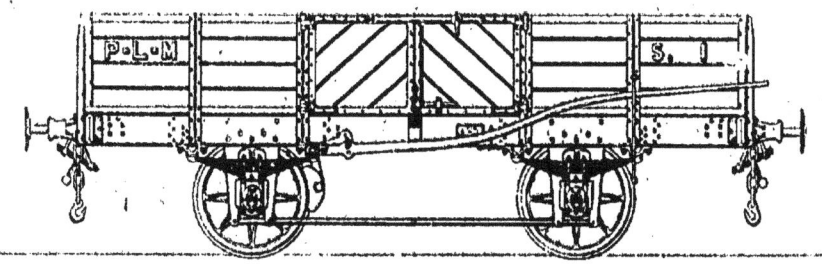

Fig. 112. — Wagon-tombereau.

fixes ou mobiles et s'ouvrir sur les côtés ou par bout; c'est le cas des *wagons à ballast*.

Les variantes des trois types précédents sont affectées à divers transports exceptionnels : les wagons à *pierres de taille* ou à *rails*, par exemple, sont des plates-formes munies de solides traverses qui supportent tout le poids du chargement et en facilitent la manutention. Pour le transport des *grands bois* en grumes, des longues charpentes en bois ou en métal, atteignant jusqu'à vingt mètres de longueur, on utilise deux ou trois wagons plats munis d'une cheville ouvrière centrale autour de laquelle peut osciller un plateau mobile qui reçoit la charge.

Dans le cas où la longueur des pièces exige qu'on fasse usage de trois wagons, celui du milieu ne porte rien et joue seulement le rôle de tamponneur pour maintenir les autres à une distance constante ; quelquefois même ce wagon intermédiaire est remplacé par une barre d'écartement appelée *flèche*.

Nombre de wagons à marchandises, 1/5 environ, sont munis de freins à vis destinés à être manœuvrés par le conducteur placé dans une guérite *ad hoc* (fig. 111); les autres sont généralement pourvus de freins dits *à main* que l'on peut, pendant les manœuvres, mettre en action de l'extérieur au moyen d'un levier d'une grande longueur muni d'une poignée (fig. 112).

Sur plusieurs réseaux (sur celui de l'Ouest par exemple) un certain nombre de wagons plats portent avec eux une *bâche* et deux *prolonges* (cordages nécessaires à l'arrimage des marchandises); sur d'autres, ces *agrès* sont répartis dans les gares de la ligne.

Le poids des wagons à marchandises varie entre 2500 et 5000 kilogrammes et ils peuvent recevoir en général un chargement utile de 10 tonnes.

Il nous reste, pour terminer ce qui est relatif au matériel roulant, à dire quelques mots de divers wagons destinés à des *transports spéciaux* qui peuvent s'effectuer, suivant les cas, en grande ou en petite vitesse.

Dans cette catégorie, nous rangerons les *wagons-citernes*, employés pour le transport des liquides *en vrac*, tels que les alcools, les huiles, le pétrole, les goudrons, etc. Ils sont constitués par un fût en fer de grandes dimensions, tantôt fixé au plancher ou au bâtis d'un wagon plat (transport des goudrons), tantôt établi de la même manière et abrité de plus par la carcasse d'un wagon couvert (transport des alcools).

Les *wagons-glacières*, disposés spécialement pour le transport de la bière, de la viande fraîche et de certaines denrées, etc., etc.

Les wagons dits *de secours* (fig. 113) sont destinés à accompagner les machines qui se portent au secours des trains en cas d'accident. Ce sont des wagons plats dont une partie seulement de la plate-forme est couverte par un compartiment-fourgon qui renferme, avec les engins nécessaires, tout un petit atelier pour les réparations urgentes : le wagon porte un essieu de rechange et un wagonnet semblable à ceux du service de la voie.

D'après les règlements militaires en vigueur dans la plupart des contrées européennes, les wagons à marchandises doivent pouvoir être aménagés rapidement pour le *transport des troupes*, ils

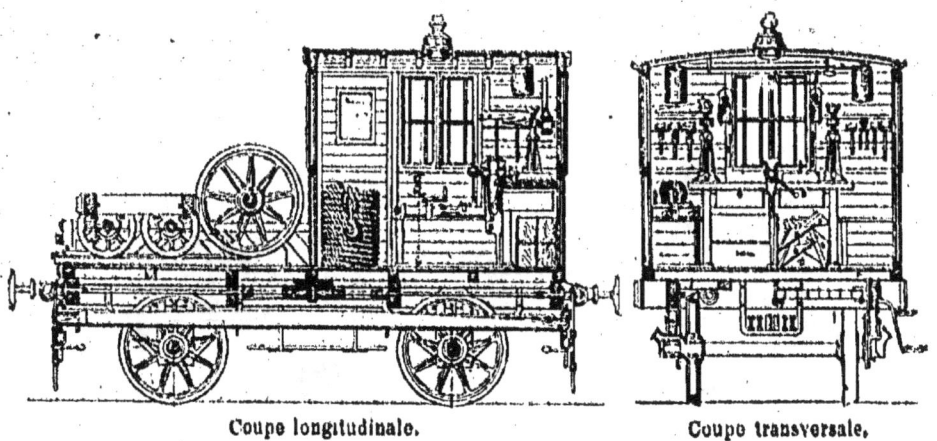

Coupe longitudinale. Coupe transversale.

Fig. 113. — Wagon de secours.

portent extérieurement l'inscription suivante indiquant le nombre d'hommes ou de chevaux qu'ils peuvent recevoir :

HOMMES	32
CHEVAUX EN LONG	6

La figure 114 représente un wagon de marchandises aménagé pour le transport des troupes d'infanterie.

La conséquence fatale de ces sortes de transports a naturellement amené à assurer de même celui des blessés. Ces derniers transports s'effectuent dans des wagons à marchandises recevant des hamacs disposés suivant divers systèmes, tels que ceux du colonel Bry et du Dr Gavoy médecin principal de l'armée ; ce dernier très simple et très doux comme suspension.

Enfin, quand il s'agit d'évacuer des ambulances de l'armée sur les hôpitaux de l'intérieur un grand nombre de malades et de blessés, on fait usage de *trains sanitaires* à véhicules communiquant entre eux et comprenant les salles affectées aux malades, aux médecins, à la pharmacie, à la cuisine, aux approvisionnements, etc.

Le train sanitaire de la Compagnie de l'Ouest, constitué au

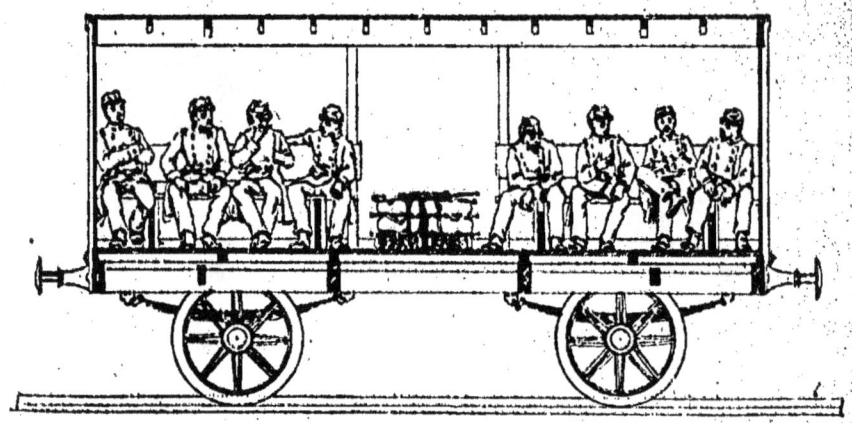

Fig. 114. — Wagon aménagé pour le transport des troupes.

moyen de fourgons, habituellement employés au service des transports à grande vitesse et qui, au moment voulu, reçoivent un aménagement spécial pour être réunis en train sanitaire, peut être considéré comme le modèle du genre.

Les nécessités des transports du matériel de la guerre ont amené nos Compagnies à effectuer dernièrement un véritable tour de force, nous voulons parler de l'expédition par voie ferrée d'un *torpilleur* de 40 mètres de longueur entre Toulon et Brest. Préalablement il a fallu s'assurer que les wagons chargés de ce singulier colis, pourraient passer sans encombre sur les lignes qu'ils auraient à parcourir. C'est dans ce but qu'on a construit le *gabarit* représenté à la figure 115 et qui est constitué par une charpente établie à l'avant d'un fourgon. Le contour de cette charpente qui représente exactement le profil du chargement est muni de languettes flexibles en plomb, destinées à révéler, par leur déformation au passage des ouvrages d'art, les points sur lesquels il y aurait lieu de redouter que le chargement ne vînt à frotter. Les craintes

Fig. 115. — Gabarit de chargement pour le transport des torpilleurs.

qu'on pouvait avoir à ce sujet ne se sont pas réalisées, et le torpilleur a pu transiter sans encombre, à travers notre territoire, de la Méditerranée à l'Océan.

CHAPITRE IV

ORGANISATION DU SERVICE
DÉPOTS ET ATELIERS — ALIMENTATION

Personnel de la traction. — Service des mécaniciens et chauffeurs. — Systèmes de l'équipe unique, de la double équipe et de l'équipe banale. — Primes de traction. — Dépôts. — Remises à locomotives. — Quais à combustibles. — Réservoirs et grues d'alimentation. — Ateliers. — Installations diverses.

Dans toutes nos Compagnies, les services du matériel et de la traction sont réunis sous la direction d'un ingénieur en chef, assisté d'ingénieurs adjoints et des chefs du service central, des études, des magasins, etc. Le service actif se divise en deux divisions, celle des *ateliers* et celle de la *traction*.

La première est dirigée et organisée comme les ateliers similaires de l'industrie privée : son personnel comprend les ingénieurs, les inspecteurs, les chefs d'ateliers, les contremaîtres, les surveillants, les ouvriers, les apprentis, etc.

La division de la *traction* ou du service actif proprement dit comprend le personnel des *dépôts* et celui des *machines*. Sous les ordres des ingénieurs, inspecteurs et chefs de traction, chaque dépôt de locomotives est dirigé par un chef de dépôt, qui peut être assisté d'un sous-chef pour les dépôts importants, et quelquefois d'un ou de plusieurs mécaniciens principaux. Des surveillants, des ouvriers, des laveurs, etc., complètent le personnel des dépôts.

Le personnel des *machines* attaché à chaque dépôt se compose du nombre d'*équipes* nécessaires, selon le système adopté, pour assurer le service; chaque équipe comprend un mécanicien et un chauffeur. Ce dernier est quelquefois un simple manœuvre, ou bien c'est un élève mécanicien qui, dans ce cas, a passé par les ateliers avant d'être admis à monter sur les machines.

Nous ne nous étendrons pas sur les aptitudes et les qualités qu'on exige d'un mécanicien de chemin de fer; on comprend assez l'importance de ses fonctions et la responsabilité qui lui incombe. En dehors de ses connaissances techniques, un bon mécanicien doit être, par-dessus tout, un homme sobre, énergique et doué de beaucoup de sang-froid; il doit être capable d'une attention soutenue pendant la durée prolongée de son service, et ne jamais perdre de vue, tout en réglant la marche de sa machine, la question si importante de la surveillance de la ligne et de l'observation des signaux; il est secondé à ce sujet par le chauffeur.

Jusqu'à présent, dans la plupart de nos Compagnies françaises, chaque mécanicien et chauffeur est attaché à la même machine, qui sort du dépôt avec eux, pour y rentrer de même quand leur service est terminé. C'est ce qu'on appelle le système de l'*équipe unique*.

Dans d'autres pays, — en Amérique, par exemple, — les machines ne rentrent au dépôt que pour le nettoyage, le lavage et les réparations; les équipes se succèdent, d'après un *roulement* déterminé sur la même machine, *toujours en feu*; c'est ce qu'on entend par la dénomination d'*équipe banale*.

Entre les deux systèmes se place encore celui de la *double équipe*, dont le fonctionnement s'explique de lui-même.

Chacun de ces procédés a des partisans et des adversaires. En faveur de la simple équipe, on dit que le mécanicien soigne davantage une machine à laquelle il est spécialement attaché; que, la connaissant mieux, il peut lui faire produire un meilleur travail, lui faire atteindre un rendement plus élevé, et qu'en fait, dans ce système, les réparations sont beaucoup moins fréquentes.

Les partisans de l'équipe banale donnent pour raison principale de leurs préférences une meilleure utilisation du matériel moteur et une réduction considérable dans le nombre des machines nécessaires; en outre, ils disent qu'on arrive plus vite, par ce moyen, à amortir le prix de revient de la machine, et qu'en l'usant dans un temps plus court, on ne risque pas de conserver indéfiniment dans l'effectif de vieilles locomotives démodées; — on peut ainsi tenir constamment son matériel au niveau des perfectionnements les plus récents.

Des essais comparatifs très sérieux ont été faits sur ces divers modes de procéder par la Compagnie de Paris-Lyon-Méditerranée, qui, sans se prononcer d'une manière absolue dans un sens ou dans un autre, a reconnu que chacun pouvait présenter des avantages dans tel ou tel cas déterminé; il serait téméraire d'établir à ce sujet une règle générale.

Quel que soit le système adopté, le service des mécaniciens et chauffeurs a une durée moyenne de dix heures. En outre de leur traitement annuel, de 1800 francs à 3000 francs pour les mécaniciens et de 1200 francs à 1800 francs pour les chauffeurs, ces agents reçoivent diverses allocations ou *primes* d'économie de combustible, de régularité de marche, de graissage, etc., qui peuvent atteindre en moyenne 1000 francs par an pour les mécaniciens et 300 francs pour les chauffeurs.

Le parcours d'une machine est généralement limité, sur les lignes françaises, de 150 à 300 kilomètres; c'est la distance maximum qu'on puisse franchir pendant les dix heures de travail moyen des mécaniciens. Toutefois, les nécessités du service des trains exigent qu'on puisse disposer de locomotives à des relais plus rapprochés, et c'est, en moyenne, à des intervalles de 50 à 60 kilomètres environ, que sont échelonnés les *dépôts* de machines. On en établit également dans toutes les gares importantes et aux têtes de ligne d'embranchements.

Les machines d'un même dépôt font le service, dans les deux sens, jusqu'au premier ou au second dépôt voisin, sauf pour les trains de voyageurs à marche rapide, dont les machines franchissent plusieurs dépôts; il en résulte que les mécaniciens, parcourant presque toujours le même itinéraire, arrivent à connaître parfaitement la ligne.

La principale installation d'un dépôt consiste dans la ou les *remises à locomotives*.

Les remises sont rectangulaires ou circulaires.

Autrefois, on réservait généralement la forme rectangulaire aux petites remises pour une, deux ou au plus pour six machines, et pour un plus grand nombre, on adoptait toujours la disposition circulaire. Aujourd'hui, on établit aussi des remises rectangulaires pour abriter un très grand nombre de locomotives.

Les petites remises rectangulaires sont un simple hangar en charpente ou en fer, d'une vingtaine de mètres de longueur, dont les côtés et les pignons sont clos soit par des voliges, soit par des murettes en briques. Un lanterneau muni de persiennes surmonte la toiture et assure la sortie de la fumée; de grands châssis vitrés éclairent l'intérieur, et sur l'un des pignons, une ou deux larges baies munies de portes donnent accès dans la remise à la voie ou aux deux voies, reliées par aiguilles à celles de la gare. Sous chacune de ces voies, dans toute l'étendue de la remise règne une longue fosse dite *fosse à piquer le feu,* qui permet aux machinistes de *faire tomber* leur feu, et d'accéder facilement par dessous aux pièces de leur locomotive pour les nettoyer, les graisser ou les réparer. Une borne-fontaine pour le lavage, un égout pour l'écoulement des eaux qui se réunissent dans les fosses, un petit bâtiment annexe, simple appentis, pour atelier, à la disposition du mécanicien; un logement pour le chef de dépôt, souvent aussi un dortoir, et quelquefois, dans les dépôts plus importants, une salle de bains complètent les installations d'un dépôt de locomotives réduit à sa plus simple expression.

Les remises circulaires sont de deux sortes : les premières consistent en un bâtiment en forme de secteur, ou même de demi-cercle *(remises demi-circulaires),* présentant, sur sa face circulaire intérieure, une série de baies fermées par de grandes portes. A chaque baie correspond la voie d'accès d'une machine, et toutes ces voies rayonnent autour d'un point central coïncidant avec l'axe d'une grande plaque tournante mue à bras ou par la vapeur. Ce système est appliqué dans une des remises demi-circulaires du dépôt de la Chapelle, qui est représentée à la figure 110.

Quand le nombre des machines augmente, la remise devient tout à fait circulaire, et l'on couvre alors la cour centrale par une toiture ou une coupole vitrée qui abrite la grande plaque tournante. On a ainsi ce qu'on appelle une grande *rotonde*, qui peut contenir

Fig. 110. — Remise à locomotives demi-circulaire.

facilement une soixantaine de machines. Les nouvelles remises circulaires du Paris-Lyon-Méditerranée et de la Compagnie de l'Est sont entièrement métalliques; elles sont formées d'une rotonde centrale de 40 à 50 mètres de diamètre, entourée d'un bâtiment annulaire de 20 mètres de largeur abritant les machines; la hauteur totale au-dessus de la plaque tournante est de 25 mètres environ.

Ce sont là les dimensions les plus considérables qu'il soit possible de donner pratiquement à ce système de remises, dont la capacité est généralement limitée aux chiffres que nous venons d'indiquer. Il n'en est pas de même de ces immenses hangars rectangulaires, où les locomotives sont rangées de chaque côté, laissant au milieu un large espace libre pour la circulation du chariot à vapeur qui permet de faire passer chaque machine à sa place et de l'en

Fig. 117. — Grande remise rectangulaire pour soixante-cinq machines du dépôt de la Chapelle (Compagnie du Nord).

faire sortir par les voies, toujours libres, qui aboutissent aux portes d'accès. Telle est la grande remise rectangulaire du dépôt de la Chapelle (fig. 117), établie pour soixante-cinq machines, mais qui pourrait, par un prolongement facile à réaliser, en contenir bien davantage.

Notons que, dans toutes les remises de quelque importance, le lanterneau supérieur ne serait pas suffisant pour évacuer au dehors la fumée des machines; on le complète par des tuyaux munis de hottes qui viennent coiffer chaque cheminée de locomotive et activent le tirage pendant l'allumage.

Pendant leur séjour au dépôt, les lo-

Fig. 118. — Quai à combustible, fosse à piquer le feu, grue hydraulique d'alimentation (Paris-Lyon-Méditerranée).

comotives doivent s'approvisionner de combustible et d'eau. Les installations nécessaires à cette double opération sont groupées dans le voisinage des voies de sortie des remises, comme l'indique la figure 118. On y voit représenté un *quai à combustibles*, longé d'un côté par la voie des machines munie de *fosses à piquer* et de l'autre, par la voie d'accès des wagons de charbon. La plate-forme du quai, pavée ou bitumée, est à deux étages : plus basse du côté des wagons pour faciliter le déchargement des combustibles, et plus haute sur le surplus pour permettre le chargement commode de ces mêmes combustibles sur les tenders. Le bâtiment placé au bout du quai sert de bureau pour le surveillant; il peut, en même temps, contenir l'appareil de séchage et de distribution du *sable* destiné à augmenter l'adhérence des machines au démarrage.

Souvent les dispositions d'un quai à combustible sont beaucoup plus rudimentaires. On peut les réduire, à la rigueur, à une simple estacade en charpente sur laquelle on dispose les paniers de coke ou les briquettes à charger sur les tenders.

Dans le voisinage immédiat de ces quais, on réserve les emplacements affectés aux *dépôts de combustibles* et de *fagots d'allumage*. Ces emplacements sont au niveau des rails, légèrement en pente, pour assurer l'écoulement des eaux, et le sol en est réglé et damé avec soin.

Les quais à combustibles, commodes quand il s'agit d'y opérer le chargement de la houille ordinaire, du coke ou des briquettes d'agglomérés, ne se prêtent pas aussi bien à l'approvisionnement des machines en houille *menue*, qui est utilisée aujourd'hui couramment dans les foyers des locomotives de plusieurs Compagnies (Nord, Est, etc.). On procède alors — comme dans les dépôts de la Compagnie du Nord (fig. 119) — au chargement du charbon sur les tenders à l'aide de grues à vapeur munies de bennes à bascule. Cette opération, très simple, est à la fois rapide et économique.

En même temps qu'elles prennent du combustible, les machines doivent s'alimenter d'*eau*; cette dernière provision doit même être renouvelée assez fréquemment en cours de route, surtout pour les locomotives à marchandises. Nous avons vu plus haut comment les Américains ont résolu le problème de l'alimentation des machines en marche, et nous avons dit pour quels motifs cette ingénieuse solution n'a pas reçu d'application en France. D'ailleurs, en Amérique comme chez nous, on est tenu également d'assurer le renouvellement de la provision d'eau des locomotives pendant leur stationnement; c'est une règle générale. A cet effet, on dispose, dans les dépôts et dans les gares, au droit des quais à combustibles, ou sur des voies spéciales, ou encore le long des voies principales, à l'endroit où stationnent les machines des trains, des appareils de prise d'eau nommés *grues hydrauliques*. On voit, représenté

Fig. 110. — Chargement mécanique du charbon sur les tenders au chemin de fer du Nord.

dans la figure 118, le type des grues hydrauliques de la Compagnie Paris-Lyon-Méditerranée.

Ces appareils consistent en une colonne creuse, en fonte, de 3 mètres de hauteur environ, branchée sur la conduite d'eau de la gare et munie d'une soupape actionnée par une manivelle ou un volant à vis. L'eau en pression, qui s'élève dans la colonne quand on ouvre la soupape, est amenée dans les caisses à eau du tender au moyen d'un tuyau flexible en cuir ou d'un bras mobile en fer. Un robinet d'échappement, placé à la base de la colonne et qui s'ouvre automatiquement quand on ferme la soupape d'arrivée d'eau, permet à l'eau qui est restée dans la grue de s'écouler et empêche l'appareil de se briser pendant les temps de gelée. Dans certains cas, on se sert de la grue hydraulique pour supporter la lanterne d'un réverbère, toujours utile en cet endroit.

L'eau qui alimente les grues hydrauliques leur est distribuée par une canalisation semblable à toutes celles des distributions d'eau ordinaires. Cette eau provient de *réservoirs* spéciaux, où elle est amenée de diverses manières. On peut, dans certaines localités importantes, s'abonner à la Société qui fournit l'eau à la ville; mais le plus souvent les Compagnies élèvent elles-mêmes dans leurs réservoirs, au moyen de pompes à vapeur, l'eau d'un cours d'eau voisin, ou à défaut celle d'un puits.

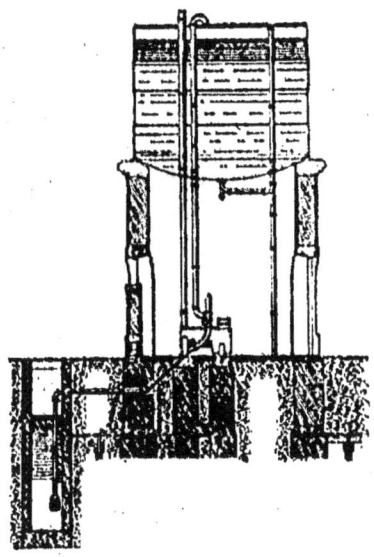

Fig. 120. — Réservoir de Mirebeau (État).

La machine hydraulique est établie soit dans un bâtiment spécial, soit dans la tour qui sert de soubassement au réservoir lui-même. C'est le cas du réservoir de Mirebeau (réseau de l'État), représenté à la figure 120. Cette dernière disposition, outre qu'elle est plus économique, a encore l'avantage de permettre de tenir toujours l'eau du réservoir à l'abri de la gelée, en y faisant passer la cheminée de la machine à vapeur. La figure 120 indique très clairement cette disposition, ainsi que l'arrangement des conduites d'aspiration, de refoulement et de distribution.

Les réservoirs sont généralement en tôle, de forme cylindrique et à fond sphérique; ils reposent sur la maçonnerie du soubassement, par l'intermédiaire d'une couronne formée de segments en fonte. Quelquefois ils sont entourés d'une enveloppe isolante en bois

DÉPOTS ET ATELIERS — ALIMENTATION.

surmontée d'une toiture. Leur capacité varie dans de très grandes limites, de 20 à 250 mètres cubes et au delà. Pour les grandes capacités, il est souvent plus avantageux d'accoupler deux réservoirs alimentés par la même machine.

Enfin pour les très grandes gares (comme à Paris-Saint-Lazare, par exemple), on construit quelquefois des réservoirs tout en maçonnerie, auxquels on peut donner alors une contenance très considérable.

Dans certains cas où l'emploi d'une machine à vapeur, pour un réservoir de faible capacité, peut paraître trop dispendieux, on a eu recours à la solution ingénieuse du *moteur à vent*. Un réservoir alimenté par ce procédé existe à Valenton, sur le chemin de fer de Grande-Ceinture.

Pour de très modestes installations, on peut aussi remplacer la machine à vapeur par une pompe à bras ou mieux par un *pulsomètre*, actionné au passage par la vapeur des locomotives.

A la Compagnie de l'Ouest, on fait usage de *grues-réservoirs* (fig. 121) ou réservoirs intermédiaires montés sur la colonne de la grue et qui permettent d'alimenter *très rapidement*, dans les gares de passage, les tenders des machines à voyageurs, au moyen d'une bouche de grand diamètre prenant l'eau directement au fond du réservoir.

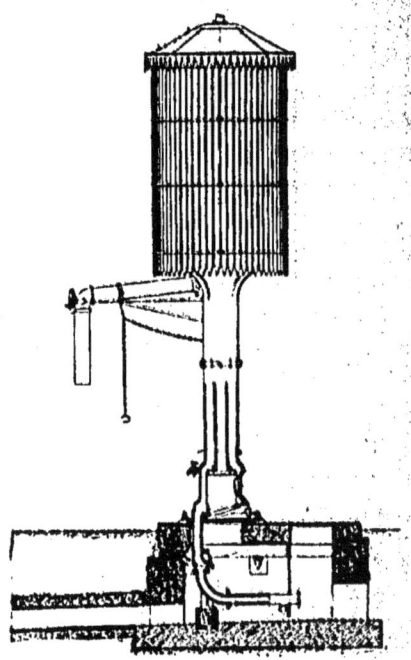

Fig. 121. — Grue-réservoir (Ouest).

Les *ateliers* ne sont, en réalité, autre chose que des usines de construction ou de réparation des machines et du matériel, organisés comme les usines de même nature appartenant à l'industrie privée. Dans divers pays, — aux États-Unis, par exemple, — les ateliers de chemins de fer s'occupent de la fabrication, de l'ajustage et du montage de tout ce qui concerne la traction et le matériel; — des fonderies et des fabriques de roues y sont même annexées. En France, on se borne le plus souvent à faire, dans les ateliers des Compagnies, l'ajustage et le montage des pièces de machines et de wagons commandées à l'industrie privée. Néanmoins, dans quelques Compagnies, comme au Paris-Lyon-Méditerranée et à l'Est, les ateliers *construisent* des locomotives et du matériel roulant; dans d'autres, ils se bornent à effectuer les *grosses réparations*; les machines, voitures et wagons neufs étant fabriqués au dehors d'après les plans étudiés par le service central.

Les ateliers de chemins de fer comprennent les forges, l'ajustage, les halles de montage, les ateliers de carrosserie, de tapisserie, de peinture, etc. Leur installation et leur outillage ont fait l'objet d'études toutes spéciales et, sous ce rapport, on peut citer, comme un excellent modèle, les nouveaux ateliers de la Compagnie du chemin de fer du Nord, à Hellemmes, près Lille.

Aux ateliers se rattachent diverses installations en faveur du personnel qui, — en raison des fatigues auxquelles il doit résister, — est, dans les services de traction des Compagnies, l'objet de soins particuliers. Nous avons déjà cité les dortoirs et les salles de bains annexés aux *dépôts;* les *réfectoires* et l'*économat* rentrent aussi dans la catégorie des institutions dont nous voulons parler. Toutes ces installations, que l'on cherche à étendre et à améliorer chaque jour, sont très appréciées du personnel, dont elles diminuent sensiblement les fatigues, grâce à leurs dispositions hygiéniques et confortables.

QUATRIÈME PARTIE

EXPLOITATION

CHAPITRE PREMIER

OBJET ET ORGANISATION DU SERVICE

Attributions du service de l'Exploitation. — Organisation du personnel.
Service administratif. — Service actif.

La Voie et le Matériel roulant dont nous venons de décrire la constitution et le fonctionnement sont en quelque sorte les membres de ce grand corps qu'on appelle un chemin de fer : l'Exploitation en est l'âme et met ces membres en action dans un but utile. C'est au service de l'Exploitation qu'incombe le soin d'étudier le trafic probable des lignes tracées, de déterminer les aménagements à prévoir pour les gares, le matériel nécessaire pour assurer les transports à attendre ; de préparer les tarifs destinés à satisfaire aux besoins des contrées traversées ; de tracer et de faire circuler les trains les mieux appropriés aux relations et au trafic des localités desservies ; d'exécuter les diverses opérations nécessaires pour le transport et le contrôle des voyageurs, pour la réception, l'expédition, le transport, la livraison des marchandises à grande et à petite vitesse, d'établir la statistique des recettes, des dépenses, des circulations de trains et de matériel, la répartition et le roulement des voitures et des wagons ; enfin de faire tout ce qui doit concourir à la bonne utilisation du chemin de fer.

Toutes ces opérations ne peuvent, on le conçoit bien, être

exécutées par des machines : aussi, de même que les rails et les traverses sont les organes essentiels du service de la Voie, les locomotives et les wagons ceux du Matériel et de la Traction, de même le personnel est le principal outil du service de l'Exploitation. Ce personnel, nous allons le rencontrer sans cesse dans le courant de cette étude, chargé des fonctions les plus diverses, souvent les plus importantes, pris et placé à toutes les hauteurs de l'échelle sociale; mais, avant de l'étudier de près, nous croyons devoir en esquisser rapidement l'organisation, de manière à faire comprendre les liens qui unissent les différents rouages de cette grande machine et la part qui incombe à chacun dans son fonctionnement. Le choix judicieux des fonctions à assigner à tous ces rouages, la simplicité et la justesse de leur agencement ont une importance capitale pour la stabilité de la machine, et une modification dans l'organisation du service de l'Exploitation peut se traduire annuellement par une dépense en plus ou en moins de plusieurs millions et par une diminution ou une augmentation correspondante dans les recettes nettes.

Le service de l'Exploitation est dirigé, comme ceux de la Voie et de la Traction, par un fonctionnaire ayant rang d'ingénieur en chef et portant le titre de chef de l'Exploitation; il se divise en deux grandes branches : le Service administratif et le Service actif.

Le *Service administratif* comprend :

Le *Service central*, chargé des questions de personnel, de dépenses et d'approvisionnements, c'est-à-dire de l'admission des candidats, de la tenue des registres matricules et des dossiers, de la préparation des propositions d'avancement ou de gratification; de la comptabilité et du contrôle des dépenses des gares, de la vérification des états de paie; du magasin et de l'approvisionnement des gares et des autres services en mobilier, petit matériel, imprimés, fournitures de bureau, de chauffage et d'éclairage; enfin du service des buffets et buvettes, water-closets et bibliothèques.

Le *Mouvement*, chargé de l'étude des aménagements des

gares, de l'examen des cadres du personnel, de l'établissement des signaux et enclenchements, de tout ce qui concerne le mouvement et le service des trains (tracé, personnel, service en route, examen des retards); de la préparation des règlements et instructions; de la correspondance administrative avec le ministère et le Contrôle technique; des relations avec les autres Compagnies; des transports militaires; des embranchements particuliers; de la répartition du matériel roulant, de son échange avec les autres Compagnies, du contrôle de son utilisation; enfin de la télégraphie et de la chronométrie.

Le *Service commercial*, chargé de l'étude, de la préparation et de l'application des tarifs de grande et de petite vitesse; de l'examen des réclamations et des litiges.

Le *Service du contrôle et de la statistique*, chargé de la vérification et de la rectification des taxes, de l'établissement et de la vérification des comptes des gares (débit et crédit); de la fabrication des billets et de leur envoi aux gares; des relations et des comptes de trafic avec les autres Compagnies et avec les administrations publiques, de la statistique générale des transports.

Ces quatre branches de l'Exploitation, qui ont à leur tête chacune un chef de service, ne comprennent qu'un petit nombre d'employés, mais des agents d'élite que l'on choisit parmi les meilleurs et les plus expérimentés du service actif. C'est en effet sur leur intelligence, leur soin et leur zèle que repose le fonctionnement de tout le service de l'Exploitation, puisqu'ils ont pour mission d'étudier de haut toutes les combinaisons de trains et de tarifs à prévoir et de préparer les instructions que le chef de l'Exploitation adresse à tout le réseau.

Le *Service actif* comporte au contraire un personnel très nombreux, mais en grande partie des agents d'exécution, desquels il n'y a pas lieu d'exiger autant de connaissances et d'instruction que du personnel administratif; leurs qualités indispensables sont surtout la régularité, la vigilance, l'activité et le dévouement. Et nous pouvons dire que nos grandes Compagnies de chemins de fer ont trouvé tout cela dans cette phalange laborieuse et dévouée qui forme leur personnel actif.

Chaque réseau est divisé en un certain nombre de circonscriptions dirigées chacune par un chef de division ou inspecteur principal, qui est une sorte de chef d'Exploitation secondaire ayant des bureaux correspondant à ceux du Service administratif et dont le rôle est de transmettre au personnel des gares et des trains les ordres et instructions du chef de l'Exploitation, de rendre compte à ce dernier de tous les incidents de service qui se produisent et aussi de servir de trait d'union entre le public, le commerce et l'administration centrale. Au chef de division incombe la mission délicate de se tenir constamment en contact avec le commerce, d'en suivre les besoins et les fluctuations, d'étudier la situation industrielle et commerciale de sa région, de manière à formuler en temps opportun des propositions de tarifs, de création ou modification de trains, d'aménagement des gares, etc., qui sont étudiées par le Service administratif, chargé de leur donner une solution.

Le personnel actif se répartit en deux grandes catégories :

Personnel des gares, qui comprend les chefs et sous-chefs de gare, chefs de bureau des gares, facteurs-chefs, préposés, employés et facteurs, chefs et sous-chefs d'équipe, aiguilleurs, lampistes, hommes d'équipe, etc.

Personnel des trains, qui se compose des conducteurs-chefs, conducteurs d'arrière, garde-freins, graisseurs et contrôleurs de route.

Des inspecteurs et sous-inspecteurs attachés à chaque division sont chargés d'exercer une surveillance incessante sur l'ensemble du service, chacun pour une section de ligne déterminée.

Nous verrons plus loin en détail quelles sont les attributions de ces diverses catégories d'agents dont les titres indiquent d'ailleurs les fonctions; mais qu'il nous soit permis d'insister encore sur les difficultés qu'ils rencontrent sans cesse dans l'accomplissement de leur devoir, pris entre les intérêts parfois contraires du public et de la Compagnie, sur la vigilance indispensable à ceux qui sont chargés d'un service de sécurité, sur le dévouement de ceux qui, comme les aiguilleurs et les conducteurs, sont obligés, par tous les temps, d'exécuter en plein air, sans hésitation et sans faiblesse, le service qui leur est confié. On ne parle pas assez à notre avis de ces travailleurs éprouvés qui font leur devoir sans se plaindre, devoir au moins aussi pénible que celui des mécaniciens qui ont su concentrer sur eux-mêmes l'attention publique et surtout politique.

Les Compagnies savent d'ailleurs apprécier le dévouement et les mérites de chacun et lui en tenir compte dans la mesure de leurs moyens. Nous verrons plus loin quelles sont les dispositions qu'elles ont prises pour augmenter le bien-être de leurs agents et leur assurer, tant dans l'avenir que dans le présent, tous les avantages compatibles avec la bonne gestion de leurs finances.

CHAPITRE II

GARES

Service des gares. — Gares de formation. — Gares intermédiaires. Disposition des voies.

Les gares sont pour le service de l'Exploitation ce que sont les locomotives pour le service de la Traction ; c'est la machine qui reçoit le trafic des mains du public, le digère et le lui restitue, après en avoir exprimé la part de substance qui revient à la Compagnie. Leur service peut se diviser en deux parties bien distinctes : la partie technique ou service des trains et la partie commerciale ou service du trafic et de la comptabilité. Nous allons, en examinant ces deux branches du service et, bien que nous ayons déjà dit quelques mots des dispositions des gares, étudier comment elles sont aménagées pour satisfaire aux besoins pour lesquels elles sont créées.

Le service des trains consiste essentiellement dans leur formation, leur expédition, leur réception, leur remaniement. Toutes ces opérations, qui exigent des manœuvres de wagons souvent compliquées, doivent être exécutées avec une entière sécurité; il importe donc non seulement que les voies des gares soient disposées de manière à faciliter les divers mouvements à effectuer, mais aussi qu'elles soient munies d'appareils qui ne permettent pas à ces mouvements de se contrarier. Ces appareils sont les *signaux* et les *enclenchements;* on nomme ainsi les mécanismes qui relient les signaux, soit entre eux, soit avec les aiguilles, de telle sorte qu'on ne puisse pas les disposer pour deux mouvements qui se rencontreraient. L'idée première des enclenchements, une des plus ingénieuses, des plus simples et des plus fécondes de l'Exploitation des chemins de fer, est due à un Français, M. Vignier, ingénieur de la Compagnie de l'Ouest.

Les trains ne sont formés que dans certaines gares importantes, en nombre assez restreint : entre ces gares, les trains de voyageurs conservent généralement leur composition, les *gares de formation* étant avisées à l'avance par les gares de passage du nombre de places de chaque classe nécessaires pour chacune; on n'ajoute donc de voiture en route qu'en cas de mouvement imprévu. Les trains de marchandises, au contraire, subissent dans presque toutes les gares où ils s'arrêtent des modifications qui consistent à laisser et à prendre des wagons en exécutant des *manœuvres.*

La *formation des trains* s'opère de la même manière pour les trains de voyageurs et pour les trains de marchandises; elle est seulement plus facile pour les premiers, puisqu'elle consiste simplement à grouper par classe les voitures en nombre toujours restreint. Cette opération se fait à l'aide d'un groupe de voies en faisceau réunies par des aiguilles et par des batteries de plaques tournantes ou des chariots transbordeurs. Les gares de la Cha-

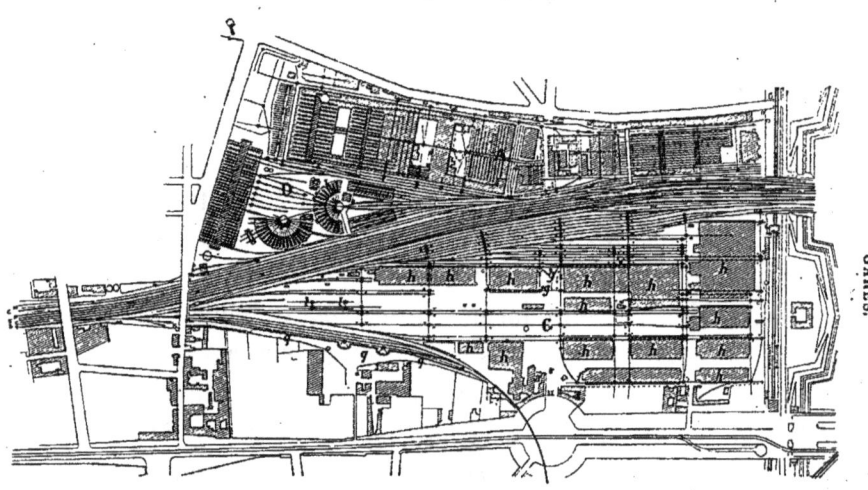

Fig. 122. — Gare à marchandises de la Chapelle (Compagnie du Nord).
A. Ateliers. — D. Dépôt. — G. Gare. — *a.* Bureaux de la gare. — *h.* Halles à marchandises. — *q.* Quais découverts. *g.* Grues de chargement. — *t.* Treuils à pierres.

pelle et de Paris-Saint-Lazare (fig. 122 et 124) sont de grandes gares de formation, l'une pour les trains de marchandises, l'autre pour les trains de voyageurs; dans ces deux gares, on utilise simultanément, comme le montrent leurs plans, les systèmes de manœuvres par aiguilles, plaques et chariots. La gare du Mans (fig. 123) forme ses trains de voyageurs aux plaques et ses trains de marchandises à la fois à l'aide des plaques et des aiguilles.

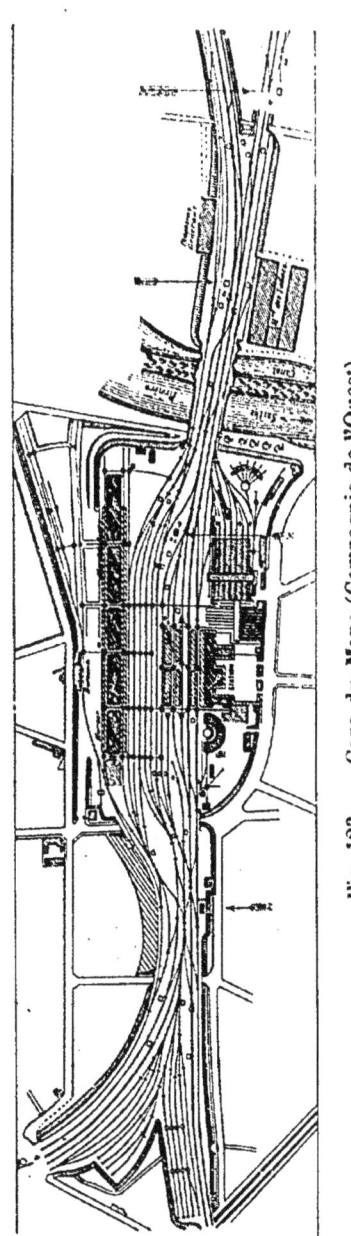

Fig. 123. — Gare du Mans (Compagnie de l'Ouest).

Nous n'avons pas besoin de faire remarquer que, la plupart du temps, les grandes gares ne sont pas constituées d'une pièce telles que nous les voyons : leurs aménagements sont modifiés et développés au fur et à mesure de l'extension du trafic et du service. Un exemple fera saisir la nature et l'importance de ces transformations, c'est l'indication des phases successives par lesquelles est passée la gare de Paris-Saint-Lazare depuis 1837 jusqu'à nos jours, phases correspondant à l'ouverture des diverses lignes qu'elle a été appelée à desservir (fig. 124).

Un type spécial de gare de formation est constitué par les *gares de triage* dont Juvisy (fig. 125) est une forme heureuse; dans ces gares le seul service à effectuer est en effet la déformation des trains venant de certaines directions pour en

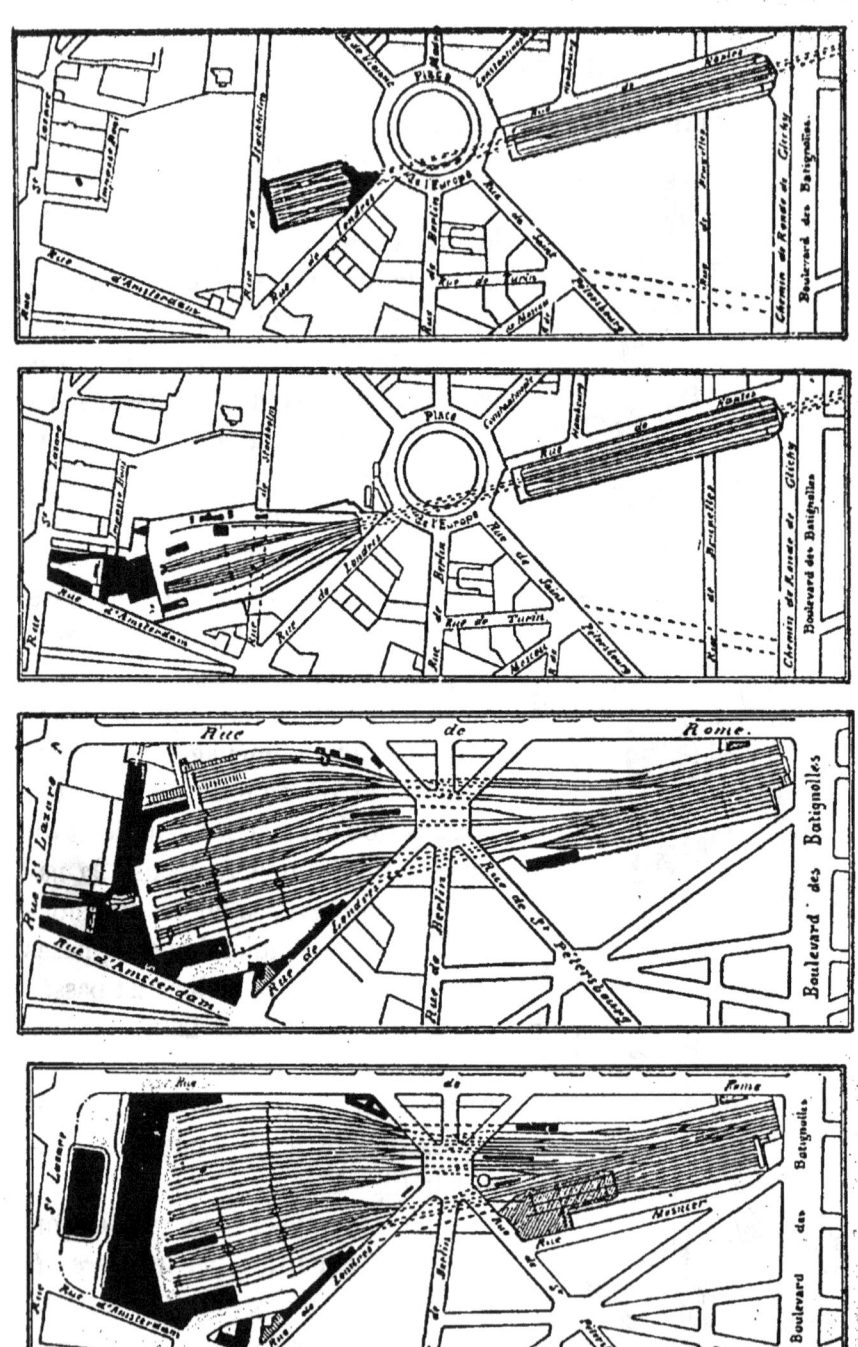

Fig. 124. — États successifs de la gare Saint-Lazare. — 1837, 1842, 1867, 1889.

répartir les wagons d'après leur destination et en former des trains de diverse nature selon les parcours qu'ils ont à effectuer. Les gares de triage se composent toujours d'un certain nombre de faisceaux contenant chacun, suivant le nombre de directions ou de destinations à desservir, un nombre variable de voies (de 6 à 15). Ces faisceaux sont desservis par une ou plusieurs voies dites *voies de tiroir* sur lesquelles on amène le train à décomposer ou le train à former, la machine étant toujours placée du côté opposé aux aiguilles, vers lesquelles elle lance les wagons dans le premier cas et d'où elle les tire dans le second. L'opération la plus complexe étant la dé-

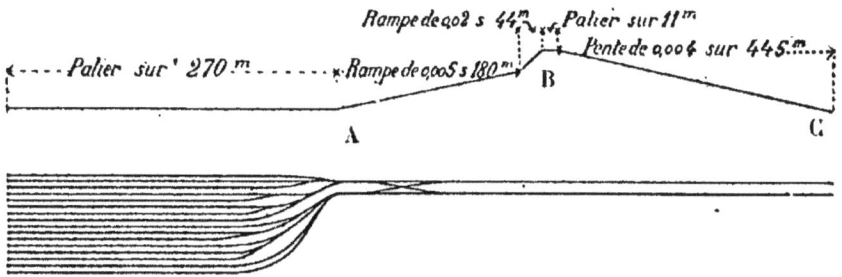

Fig. 125. — Gare de triage de Juvisy. (Plan et profil en long.)

composition des trains, on a, pour la faciliter, substitué aux voies de tiroir horizontales, primitivement adoptées, deux autres systèmes dont le dernier paraît donner les meilleurs résultats. D'abord on construisit des voies de *tiroir en pente* vers le faisceau ; les wagons descendaient par l'effet de la gravité vers ce faisceau, où ils étaient dirigés sur la voie voulue. Mais d'une part la locomotive devait retenir constamment le train et d'autre part on éprouvait, pour défaire les attelages, des difficultés et des pertes de temps. On adopta alors les voies de *tiroir en dos d'âne*, comportant une double pente : l'une AB vers le faisceau de $0^m,008$ à $0^m,012$ en moyenne ; l'autre BC en sens contraire de $0^m,003$ à $0^m,005$. Le train, attelages défaits, est placé sur cette dernière ; puis, la locomotive refoule très lentement et, au fur et à mesure qu'ils arrivent au sommet du dos d'âne, les wagons, entraînés par la gravité, se dirigent successivement vers les voies de triage. Ce système, qui a été appliqué à Juvisy (fig. 125), permet des décompositions très rapides et l'on arrive facilement à déformer en quinze à vingt minutes un train de soixante wagons. Par suite, on peut réaliser une économie sensible d'installation et de personnel.

L'arrêt des wagons lancés s'obtenait d'abord en établissant des voies de triage en rampe et en faisant serrer les freins à main des wagons par des hommes d'équipe qui les accompagnaient dans leur course. Depuis quelques années on a renoncé aux voies de triage en rampe, qui ont l'inconvénient de provoquer quelquefois des retours de wagons en sens inverse et l'on tend à substituer à l'opé-

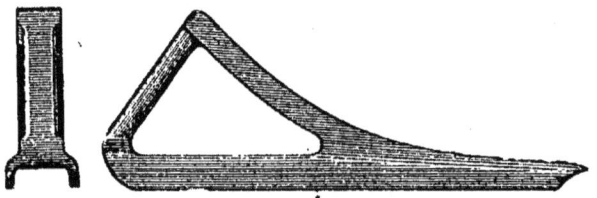

Fig. 126. — Sabot-frein.

ration pénible du serrage des freins à main l'emploi des appareils dits *sabots-freins*. Ce sont des espèces de patins à rebords dont une face glisse sur le rail, l'autre épousant la forme de la roue d'un wagon. La figure 126 représente un sabot-frein du système Cochard, employé par les Compagnies de l'Ouest et d'Orléans. Quand un wagon lancé arrive sur un de ces appareils, sa roue monte dessus et le fait glisser sur le rail, en l'y appuyant d'autant plus fortement que le wagon est plus lourdement chargé. Il se produit par suite un frottement très énergique qui arrête bientôt le wagon : le frein agit sur le rail au lieu d'agir sur le bandage de la roue. On a constaté qu'à la vitesse ordinaire des manœuvres (12 à 15 kilomètres à l'heure) un wagon chargé à plus de 5 tonnes s'arrête au bout de 7 à 8 mètres, soit en sa longueur, sous l'action d'un sabot-frein, et un wagon vide, en une longueur double. On sait donc, étant donnés le nombre de wagons à arrêter et leur chargement, à quel endroit où doit placer le sabot-frein pour obtenir l'arrêt au point voulu.

Le service de la formation des trains de voyageurs est exécuté par des hommes d'équipe, sous la direction des chefs et sous-chefs d'équipe et sous la surveillance des sous-chefs et chefs de gare. La formation des trains de marchandises, qui exige des manœuvres plus importantes et plus complexes, est exécutée toujours par des hommes d'équipe, mais dirigée par des chefs de manœuvre. Les trains une fois formés, des employés au matériel relèvent les séries et numéros des voitures et wagons qui les composent et préparent les écritures qui doivent les accompagner.

Passons maintenant aux *gares intermédiaires*; nous avons vu que seuls les trains de marchandises avaient à y manœuvrer pour

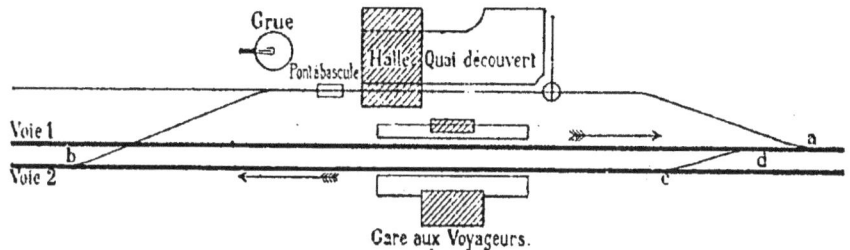

Fig. 127. — Station d'une ligne à double voie.

laisser et prendre des wagons. Pour permettre ces manœuvres aux trains circulant dans les deux sens, en évitant l'établissement d'aiguilles prises en pointe par les trains, le type le plus simple de gare d'une ligne à double voie est le suivant (fig. 127) :

Les trains venant de la direction de Paris, c'est-à-dire circulant sur la voie principale n° 1, manœuvrent par l'aiguille *a*; ceux qui circulent dans l'autre sens (voie n° 2) manœuvrent par l'aiguille *b*. La communication *c d* entre les deux voies principales n'est utilisée que dans des circonstances exceptionnelles, en cas d'incidents particuliers tels que détresse ou obstruction de voies, comme nous le verrons plus loin.

Sur les lignes à voie unique, on arrive au même résultat par les dispositions indiquées dans la figure 128. Les mêmes lettres correspondent aux aiguilles servant aux mêmes mouvements.

On remarquera que, sur la double voie, les aiguilles placées sur les voies principales sont toujours disposées de manière à ne pas être abordées en pointe par les trains, afin d'éviter les chances d'une fausse direction. Sur la voie unique, il n'en peut pas être ainsi en raison de la nécessité du dédoublement de la voie princi-

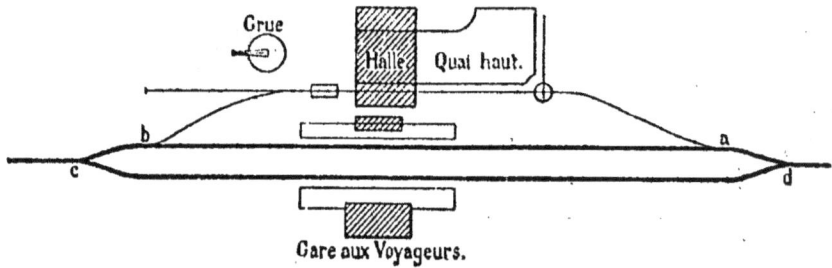

Fig. 128. — Station d'une ligne à simple voie.

pale; mais on remédie à cet inconvénient en faisant cadenasser ou maintenir par un agent, dans la bonne direction, les aiguilles abordées en pointe par les trains.

Toutes les gares intermédiaires dérivent des deux types que nous venons d'indiquer, d'abord par une augmentation du nombre des voies de marchandises proportionnée à l'activité du trafic et au mouvement des wagons : au lieu d'une seule voie de service, certaines gares en possèdent deux, cinq, dix et plus ; puis, pour les gares très importantes desservant plusieurs directions, par l'augmentation du nombre des voies principales qui se dédoublent à leur entrée en gare de manière à desservir quatre, cinq ou six quais. La gare du Mans, par exemple (fig. 123), comporte cinq voies de voyageurs desservies par quatre quais.

CHAPITRE III

SIGNAUX. — ENCLENCHEMENTS

Code des signaux. — Signaux avancés. — Signaux carrés. — Enclenchements. — Indicateurs de bifurcation. — Indicateurs de direction. — Signaux de ralentissement.

On conçoit que, pendant leur arrêt dans les gares, et surtout pendant leurs manœuvres qui empruntent fréquemment les deux voies principales, les trains doivent être protégés contre l'arrivée d'un autre train ou d'une machine survenant, qui produirait inévitablement une collision; c'est dans ce but que les gares ont été munies de signaux dits *avancés*, placés à une certaine distance, de manière à permettre aux trains de s'arrêter avant d'atteindre la gare s'ils indiquent que la voie principale correspondante y est occupée.

Un arrêté ministériel en date du 15 novembre 1885 a prescrit à toutes les Compagnies françaises l'emploi d'un système ou *code de signaux* uniforme, de telle sorte que maintenant les signaux présentent partout en France le même aspect et la même signification : un mécanicien d'un réseau circulant sur un autre y retrouve donc les signaux auxquels il est habitué et n'éprouve aucune hésitation pour y obéir; c'est une excellente mesure au point de vue des transports militaires qui peuvent, dans certains cas, entraîner le passage d'un train complet, machine comprise, d'un réseau sur l'autre, surtout dans les régions Nord-Est et Est-Lyon.

De même que les gares, les bifurcations et les tunnels d'une certaine longueur sont munis de signaux destinés à arrêter en temps utile les trains qui pourraient survenir lorsque la voie y est occupée. Ces signaux sont de deux types principaux : *signaux à distance* ou *avancés* et *signaux d'arrêt absolu* ou *carrés*.

SIGNAUX. — ENCLENCHEMENTS.

Un *signal avancé* est un mât vertical, tournant autour de son axe et portant à sa partie supérieure un disque rouge, en tôle ou en lave (fig. 1, pl. III). Ce disque est percé d'un œil rond, garni d'un verre rouge et destiné à laisser passer, la nuit, la lumière d'une lanterne placée derrière. Lorsque le disque est parallèle à la voie ou effacé la lanterne présente un feu blanc et le signal indique que la voie est libre. Lorsqu'au contraire le disque est perpendiculaire à la voie et présente à un train survenant sa face rouge, le jour, et un feu rouge, la nuit, on dit que le signal est fermé et cela signifie que la voie est occupée. La lanterne est munie d'un puissant réflecteur qui permet de l'apercevoir à plus d'un kilomètre.

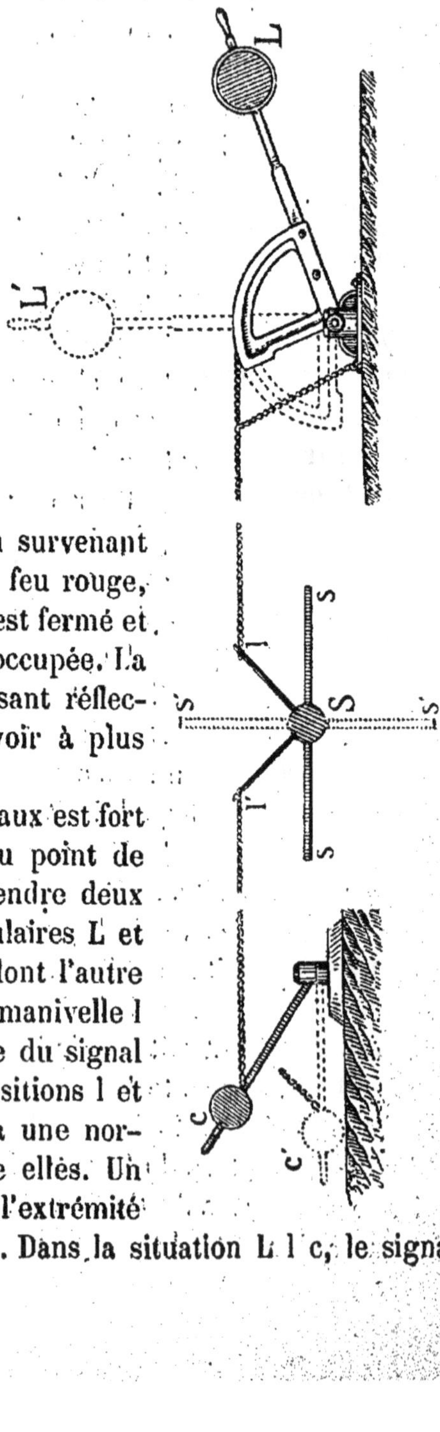

La manœuvre de ces signaux est fort simple : un levier L placé au point de manœuvre (fig. 129) peut prendre deux positions à peu près rectangulaires L et L'. A ce levier est relié un fil dont l'autre extrémité est rattachée à une manivelle l calée à angle droit sur l'arbre du signal S et pouvant prendre deux positions l et l', symétriques par rapport à une normale au fil et normales entre elles. Un contrepoids c, agissant sur l'extrémité du fil, le tient toujours tendu. Dans la situation L l c, le signal a

Fig. 129. — Appareil de manœuvre d'un signal.

son disque s s parallèle à la voie; il est ouvert. Dans la position L' l' c', il a tourné de 90°; il est fermé en s' s'. Cette même manœuvre est utilisée pour tous les signaux tournants que nous rencontrerons plus loin.

Pour les signaux avancés qui, comme nous le verrons, sont placés fort loin de leur point de manœuvre, ce dispositif présente l'inconvénient de ne pas tenir compte du raccourcissement ou de l'allongement du fil suivant les variations de la température. Or ces effets de dilatation suffisent pour faire fermer intempestivement un signal quand la température s'élève et pour le faire ouvrir à tort, — ce qui est plus grave — quand la température s'abaisse et que le fil se raccourcit.

Pour remédier à cet inconvénient, on a appliqué aux signaux avancés des manœuvres à *compensateur*. Les compensateurs les plus employés sont dus à Robert et à M. Dujour.

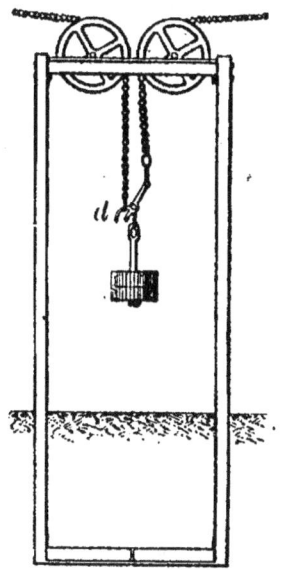

Fig. 130.
Appareil de tension (système Robert).

Le premier (fig. 130) se compose essentiellement d'un fort contrepoids se déplaçant verticalement entre deux montants et tendant en sens contraire les deux parties du fil, sur lequel il est placé à peu près au milieu; il est calculé de manière à produire une tension donnée dans une position déterminée du fil. Il se déplace donc simplement dans le sens vertical quand la longueur du fil varie, sans que sa tension en soit modifiée. On conçoit que, si on abaisse le compensateur en manœuvrant le levier de manœuvre, il entraîne le contrepoids de rappel et fait ouvrir le signal; un mouvement inverse ferme le signal. Par suite le levier de manœuvre doit agir en sens contraire du levier ordinaire.

En cas de rupture du fil entre le compensateur et le signal, ce dernier se ferme sous l'action de son contrepoids; si, au contraire, la rupture a lieu entre le compensateur et le levier de manœuvre, le contrepoids n'étant relié à l'autre partie du fil que par un doigt le laisse échapper et le signal se ferme encore.

Dans le compensateur Dujour (fig. 131) le fil de transmission est, comme dans le cas précédent, coupé en deux parties, enroulées en sens contraire sur deux poulies à double gorge de diamètres différents tournant autour du même axe : le rapport des diamètres est le même que celui des longueurs des deux fils; l'expérience a

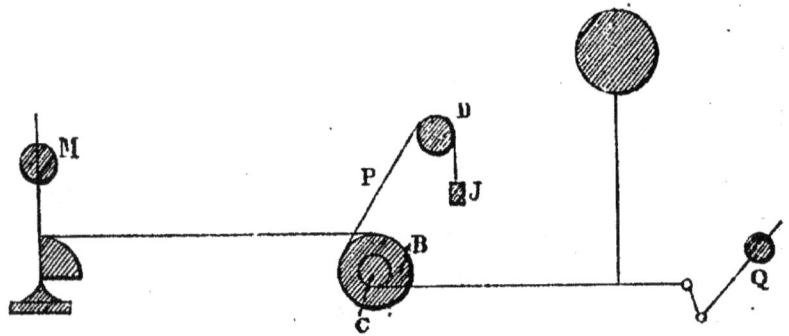

Fig. 131. — Compensateur (système Dujour).

démontré que la meilleure position du compensateur était aux 2/3 de la longueur de la transmission, ce qui donne 1/2 pour ce rapport. Le fil venant du levier M est enroulé et fixé sur la grande poulie B; celui allant au signal est enroulé et fixé sur la petite poulie C; enfin une chaîne P, enroulée sur la grande poulie, passe sur la poulie de renvoi D et soutient un contrepoids J, assez fort pour soulever le contrepoids Q du signal et mettre ce dernier à voie libre lorsque le levier de manœuvre M se relève. Quand, au contraire, le contrepoids J est soulevé, le contrepoids Q ferme le signal.

Pour qu'une rupture de fil entre le levier de manœuvre et le compensateur provoque, comme une rupture au delà, la fermeture du signal, on cale sur l'arbre seulement une des poulies et la liaison entre ces deux poulies est obtenue par un doigt placé sur la poulie B. Si le fil se rompt du côté de la manœuvre, le contrepoids Q dégage le doigt et, la poulie C devenant libre, le signal se ferme.

Un mécanicien qui rencontre un signal dans la position de voie fermée doit se rendre immédiatement maître de la vitesse de son train par tous les moyens dont il dispose et continuer sa marche à une vitesse suffisamment réduite pour s'arrêter dans la partie de voie en vue, s'il rencontrait un obstacle ou un signal d'arrêt quelconque; il doit en tout cas s'arrêter avant d'atteindre la première aiguille, traversée de voie ou tête de quai protégée par le signal. Un train arrêté ou en manœuvre à la gare ne serait donc pas atteint, le train survenant ne pouvant se remettre en marche et entrer en gare que si la voie est reconnue libre.

Entre le signal avancé et la gare, on rencontre un poteau (fig. 2, pl. III) portant inscrit sur une plaque les mots : *Limite de protection*. Ce poteau est destiné à indiquer le point où la protection du signal est efficace; il est donc placé de telle sorte, eu égard au profil de la voie, qu'un train survenant à la plus grande vitesse autorisée sur ce profil doit pouvoir certainement s'arrêter, avant de l'atteindre, s'il a trouvé le signal avancé à l'arrêt. La distance entre le signal avancé et son poteau de limite de protection varie de 1000 à 400 mètres suivant que le signal se trouve sur une pente plus ou moins prononcée ou sur une rampe plus ou moins forte. Toutes les fois qu'un train est arrêté de telle sorte que son dernier véhicule ait franchi ce poteau, il est donc *protégé* ou *couvert*, lui aussi, par le signal fermé.

Mais pour que les trains soient couverts, il faut que les signaux soient réellement fermés; il faut donc d'abord qu'on ait bien manœuvré le signal : pour un train arrêté en gare, il n'y a pas d'oubli à craindre, le signal est fermé derrière lui avant même son entrée en gare. Mais il n'en est pas de même pour un train qui, dans une manœuvre, coupe ou emprunte la voie principale opposée; on a constaté malheureusement maintes fois qu'il était facile d'oublier de fermer le signal correspondant. Pour obliger les agents à exécuter cette prescription si importante, on a imaginé de relier les aiguilles qu'il faut emprunter pour ces mouvements (*b* et *c* de la fig. 127, par exemple) avec le levier de manœuvre du signal couvrant la voie 1,

SIGNAUX. — ENCLENCHEMENTS.

de telle sorte qu'on ne peut les disposer dans la direction de cette voie que si le levier du signal est à la position de voie fermée.

Dans les petites gares, comme celle qui est représentée à la figure 127, les leviers des signaux étant placés sur les quais à voyageurs, fort loin de ceux des aiguilles, cette liaison s'obtient à l'aide de divers dispositifs, dont l'un des plus pratiques est la *serrure Annett*. Les aiguilles *b* et *c* sont munies d'une serrure qui ne permet leur manœuvre que si cette serrure est ouverte; or elle ne peut être ouverte que par une clef spéciale adaptée au levier du signal couvrant la voie 1, de manière qu'elle n'en peut être enle-

Fig. 132. — Schéma de la sonnerie d'un signal.

vée que si ce levier est à la position de voie fermée. En outre, une fois la serrure ouverte et l'aiguille faite, la clef ne peut plus être retirée de cette serrure et le signal ne peut être rouvert qu'avec la même clef. On est donc certain que la manœuvre sera bien garantie, si le signal a bien fonctionné.

Comme les signaux avancés sont placés fort loin des gares, à des distances qui varient entre 1000 et plus de 2000 mètres[1], il est souvent difficile de voir, surtout la nuit, s'ils se sont bien fermés. Pour permettre à la gare d'avoir cette certitude, on établit au pied du signal une pile P reliée à un commutateur c (fig. 132), dont l'autre branche c' est réunie à un fil électrique de ligne qui vient traverser à la gare une sonnerie trembleuse et de là prend la terre T. Quand le signal est à voie libre, comme sur la figure, le

---

1. On compte de 400 mètres à 1000 mètres entre le signal et son poteau limite de protection, 400 mètres entre ce poteau et la première aiguille, pour permettre d'y placer un train, soit 800 à 1400 mètres, auxquels il faut ajouter la distance entre cette aiguille et l'axe de la gare, distance de 100 mètres au moins qui peut atteindre 600 mètres et plus.

circuit est ouvert et la sonnerie électrique ne fonctionne pas. Mais, si l'on ferme le signal, c vient en c', le circuit est fermé et la sonnerie fonctionne tant que le signal est à l'arrêt.

La Compagnie de Paris-Lyon-Méditerranée a complété cet appareil en introduisant, la nuit, dans le circuit un second commutateur placé au-dessus de la lampe du signal et dont les lames, par un effet de dilatation, se touchent tant que la lanterne brûle et se séparent si elle s'éteint. Grâce à ce nouvel appareil, la gare est prévenue que son signal ne fonctionne pas, que cela provienne d'un raté du mécanisme ou de l'extinction de la lampe. Les autres Compagnies se contentent de masquer la lanterne du côté de la gare par un écran en verre bleu, quand le signal est ouvert ; lorsqu'il est fermé, le feu de la lanterne se démasque et devient visible de la gare.

D'autre part, pour arriver à couvrir un train par le signal avancé dès qu'il a franchi ce disque, on a, sur certains points où les trains se suivent de très près, adapté aux signaux avancés des pédales qui, actionnées par les bandages des roues, déclenchent à leur passage le levier de rappel du signal et, par suite, le ferment. Une des plus simples et des plus robustes qui aient été essayées jusqu'ici est la *pédale Aubine*, employée par les Compagnies de l'Ouest et de Paris-Lyon-Méditerranée.

Elle est disposée de manière :

1° A permettre la manœuvre du signal par le levier de la gare ;

2° A fermer le signal dès qu'elle est rencontrée par le bandage de la première roue du train et à cesser de recevoir l'action des bandages suivants, ce qui lui évite des chocs inutiles.

La fermeture du signal par la gare est ensuite nécessaire pour permettre de le rouvrir. Comme, pour une cause imprévue, la pédale peut rater, il est indispensable que les agents des gares ne comptent pas sur son fonctionnement et qu'ils continuent à fermer le signal derrière les trains, comme si la pédale n'existait pas. Pour les y obliger, la Compagnie de l'Ouest a relié au fil de manœuvre un pétard témoin qui, placé à l'entrée de la gare, reste sur le rail tant que le levier de manœuvre du signal n'a pas été fermé et qui on est retiré par la mise à l'arrêt de ce levier. Si donc la gare a omis de manœuvrer le signal derrière un train survenant, ce dernier, en arrivant, écrase le pétard témoin. L'appareil automatique donne donc dans ce cas une sécurité de plus sans retirer aucune garantie; c'est l'idéal de ces sortes d'appareils.

Les signaux et les aiguilles sont manœuvrés : dans les petites gares par des hommes d'équipe ou des facteurs spécialement désignés; dans les grandes gares et aux bifurcations par des aiguilleurs et des aiguilleurs-chefs.

Dans les grandes gares, où il existe un nombre considérable d'aiguilles, indépendamment de la protection des manœuvres contre un train survenant, il y a lieu d'assurer la protection des manœuvres les unes contre les autres. Cela nécessite l'installation d'une série de signaux s'adressant soit aux voies principales, soit aux voies de service et commandant l'*arrêt absolu*, c'est-à-dire ne pouvant pas, comme les signaux avancés, être franchis quand ils sont à l'arrêt. Ces signaux, qui sont également utilisés aux embranchements, comme nous le verrons plus loin, sont de forme carrée. Ceux qui s'adressent aux voies principales sont peints en damier rouge et blanc et présentent la nuit deux feux (fig. 3, pl. III). Lorsqu'ils sont disposés parallèlement à la voie ou présentent le feu blanc, ils indiquent que la voie à laquelle ils s'adressent est libre et qu'on peut avancer. Si, au contraire, ils présentent le damier rouge et blanc, le jour, ou deux feux rouges, la nuit, ils prescrivent à tout train survenant de s'arrêter avant de les atteindre. Ceux qui s'adressent aux voies de service sont jaunes (fig. 4, pl. III) et présentent à l'arrêt une face jaune le jour et un feu jaune la nuit.

Ces divers signaux sont reliés entre eux et avec les aiguilles de la gare de manière à ne pas permettre l'exécution simultanée de deux mouvements qui pourraient se rencontrer. Ces liaisons ou *enclenchements* sont obtenues à l'aide de tringles et de glissières manœuvrées en même temps que les leviers de commande des signaux et des aiguilles. Si le levier peut prendre sans inconvénient la position qu'on veut lui donner, les glissières entrent dans des ouvertures ménagées dans les tringles, sinon elles buttent contre des parties pleines qui empêchent le levier d'exécuter son mouvement.

Ces enclenchements sont réalisés par la réunion dans un seul poste des leviers de manœuvre d'un certain nombre de signaux et

Fig. 133. — Poste d'aiguilleur (système Vignier) à table d'enclenchement horizontale (Courcelles-Ceinture).

d'aiguilles. On est obligé, bien entendu, pour concentrer ainsi sur un même point les leviers de manœuvre des aiguilles, de relier celles-ci à leurs leviers au moyen de tringles rigides : ces aiguilles sont alors *manœuvrées à distance* au lieu de l'être à *pied d'œuvre*. Les enclenchements ont été tout d'abord imaginés en France par M. l'ingénieur Vignier, qui les disposait sur un plan horizontal ou vertical. Les figures 133 et 134 représentent la vue de postes établis d'après le système Vignier, le premier avec table d'enclenchement horizontale, le second avec table verticale. Depuis, cette disposition qui prend beaucoup de place a été abandonnée, pour les postes importants, et on y a substitué l'arrangement avec grilles, inventé par MM. Saxby et Farmer, qui exige beaucoup moins de surface. Nous donnons (fig. 135) la vue des leviers d'un poste établi par la maison Saxby et Farmer. Certains de ces postes con-

Fig. 134. — Poste d'aiguilleur (système Vignier) à table d'enclenchement verticale (Belleville-Ceinture).

tiennent un nombre considérable de leviers; nous citerons par exemple celui de la gare de Waterloo, à Londres, qui n'en contient pas moins de 108. Généralement ces postes, qui doivent agir dans un rayon d'une certaine étendue, sont placés à 5 ou 6 mètres au-dessus du sol, de manière à ce qu'on puisse s'y rendre compte de la situation des voies situées dans leur sphère d'action (fig. 136).

Les aiguilles sont le plus souvent reliées à leurs leviers de manœuvre par de longues tringles en fer creux, munies de distance en distance de genouillères spéciales destinées à compenser les effets de dilatation des tringles. Depuis quelques années, on tend à substituer à ces tringles un double fil établi sur poulies avec une forte tension, système qui présente l'avantage d'être

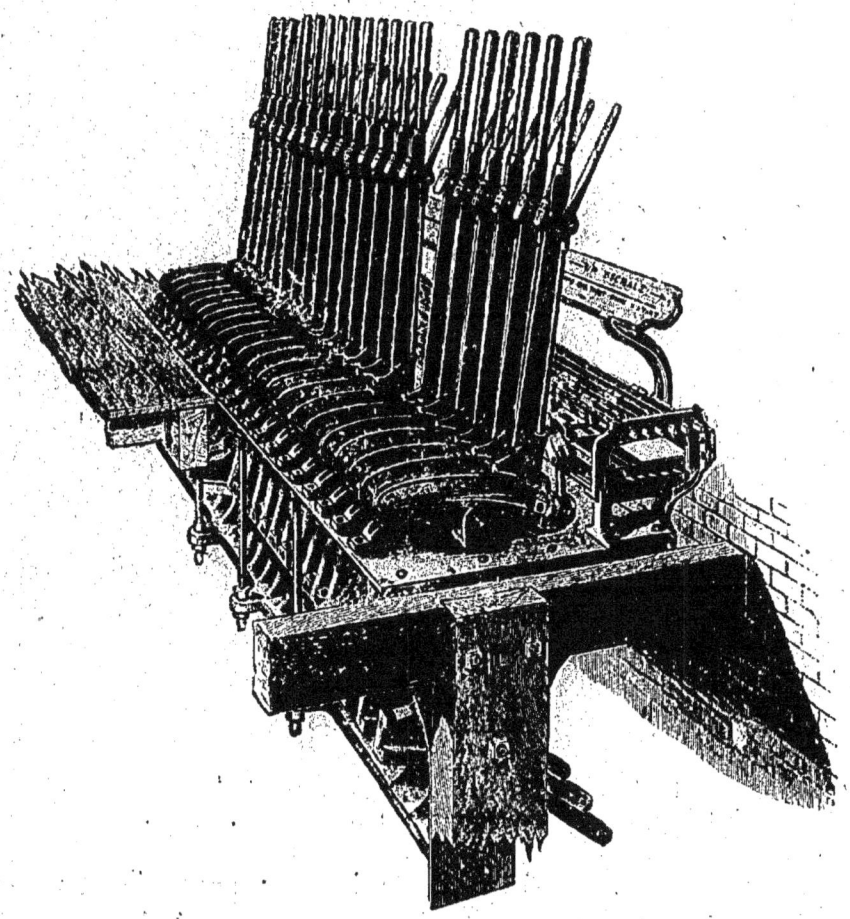

Fig. 135. — Concentration et enclenchement des leviers de manœuvre des signaux et aiguilles (système Saxby et Farmer).

beaucoup moins coûteux et d'autoriser la prise en talon des aiguilles sans qu'on ait à en manœuvrer le levier.

Pour permettre aux aiguilleurs de se rendre compte à distance du bon fonctionnement de leurs aiguilles, celles-ci sont munies de contrôleurs électriques disposés de telle sorte qu'une sonnerie fonctionne au poste tant que la lame de l'aiguille n'est pas en contact avec le rail appui et avertit ainsi l'aiguilleur que l'aiguille est entre-bâillée.

Fig. 136. — Poste Saxby surélevé muni d'électro-sémaphores (Est).

Un des plus simples de ces contrôleurs est celui de M. Chaperon, en usage sur le réseau de Paris-Lyon-Méditerranée et représenté par la figure 137.

La tige E_1 agissant sur le levier B, fait tourner un secteur S en ébonite. Celui-ci porte sur sa partie médiane une lame métallique susceptible de faire communiquer les deux ressorts Y et, fermant ainsi un circuit électrique, met en action la sonnerie. Si E se déplace seulement un peu, la sonnerie fonctionne; si, par suite de l'adhérence de la lame d'aiguille, cette tige vient à bout de course, les ressorts abandonnent la partie métallique pour rencontrer l'ébonite et la sonnerie s'arrête.

Nous ne croyons pas devoir entrer dans de plus amples détails qui nous entraîneraient trop loin, étant donnée la complication des études d'enclenchements. On s'en fera une idée par la quantité de signaux que l'on est obligé d'installer dans les gares et qui sont si nombreux que la place manque pour les planter à terre, de sorte qu'on en est venu à les suspendre sur des passerelles comme dans nos grandes gares de Paris : nous donnons (fig. 138) la vue des passerelles à signaux de la gare des Batignolles.

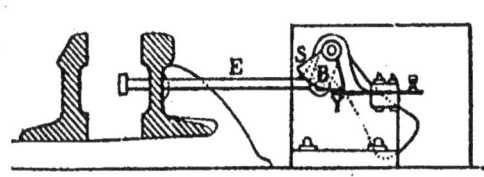

Fig. 137. — Contrôleur d'aiguilles
(Paris-Lyon-Méditerranée).

Peut-être verra-t-on cependant avec intérêt les dispositions prises pour la protection des trains au passage des *bifurcations* qui étaient autrefois des points dangereux et que les enclenchements ont rendues absolument sûres. La figure 139 représente une bifurcation quelconque, celle d'Asnières par exemple.

Le signal 2 est normalement fermé, ce qui oblige tous les trains venant d'Argenteuil à s'y arrêter; on le leur ouvre ensuite, s'ils peuvent pénétrer sur la grande ligne sans inconvénient. Mais il est enclenché avec le signal 4, qui s'adresse aux trains venant de Mantes, de telle sorte qu'il ne puisse être ouvert que si 4 est fermé et réciproquement. En outre 4 est enclenché avec l'aiguille *a* de manière qu'on ne puisse l'ouvrir que si cette aiguille est disposée dans la direction de Mantes et réciproquement. Il n'y a donc pas de rencontre possible.

208   LES CHEMINS DE FER.

Quant aux signaux avancés 1, 6 et 8 ils ont pour but de fermer la voie à distance lorsqu'elle est occupée à la bifurcation ou de couvrir un train arrêté au signal 2.

En dehors de ce croquis purement théorique, nous donnons, dans la figure 140, la vue de la bifurcation du marché aux bestiaux de la Villette, sur la ligne de Ceinture de Paris, qui permettra certainement à nos lecteurs de se rendre compte de l'aspect que présentent au passage les voies et les signaux d'un embranchement.

Nous avons fait figurer à la planche III deux types de signaux

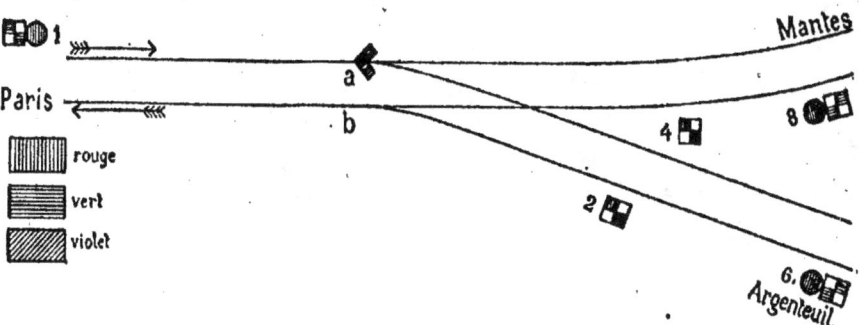

Fig. 139. — Bifurcation d'Asnières.

dont nous n'avons pas encore parlé. Le signal *indicateur de bifurcation*, adapté au mât des signaux avancés précédant la bifurcation et qui consiste simplement en une plaque carrée peinte en damier vert et blanc et éclairée la nuit par réflexion (fig. 5, pl. III). Quelques Compagnies emploient pour le même objet une plaque sur laquelle est inscrit le mot BIFUR, éclairée la nuit par transparence ou par réflexion. L'indicateur de bifurcation impose aux mécaniciens l'obligation de marcher avec prudence et de manière à pouvoir s'arrêter dans l'espace libre devant eux, si les circonstances l'exigent.

L'autre signal dont nous voulons parler est l'*indicateur de direction* figuré à l'aiguille *a* (fig. 139). C'est un appareil relié invariablement à l'aiguille de la bifurcation et destiné à indiquer aux mécaniciens si la direction qu'ils ont demandée leur est bien donnée. Il consiste simplement (fig. 6 pl. III,) en un mât portant un bras violet avec écran violet en verre et deux lanternes. Il présente le jour le bras violet d'un côté ou de l'autre, la nuit, un feu violet d'un côté, et de l'autre un feu blanc. Le côté correspondant à la couleur violette est celui qui est fermé, c'est-à-dire que le bras ou

Fig. 140. — Bifurcation du marché aux bestiaux de la Villette.

le feu violet à gauche indique que l'aiguille est disposée dans la direction de droite.

Lorsqu'au lieu d'une bifurcation simple à deux directions, il s'agit d'un embranchement à trois, quatre, cinq directions, l'indicateur de direction prend la forme représentée figure 7 (pl. III); c'est un mât muni d'autant de bras violets et de lanternes que l'embranchement comporte de directions. Chaque bras ou feu correspond, suivant sa position, à une des directions possibles, le plus élevé à la première en partant de la gauche, celui qui est au-dessous à la seconde, et ainsi de suite. Le bras horizontal ou le feu violet indique que la direction correspondante est fermée. Le bras incliné ou le feu vert ou blanc, suivant qu'on doit passer en ralentissant ou qu'on peut passer en vitesse, indique que la direction correspondante est ouverte. Sur la figure, c'est la troisième direction à partir de la gauche qui est donnée.

Indépendamment des signaux que nous venons d'énumérer, on rencontre encore :

1° Dans l'application du block system — dont il sera question au chapitre VIII — les *sémaphores*, mâts verticaux munis d'une aile rouge pouvant prendre une position horizontale ou verticale (fig. 8, pl. III, et fig. 136). L'aile verticale, le jour, ou un feu blanc, la nuit, indique que le canton qu'ils couvrent est libre ; l'aile horizontale, le jour, et la nuit, un double feu vert et rouge indique que la section n'est pas libre et commande l'arrêt puis la marche prudente.

2° Dans les gares, les signaux de position d'aiguilles, destinés à rappeler aux aiguilleurs la position des aiguilles dont la manœuvre leur incombe. Parmi les divers systèmes employés, le plus pratique paraît être celui qui est indiqué par la figure 9 (pl. III). Il consiste en une lanterne ayant une petite face en verre incolore et une grande face en verre dépoli, sur laquelle est figuré un V couché. La lanterne présentant la petite face indique que l'aiguille est faite pour la voie directe ; si elle présente la grande face, la pointe du V indique la direction donnée par l'aiguille.

3° Sur la voie, les signaux de *ralentissement* qui consistent en une pancarte verte ou en un feu vert et imposent aux trains et aux machines un ralentissement à la vitesse de 20 kilomètres à l'heure et les signaux de *limitation de vitesse*, simple tableau blanc, éclairé la nuit, portant en noir le chiffre de la vitesse autorisée en kilomètres à l'heure (fig. 10, pl. III).

Enfin, en dehors des signaux fixes, les trains et machines en marche doivent obéissance aux signaux dits mobiles qui leur sont faits par les agents des gares et de la Voie et dont l'emploi et la signification sont fort simples :

SIGNAUX. — ENCLENCHEMENTS.

Un drapeau roulé, un feu blanc, comme l'absence de tout signal, indique que la voie est libre ;

Un drapeau ou un feu vert prescrit le ralentissement à la vitesse de 20 kilomètres à l'heure ;

Un drapeau ou un feu rouge commande l'arrêt immédiat.

La lanterne destinée à faire les signaux à la main est munie d'une enveloppe comportant une face pleine et trois faces pourvues chacune d'un verre incolore, vert ou rouge; à l'intérieur, tourne une véritable lanterne dont une seule face est ouverte et dont la face opposée est formée par un réflecteur. Suivant le signal que l'on veut faire, on présente la face ouverte en face du verre blanc, du verre rouge ou du verre vert.

Les trains et les machines en marche sur les voies principales, auxquels les signaux qui précèdent peuvent être faits, ne sauraient s'arrêter instantanément; il faut donc présenter ces signaux à une certaine distance du point où l'on veut arrêter les trains. Cette distance est généralement de 800 mètres sur les réseaux français, les trains étant toujours, comme nous le verrons plus loin, munis des freins et moyens d'arrêt suffisants pour s'arrêter dans cette longueur à la vitesse qu'ils sont autorisés à prendre sur le profil qu'ils parcourent. Cependant sur certains réseaux, on fait varier cette distance de 800 à 1200 et 1500 mètres selon qu'il s'agit de rampe, de palier ou de pente, et suivant la distance à laquelle l'état de l'atmosphère permet d'apercevoir les signaux.

Tous les signaux que nous venons de définir sont des signaux visuels et il peut se produire des circonstances atmosphériques telles que brouillard épais, neige abondante, etc., qui empêchent de les apercevoir à temps. Ces cas ont été prévus et, dès que l'état de l'atmosphère ne permet pas de distinguer les signaux à 100 mètres de distance, ceux-ci doivent être complétés par des pétards placés sur les rails au nombre de deux ou trois, en avant du signal qu'ils appuient. La détonation de ces pétards, provoquée par le choc des bandages des roues, appelle l'attention du mécanicien et lui impose l'obligation de se rendre immédiatement maître de sa vitesse et de ne plus avancer qu'*à vue*, c'est-à-dire avec la possibilité de s'arrêter instantanément en cas d'obstacle. L'emploi des pétards est le complément indispensable de celui des signaux visuels.

CHAPITRE IV

SERVICE DES GARES

Voyageurs, marchandises. — Bâtiments. — Manœuvres. — Chauffage, éclairage.

Le service à assurer par les gares se divise en deux parties bien distinctes incombant chacune, dès que la gare atteint une certaine importance, à un personnel spécial : la *grande vitesse*, qui comprend les voyageurs, les bagages et la messagerie, et la *petite vitesse*, qui concerne les marchandises et les bestiaux.

Le service des voyageurs comporte :

La distribution des billets, moyennant payement du prix correspondant, assurée généralement par une receveuse, souvent la femme du chef de gare; quand le nombre des voyageurs l'exige, on ouvre plusieurs guichets de recette;

Le pesage, l'étiquetage, l'enregistrement des bagages qui est effectué, sur présentation des billets, par un ou plusieurs facteurs, suivant l'importance de la gare.

Dans les petites gares, les colis, déposés sur un comptoir, sont placés sur une bascule où leur poids est relevé. Dans les grandes gares, ils sont chargés sur un tricycle taré et leur poids est constaté automatiquement au passage sur un pont à bascule à cadran indicateur, dont le plateau est noyé dans l'aire de la salle (fig. 141).

Il ne faut pas oublier un transport spécial qui, durant la période de la chasse, acquiert une intensité très notable, celui des chiens qui circulent dans des conditions mixtes, soit avec des billets spéciaux comme les voyageurs, soit avec des bulletins, comme les bagages. Dans les trains, ils peuvent être admis dans tous les compartiments s'ils sont de petite taille et enfermés dans des paniers, ou dans des compartiments spéciaux avec les chasseurs, si le nombre de ces derniers justifie cette mesure; dans le cas contraire, ils sont transportés dans les niches spécialement aménagées à cet effet dans les fourgons.

Après avoir rempli les formalités relatives à leurs billets et à leurs bagages, les voyageurs peuvent passer dans les salles d'attente, ou sur le quai d'embarquement pour s'installer dans le train qu'ils doivent prendre ou en attendre le passage, tandis que leurs bagages, chargés sur des chariots ou tricycles (fig. 142), sont amenés par des hommes d'équipe au fourgon du train ou au point que ce fourgon doit occuper quand le train arrivera.

Quant à la *messagerie* (on appelle ainsi les marchandises circulant dans les trains de voyageurs), elle fait l'objet d'un pesage, d'un étiquetage et d'un double enregistrement sur un livre et une feuille de route comme les bagages et peut être expédiée, ainsi que nous le verrons plus loin, soit aux conditions du tarif général, soit comme colis postal ou petit colis. Les agents chargés de ce service portent le titre de facteurs-chefs, facteurs ou employés, suivant qu'ils aident ou non au coltinage des colis. On compte qu'un employé peut faire en moyenne dans sa journée 60 à 70 enregistrements (expéditions ou arrivées) au tarif général ou 300 bulletins postaux. Dans les petites gares, où le trafic ne nécessite pas un personnel spécial, c'est un facteur qui est chargé à la fois des bagages, de la messagerie et du transport des colis entre le comptoir et les trains.

A l'arrivée, le service des voyageurs et des bagages est très simple et comporte seulement le retrait des billets et l'échange des colis contre les bulletins, opérations qui sont exécutées par des surveillants, des facteurs ou des hommes d'équipe. Celui des messageries, au contraire, exige encore un double enregistrement, au livre d'arrivage et au livre de sortie, en raison de ce que le transport peut être fait en port dû et de la nécessité de régulariser la comptabilité de la gare. La livraison est faite, tantôt à la gare où les destinataires doivent venir prendre les colis, tantôt à domicile par le service du factage, suivant le mode d'envoi.

Nous avons vu sommairement plus haut quelles sont les dispositions des gares à voyageurs ; des opérations ci-dessus, qui doivent y être exécutées, on peut déduire rationnellement les locaux qu'elles doivent comporter : un vestibule sur lequel ouvre le guichet de distribution des billets et le comptoir ou table à bagages et à messagerie, avec vue sur

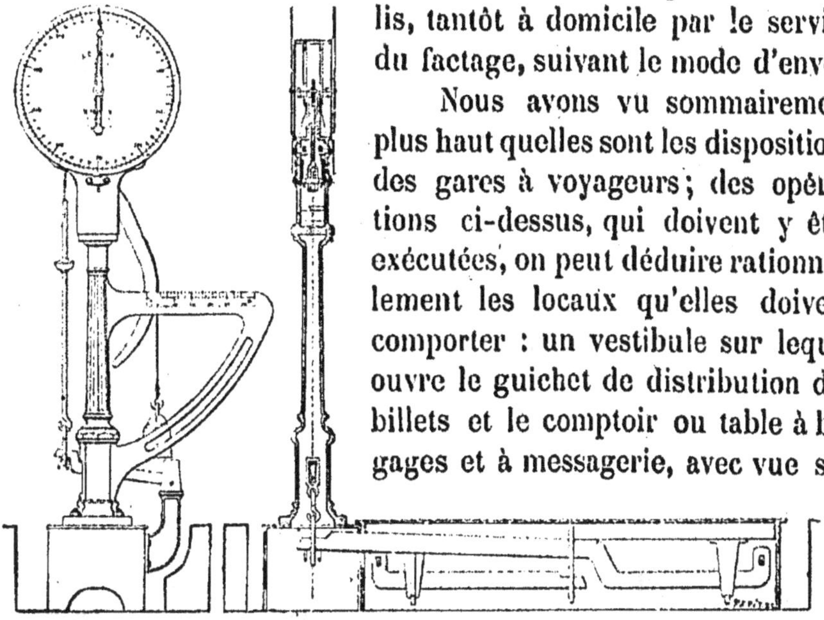

Fig. 111. — Bascule automatique (système Dujour).

la bascule du pesage ; des salles d'attente ayant accès direct sur le quai ; un bureau pour le chef de gare ; un bureau pour le télégraphe et les facteurs de la grande vitesse avec un local pour les bagages en dépôt et les colis bureau restant livrables en gare ; une lampisterie et des cabinets pour les deux sexes. La figure 62 représente ces dispositions types pour une petite gare ; il est bien entendu que, suivant qu'il s'agit d'une gare moins ou plus importante, plusieurs services peuvent être réunis dans le même bureau (le chef de gare est chargé de la recette par exemple) ou bien au contraire les locaux peuvent prendre plus d'extension (télégraphe isolé, bureaux pour les sous-chefs de gare, les surveillants, etc.).

En outre, le chef de gare devant être toujours présent, la gare comporte, autant que possible, pour cet agent un logement qui est généralement placé au premier étage.

Les transports à *petite vitesse* donnent lieu à une série d'opérations spéciales qui sont exécutées dans une partie de la gare qui leur est exclusivement réservée. On y accède par une entrée particulière et on y trouve : un bureau pour la remise et la livraison des marchandises ; une *halle* pour le dépôt des colis avant leur chargement dans les wagons ou après leur déchargement ; un *quai haut* pour l'embarquement et le débarquement des voitures et des bestiaux ; des voies dites de *débord*, dont les accès sont pavés ou empierrés pour la circulation des voitures et qui sont destinées au chargement ou au déchargement direct de voiture à wagon ; enfin des engins d'enlèvement et de pesage, tels que *grue* et *pont à bascule*.

Fig. 142. — Tricycle à bagages.

L'expéditeur doit d'abord se présenter au bureau de la petite vitesse où il remet sa note d'expédition, à l'aide de laquelle se font la reconnaissance et le pesage de la marchandise, contradictoirement entre l'expéditeur et un agent de la Compagnie, préposé, chef d'équipe ou facteur. Lorsque cette marchandise est acceptée, on en fait l'enregistrement sur un livre spécial, puis on en établit la taxe, opération assez compliquée, en raison de la variété des tarifs, surtout si le transport doit emprunter plusieurs réseaux ; enfin on confectionne le récépissé, la feuille d'expédition, qui sont les pièces comptables du transport, et la feuille de chargement qui accompagne la marchandise du point de départ au point d'arrivée. Ces écritures, indispensables pour le bon ordre et la régularité des transports, afin de conserver trace de leurs remises successives, exigent la coopération d'un certain nombre d'agents : facteurs-chefs, facteurs et employés, qui ne peuvent opérer chacun en moyenne plus de 30 à 35 enregistrements par jour, en tenant compte des arrivages dont les écritures limitées à un double enregistrement, avec vérification de la taxe, sont plus simples. Dans les gares d'une certaine importance, la reconnaissance est faite tant à l'expédition qu'à l'arrivage, par des employés spéciaux, portant le titre de préposés ou livreurs.

A côté de la partie comptable et administrative, il faut placer une autre opération essentielle des transports à petite vitesse; c'est le *chargement* qui est exécuté par des hommes d'équipe sous la direction de chefs d'équipe, ou, dans le cas d'application de certains tarifs spéciaux, par les expéditeurs eux-mêmes sous la surveillance des agents de la Compagnie. Il convient d'abord de choisir un wagon approprié à la nature de la marchandise à expédier : couvert, si elle craint l'humidité et si elle est de petites dimensions, tombereau pour les houilles, betteraves..., plat et bâché pour les pièces de machines, à traverses mobiles pour les bois et fers de grandes dimensions, etc... Puis on opère le chargement, soit à bras, soit à l'aide du cabrouet à deux roues (fig. 143), soit à l'aide des grues de chargement (fig. 70-71) suivant la nature de la marchandise.

Fig. 143. — Cabrouet.

Si la remise comporte le *chargement complet* d'un wagon, c'est-à-dire atteint au moins le poids de quatre tonnes, on l'achemine directement sur sa destination en y adjoignant, lorsqu'elle n'emplit pas le wagon, des marchandises dirigées sur la même gare. Mais s'il s'agit de remises d'un faible poids, de *détail* comme on les désigne, on ne peut pas leur affecter un wagon et, si l'on ne dispose pas pour les y charger d'un wagon complet non plein dirigé sur leur destination, on les *groupe* dans un wagon spécial que l'on dirige sur une grande gare, la plus proche possible de la gare destinataire, qui dégroupe ce wagon et envoie ensuite par fourgons de route sur leur destination les colis qu'il contient.

Indépendamment de ces considérations relatives à la bonne conservation des marchandises et à la bonne utilisation du matériel, il faut encore tenir compte pour le chargement de diverses conditions de sécurité motivées par la nature même de certaines matières dangereuses, susceptibles de s'enflammer ou de faire explosion, qui doivent être chargées avec des précautions particulières.

On conçoit par suite que la dépense à prévoir pour le chargement et le déchargement ou la *manutention* des marchandises soit très variable. Si nous laissons de côté les colis manutentionnés mécaniquement à la grue, par exemple, qui donneraient, suivant leur nature, des résultats trop divergents, on peut dire que, pour le reste, un homme d'équipe doit charger ou décharger en un jour environ 10 tonnes s'il s'agit de colis de détail, de nature, poids et dimensions variables, et de 20 à 25 tonnes s'il s'agit de marchandises lourdes et maniables telles que les grains, les engrais, etc. Le prix de revient de la tonne manutentionnée varie donc de 0 fr. 18 à 0 fr. 40.

Pour réduire ce prix élevé, on a, sur certains points où la nature des marchandises le permet, substitué aux hommes des engins mécaniques. C'est ainsi que sous les halles, où les colis à charger atteignent un certain poids, on a placé de petites grues de 2 tonnes, roulant sur une poutre supérieure, qui permettent à un homme seul de conduire facilement ces colis au wagon. C'est ainsi qu'aux gares de la Chapelle et de Batignolles, à Paris, on a installé, pour le déchargement des sucres, des treuils et des monte-charges à vapeur qui ramènent à 0 fr. 15 le prix de la tonne manutentionnée. Les installations si connues des treuils et cabestans hydrauliques d'Anvers, des élévateurs de grains de New-York, etc., sont des applications de ce principe. Il en est de même des estacades et des coulottes utilisées pour le chargement et le déchargement rapide des pulpes, betteraves, charbons, minerais, chaux, etc..., qui permettent d'abaisser bien au-dessous de 0 fr. 10 le prix de revient par tonne manutentionnée de ces marchandises. Mais toutes ces installations sont coûteuses, il ne faut pas l'oublier, et, pour que leur emploi soit économique, il faut que l'importance du trafic en permette une large utilisation.

Le complément indispensable du chargement est : pour les wagons complets, le pesage au pont à bascule, (fig. 72) appareil spécial intercalé sur une voie de la gare et destiné à peser les wagons d'abord vides puis chargés; pour les wagons découverts, chargés de colis de grandes dimensions dans le sens transversal ou de marchandises légères, comme la paille et le foin, le passage au *gabarit*. On appelle gabarit l'ensemble de deux tiges de fer auxquelles on a fait épouser la forme de l'intrados des ponts en dessus et tunnels de la ligne et qui sont suspendues entre deux montants verticaux. On fait passer les wagons entre ces deux tiges et ils ne sont bons à circuler que s'ils passent sans les heurter.

Une fois les marchandises chargées, il faut expédier les wagons qui les contiennent; de même, lorsque les wagons arrivent à destination, il faut les amener sous halle, à quai ou sur une voie de débord pour en effectuer le déchargement. C'est là l'objet des *manœuvres de gare*, qui comprennent en outre la formation et la décomposition des trains. Nous avons vu plus haut comment ces dernières opérations étaient conduites dans certaines gares spéciales, dites gares de triage; nous allons maintenant examiner comment on procède dans les gares à marchandises ordinaires. Ces manœuvres sont exécutées à l'aide des aiguilles et des batteries de plaques tournantes qui servent à relier entre elles les diverses voies d'une même gare; mais, suivant l'importance du mouvement de wagons à assurer dans une journée, on emploie divers systèmes pour mettre ces véhicules en mouvement. Les règles suivantes, établies d'abord théoriquement, puis vérifiées maintes fois par l'expérience, ont été posées dès 1880 par M. Sartiaux, ingénieur en chef de la Compagnie du Nord. Si l'on veut opérer dans les conditions les plus économiques :

Pour un mouvement journalier inférieur à 50 wagons, la manœuvre doit se faire à bras d'hommes, avec ou sans l'aide du *pousse-wagons*, espèce de levier destiné à augmenter l'action musculaire humaine pour le démarrage des wagons;

De 50 à 150 wagons, il est préférable d'employer des *chevaux*;

De 150 à 300 wagons, on recommande l'emploi de petites *machines* dites *de manutention*[1]; ce sont de petites locomotives à deux essieux (fig. 144) à chaudière verticale, construites de manière à pouvoir être virées sur les plaques tournantes et portant en outre un treuil horizontal T à vapeur. Elles peuvent agir à la fois comme locomotives pour tirer ou pousser à la fois huit wagons chargés ou seize vides, et comme machines fixes pour haler au treuil et virer six wagons chargés ou douze wagons vides. Des poupées de renvoi placées aux abords des batteries de plaques, permettent à ces engins très maniables d'exécuter les mouvements nécessaires;

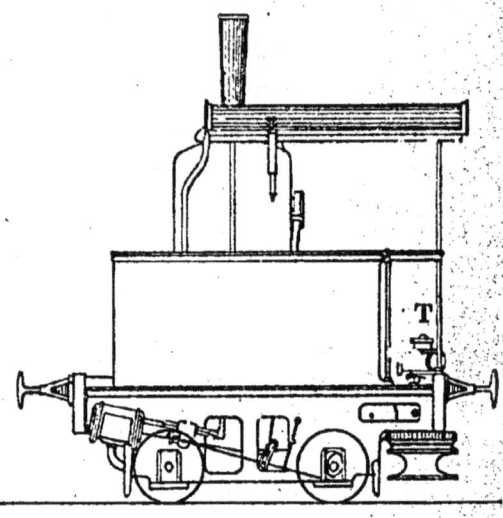

Fig. 144. — Petite locomotive de manutention de la Compagnie du Nord.

1. Voici les éléments principaux des machines de manutention de la Compagnie du Nord :

Surface de grille..............................			0m²,49
Surface de chauffe	Foyer..	3m²,48	9m²,30
	Tubes....	5m²,82	
Tubes (Field)...	Nombre........		56
	Longueur........		0m,000
	Diamètre extérieur..		0m,055
Chaudière.....	Diamètre........		0m,989
	Épaisseur des tôles....		0m,011
	Timbre........		9kg
Diamètre des cylindres...			0m,180
Course des pistons...			0m,250
Diamètre des roues motrices...			0m,620
Poids en charge (adhérence totale)...........			9t,950

De 300 à 500 wagons, il convient d'employer le *transbordeur* à vapeur (fig. 61). Ce chariot bas circule sur une large voie perpendiculaire à celles sur lesquelles se trouvent placés les wagons à manœuvrer; il se meut à l'aide d'une petite machine locomotive, dont la chaudière actionne en outre un treuil à vapeur destiné à

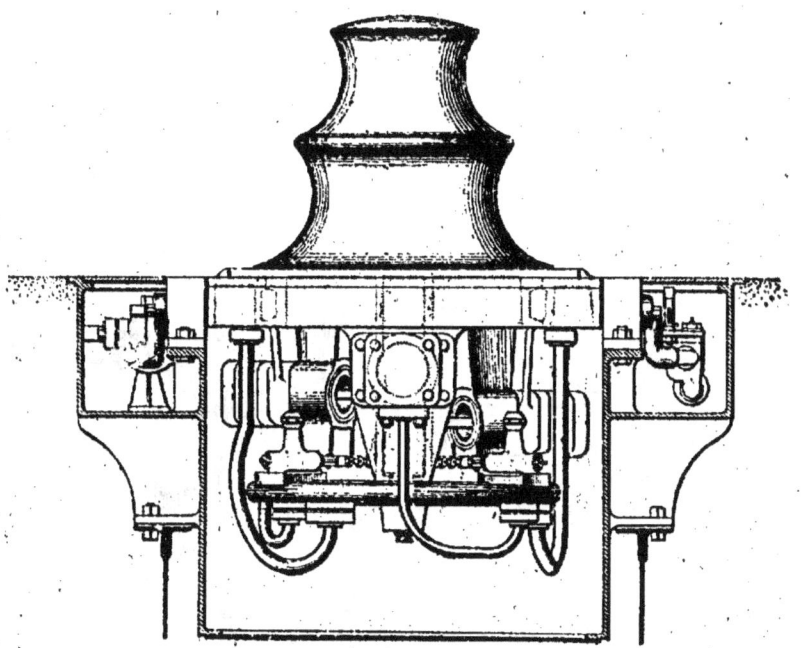

Fig. 145. — Cabestan hydraulique de la gare Saint-Lazare.

amener sur le chariot et à en faire descendre les wagons à transborder d'une voie sur une autre;

Enfin au-dessus de 500 wagons, les *cabestans hydrauliques* s'imposent. Ce système est appliqué à la gare de la Chapelle et à la nouvelle gare de messagerie surélevée de Paris-Saint-Lazare. Des machines à vapeur fixes compriment, dans de puissants accumulateurs à 50 atmosphères de pression, de l'eau, qui est ensuite amenée par une conduite avec retour dans les cabestans hydrauliques. Ce sont (fig. 145) de petites machines à trois cylindres horizontaux marchant à l'eau comprimée. En appuyant sur une pédale à ressort, on ouvre la soupape d'admission et le cabestan se met à tourner, entraînant un câble qu'on a eu le soin d'enrouler préalablement autour de sa gorge. Ce câble peut, soit haler, soit virer un wagon (fig. 146). Ce mode de manœuvre est très commode et très rapide en raison de la répartition de la force sur un grand nombre de points.

Il est bien entendu que ces règles ne sont pas absolues et que

Fig. 146. — Manœuvre des wagons au moyen des cabestans hydrauliques. (Gare de Paris-la-Chapelle).

l'on doit tenir compte dans leur application des ressources particulières dont on peut disposer : chevaux et fourrage à bas prix, combustible abondant, force motrice non utilisée, etc.

Avant de quitter les gares, disons un mot de deux questions accessoires, mais très intéressantes pour le personnel comme pour le public : le chauffage et l'éclairage.

Le *chauffage* des gares se fait de deux manières : dans les grandes gares, on se sert de calorifères à air chaud ou à eau chaude. Ce système, le dernier surtout, outre qu'il est économique, présente de grands avantages : température égale partout, suppression presque complète des risques d'incendie, surveillance facile. Malheureusement il n'est pas applicable pour les petites gares, où le personnel est restreint et où il entraînerait à de grandes dépenses d'installation, d'entretien et de main-d'œuvre. On est donc conduit à employer dans ces dernières des poêles et quelquefois des cheminées alimentées à la houille et, malgré la grande surveillance que l'on exerce sur cette partie du service, le public sait par expérience combien il est difficile d'arriver à de bons résultats.

Quant à *l'éclairage*, il est en ce moment dans une période d'étude et de transformation, du moins en ce qui concerne les grandes gares où le gaz et l'électricité se livrent bataille. Aux États-Unis, en Belgique, en Angleterre, on préfère l'électricité, appliquant les lampes à arc aux grands espaces, les lampes à incandescence dans les bureaux. En France, en Italie, en Allemagne, on hésite encore ; dans ces deux derniers pays cependant, on paraît incliner du côté de l'électricité, comme le prouvent les installations récentes des gares de Strasbourg et de Milan, où l'électricité est exclusivement employée, même en plein air. Il résulte toutefois de calculs récents que, tant que le prix du gaz est inférieur à 0 fr. 18 le mètre cube, et c'est le cas le plus fréquent, il est plus économique que l'électricité. Ce qui élève beaucoup la dépense de ce dernier mode d'éclairage, ce sont les frais d'entretien d'appareils délicats et d'accessoires qui doivent toujours être maintenus en parfait état. Il n'est pas douteux cependant, étant donnés les progrès énormes que réalise chaque jour la science électrique, qu'elle n'arrive avant qu'il soit longtemps à détrôner le gaz, tout au moins pour les grandes installations.

A côté de ces deux systèmes, on emploie depuis quelques années en Angleterre et plus récemment en France, mais surtout pour les espaces découverts tels que les gares de formation et de triage, l'éclairage au *lucigène*, obtenu par la combustion d'air saturé de vapeurs de carbures qu'il entraîne en traversant, sous pression d'une atmosphère et demie, des résidus d'huiles lourdes. L'installation est fort simple : un réservoir contenant les résidus d'huiles dans lequel on envoie l'air sous pression ; une tuyère par laquelle l'air saturé s'échappe pour brûler et une pompe de compression, actionnée par une machine à gaz ou simplement à bras, s'il ne s'agit que d'un ou deux foyers de 200 carcels. Une lampe de 200 carcels consomme environ par heure 8 litres de résidus d'huiles lourdes à 70 francs le mètre cube et utilise 0,35 cheval de force. Le carcel-heure coûte donc 0 fr. 005, tandis qu'avec le gaz à 0 fr. 15 le mètre cube il revient à 0 fr. 015 et avec l'électricité à 0 fr. 0075 pour les lampes à arc et à 0 fr. 030 au moins pour les lampes à incandescence. Le seul inconvénient de l'éclairage au lucigène est le bruit du brûleur et ses crachements, qui ne le rendent pratique que pour l'éclairage des espaces découverts ou des ateliers mécaniques. Il se prête également bien aux installations provisoires, pour l'éclairage des chantiers de travaux par exemple.

Quant aux petites gares, lorsqu'elles desservent des villes ne possédant pas d'usine à gaz, l'emploi du pétrole s'impose en raison des avantages qu'il présente sur l'huile de colza : prix de revient beaucoup moins élevé (0 fr. 015 le carcel-heure), entretien plus facile des appareils. Il convient toutefois, pour éviter les dangers d'incendie, de n'employer que du pétrole parfaitement rectifié, ne s'enflammant pas à moins de 45° centigrades.

CHAPITRE V

TRAINS

Vitesse. — Charge. — Tracé. — Conditions de sécurité. — Intervalle à maintenir entre les trains. — Garages. — Voie unique, croisements. — Graphiques.

Un *train* est l'ensemble formé par une machine locomotive et un certain nombre de wagons, qui doit effectuer un parcours déterminé sur la voie principale. Les trains sont destinés à transporter soit des voyageurs, soit des marchandises, soit en même temps des voyageurs et des marchandises ; ils prennent alors le nom de trains mixtes.

Les trains de voyageurs se divisent en plusieurs catégories suivant leur vitesse et leurs arrêts : les trains rapides, express, directs, semi-directs et omnibus, les premiers marchant à très grande vitesse et ne s'arrêtant qu'aux centres très importants, les autres ayant des vitesses de moins en moins grandes et des arrêts de plus en plus fréquents, jusqu'aux trains omnibus qui s'arrêtent à toutes les gares et haltes. Généralement les trains rapides sont réservés aux voyageurs de 1re classe et les express à ceux de 1re et de 2e classe. Cependant, pour les longs parcours, on admet maintenant les voyageurs de 3e classe dans les trains de cette dernière catégorie.

Les trains de marchandises se divisent également, suivant leur vitesse et le nombre de leurs arrêts, en trains directs et en trains omnibus ou de détail ; les premiers transportant les marchandises ayant à effectuer de longs parcours, les seconds servant aux transports entre des gares voisines.

Lorsqu'on examine la vitesse des trains, il y a lieu de distinguer la *vitesse commerciale* qui est le quotient du parcours kilométrique par la durée du trajet, arrêts compris, et la *vitesse de marche* qui s'obtient en divisant le parcours réel par le temps qui y est employé, déduction faite de la durée des arrêts ainsi que des démarrages et des ralentissements.

Le tableau suivant donne, pour les Compagnies françaises, les vitesses de marche et les vitesses commerciales des divers types de trains ; nous avons placé en regard les vitesses des trains analogues en Angleterre et en Amérique.

COMPAGNIES.	RAPIDES. VITESSE		DIRECTS. VITESSE		OMNIBUS. VITESSE		MIXTES. VITESSE		MARCHANDISES. VITESSE de marche.
	de marche.	commerciale.	de marche.	commerciale.	de marche.	commerciale.	de marche.	commerciale.	
Est	65 à 70	52 à 56	55 à 60	44 à 48	45 à 50	30 à 33	25 à 30	17 à 20	25 à 30
État.	62 à 65	55	60	45	50	33	40	27	25
Midi.	70	56	55	41	50	33	50	33	25 à 30
Nord	69 à 80	55 à 64	62 à 64	50 à 51	50	33	28	19	28
Orléans . . .	75	63	70	56	50	33	40	27	25
Ouest	65 à 74	56 à 60	59 à 65	47 à 52	44 à 59	35	38	25	20 à 30
P.-L.-M . . .	70 à 72	56 à 58	60 à 63	48 à 50	50	33	50	33	25
Anglaises. . .	59 à 100				52 à 85	42 à 52	36 à 43		25 à 34
Américaines .	55 à 80				49 à 76	50	30	30	18	15 à 25

Il résulte de l'examen des chiffres ci-dessus, que les chemins anglais et américains atteignent pour leurs rapides et leurs directs des vitesses généralement supérieures à celles des chemins français ; dans ces dernières années cependant la vitesse des trains rapides notamment a été très sensiblement augmentée et la tendance est à se rapprocher d'une vitesse de marche de 75 kilomètres à l'heure. Un des éléments qui augmentent la vitesse commerciale des trains en Angleterre et surtout en Amérique est la longueur des parcours sans arrêt, longueur qui est limitée par la capacité des tenders. Les Compagnies françaises ont commencé la transformation de leur matériel pour augmenter cette capacité ; mais elles sont encore loin de leurs devancières. Nous avons vu d'ailleurs plus haut que les Américains avaient trouvé dans l'alimentation en marche une solution ingénieuse du problème qui permettrait des parcours pour ainsi dire indéfinis ; ce système est aussi appliqué en Angleterre. Un autre moyen de diminuer les arrêts, surtout pour les express de grand parcours, consiste à faire entrer dans leur composition des dining-cars, ou wagons-restaurants où les voyageurs trouvent en marche une excellente nourriture, ce qui permet de supprimer les arrêts aux buffets. Cette solution, imaginée en Amérique, est depuis plusieurs années appliquée non seulement dans les grands express européens, mais encore sur les réseaux français, et le lecteur a pu en profiter dans les express du matin et du soir des lignes du Havre, de Lille, etc.

Chacune des catégories de trains énumérées ci-dessus doit remplir des conditions spéciales de vitesse et de charge, invariablement liées l'une à l'autre, pour pouvoir assurer convenablement le service auquel elle est destinée. Ce service est variable avec le trafic des lignes que les trains sont appelés à parcourir : les grandes lignes, réunissant des centres importants, comportent aujourd'hui un service compliqué et sont desservies par des trains de voyageurs (rapides, directs, omnibus), au nombre de huit et dix dans chaque sens, et par de nombreux trains de marchandises, directs et omnibus. Mais cela n'a pas été créé d'un coup : le nombre des trains, d'abord très réduit, a été peu à peu augmenté, au fur et à mesure du développement du trafic, de manière à satisfaire aux besoins des contrées traversées et des correspondances à assurer. Aujourd'hui, les lignes qui restent à ouvrir n'ont qu'un trafic restreint et, conformément aux conventions-lois de 1883, le nombre minimum de trains à y faire circuler est de trois par jour dans chaque sens, à raison d'un train par 3,000 francs de recette brute ; ce n'est donc que quand la recette atteint 12,000 francs qu'il y a lieu d'ajouter un quatrième train sur ces lignes. Hâtons-nous de dire que les Compagnies, soucieuses de satisfaire les besoins des contrées qu'elles desservent, n'attendent pas pour établir de nouveaux trains que les recettes atteignent le minimum fixé, du moment où le trafic les justifie.

Le tracé des trains est une des opérations les plus délicates de l'exploitation, en raison des nombreux éléments à faire intervenir et surtout des conséquences fâcheuses que pourrait avoir une erreur. Il faut en effet tenir compte, non seulement des diverses conditions que doit remplir le train que l'on trace, mais aussi des trains existant déjà sur le tableau de marche. Une grande simplification a été apportée dans cette opération par l'emploi de la méthode graphique.

Voici comment on opère pour établir un *graphique :* sur une ligne horizontale (fig. 147), on porte des divisions égales correspondant aux heures de la journée, de minuit à minuit; ces divisions sont elles-mêmes subdivisées en quatre ou six parties égales, c'est-à-dire en quarts d'heure, ou en intervalles de dix minutes. Par chacun de ces points on fait passer une ligne verticale allant jusqu'au bas de la feuille. Puis on inscrit successivement en marge, de haut en bas, les noms des gares de la ligne, en les espaçant proportionnellement à leur distance kilométrique et en traçant en regard de chacune d'elles un trait horizontal qui coupe toutes les lignes des heures. Une indication spéciale distingue les lignes à double voie des lignes à voie unique ; en outre, pour donner au personnel les renseignements nécessaires à l'exécution du service, on porte sur le graphique le profil de la ligne, ainsi que des signes conventionnels indiquant les *alimentations d'eau*, les *voies de garage*, les *changements de voie*, les *postes télégraphiques*, les points de stationnement des *machines-pilotes*[1], etc.

---

1. Machines destinées à porter secours aux trains en cas de détresse.

Pour tracer sur le graphique par exemple, un train partant à minuit de la gare A (fig. 147) et marchant à trente kilomètres à l'heure, si B est à 10 kilomètres de A, on mènera un trait partant de A à minuit et arrivant à la ligne B à son intersection avec le point de minuit vingt; si le train a dix minutes d'arrêt en B, il en repart au point minuit trente, et si C est à dix kilomètres de B, il y arrive à minuit cinquante.

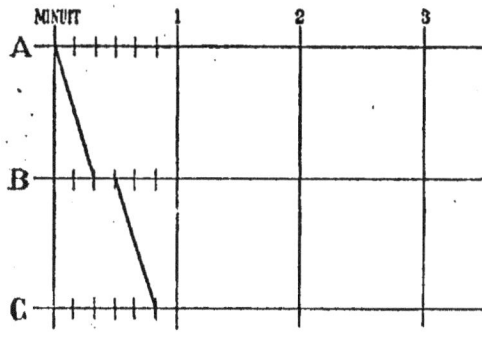

Fig. 147. — Carcasse du graphique.

Ceci n'est, bien entendu, qu'un tracé théorique, car il faut tenir compte du temps nécessaire pour les *démarrages*, les *arrêts*, les *ralentissements*, etc., comme nous allons le montrer. En outre, il y a lieu de tracer les trains dans deux sens différents, correspondant aux deux sens de marche sur la ligne. Généralement les trains portant des numéros impairs et s'éloignant de Paris, par exemple, sont tracés de haut en bas, les trains pairs qui viennent vers Paris sont tracés de bas en haut et toujours de gauche à droite.

Les lignes de chemins de fer comportant des profils variables, comme nous l'avons vu plus haut, et la composition d'un train devant peu varier en route, sauf aux gares de bifurcation, il convient de lui assigner des vitesses variables avec le profil de la ligne, plus faibles sur les rampes, plus fortes sur les paliers, de manière à lui permettre de conserver de bout en bout une charge constante. Ces vitesses sont déterminées en tenant compte de l'influence des rampes sur l'effort à produire par la machine. Ainsi, supposons une ligne comportant d'abord un certain parcours en palier ou avec rampes n'excédant pas 5 millimètres par mètre, puis une seconde section avec des rampes de 10 millimètres, une troisième avec des rampes de 7 millimètres. Pour tracer sur cette ligne un express qui devra comporter par exemple une charge de douze voitures de bout en bout avec certaines machines, on prendra une vitesse de 70 kilomètres à l'heure sur la première section, de 60 kilomètres sur la deuxième et de 65 kilomètres sur la troisième.

Pour déterminer le temps nécessaire au train pour aller d'une gare à une autre, on ajoute au temps correspondant au parcours, à la vitesse fixée, de la distance qui les sépare le temps nécessaire au démarrage, soit une ou deux minutes, autant pour l'arrêt, plus le temps absorbé par les ralentissements aux bifurcations, au passage des courbes de petit rayon, à la descente des fortes pentes, etc. Ces ralentissements varient de 20 kilomètres à l'heure environ pour les bifurcations, à 60 kilomètres à l'heure pour certaines pentes ou courbes en passant par les intermédiaires; ils diffèrent avec les réseaux et sont rappelés sur la voie aux mécaniciens par un indicateur spécial pour les bifurcations et par des poteaux de limitation de vitesse pour les courbes et les pentes (pl. III).

Pour continuer le tracé du train, il faut déterminer quels sont les arrêts que l'on doit prévoir, non seulement pour le service des voyageurs ou des marchandises, mais aussi pour l'alimentation de la machine, en tenant compte de la capacité du tender. Enfin, et c'est là le point capital du tracé, il faut assurer la sécurité de la circulation.

S'il s'agit d'une ligne à double voie, les trains circulant tous dans le même sens sur chaque voie, la seule considération qui intervienne consiste à empêcher qu'un train puisse être rejoint par un autre. Pour cela, on s'astreint à maintenir entre les trains qui se suivent un intervalle de temps qui ne doit jamais descendre au-dessous de dix minutes. Nous dirons même que, dans le tracé des trains, on n'atteint jamais cette limite qui conduirait à l'arrêt du train suivant par les signaux des gares, fermés pendant dix minutes derrière les trains pour maintenir l'intervalle réglementaire, car si un train doit arriver à une gare dix minutes derrière un autre, il atteindra certainement huit minutes après le premier train le signal avancé de la gare et par conséquent le trouvera à l'arrêt. Il convient de remarquer d'ailleurs que bien rarement deux trains qui se suivent ont des marches semblables; l'intervalle qui les sépare varie donc sans cesse, en augmentant si le second train marche moins vite que le premier, en diminuant si le premier marche moins vite que le second. Par suite, on a été conduit, pour perdre le moins de temps possible, lorsqu'un train marchant moins vite part d'une gare derrière un train marchant plus vite, à réduire à 5 minutes au départ l'intervalle entre ces deux trains, à la condition, qui se trouve toujours remplie vu la distance des gares, que l'intervalle réglementaire se trouve rétabli avant la gare suivante. Sur certains réseaux comme celui de l'Ouest, on va même jusqu'à resserrer les trains à deux minutes aux abords des bifurcations, lorsqu'ils ne parcourent pas plus de 3 kilomètres sur la même voie, toujours à la condition que le second train marche moins vite que le premier.

Mais, quels que soient les perfectionnements que la pratique a permis d'apporter dans l'application de l'intervalle de temps entre les trains, il est impossible avec cette règle, lorsque le trafic atteint une certaine importance, d'augmenter suffisamment la capacité de circulation des lignes. On a donc été amené à chercher autre chose et l'on a imaginé le *block-system* ou *cantonnement* des trains. La ligne est divisée en un certain nombre de sections ou cantons de petite longueur (de 500 à 3,500 mètres suivant les besoins du trafic), commandées chacune par des signaux que manœuvrent des postes spéciaux, et il ne doit jamais se trouver deux trains à la fois dans la même section, sauf, bien entendu, le cas de détresse ou d'interruption dans le fonctionnement du système. A cet effet les postes, placés à l'extrémité de chaque section, sont reliés par des appareils spéciaux, électriques ou mécaniques, suivant leur distance, qui permettent au poste d'arrivée de *débloquer* la section dès qu'elle a été dégagée par un train, de manière à y autoriser l'entrée du train suivant. L'intervalle de distance est alors substitué à l'intervalle de temps et deux trains ne peuvent pas se rejoindre puisqu'il y a toujours entre eux la longueur d'une section. En outre, le temps nécessaire à un train pour parcourir un canton étant inférieur à dix minutes, on peut tracer les trains plus près les uns des autres. Nous indiquerons au chapitre VIII quels sont les divers systèmes employés pour réaliser le cantonnement des trains.

Une autre nécessité de la différence de vitesse des trains est celle du garage : en raison de la longueur des lignes, en effet, un train à grande vitesse rejoint bientôt les trains à petite vitesse, surtout les trains de marchandises, partis devant lui. Pour permettre au premier de continuer sa marche, on arrête le train à petite vitesse dans une gare munie d'une voie dite *de garage*, présentant une longueur suffisante pour contenir ce train, et on l'y refoule de manière à laisser la voie principale libre pour le passage du train plus rapide.

Sur la double voie, ainsi que le montre le graphique (pl. IV), les trains peuvent se croiser en pleine voie ; il n'en peut être de même sur la voie unique où les gares seules présentent un dédoublement de la voie principale. Le tracé des trains y est donc soumis à une sujétion de plus et, indépendamment de l'intervalle à maintenir entre les trains qui se suivent et des garages qui en résultent, on est astreint à combiner les marches de manière à faire croiser les trains dans les gares. En outre, pour que ces croisements s'exécutent avec toute la sécurité nécessaire, les deux trains doivent s'arrêter à la gare de croisement, qui, pour leur rappeler cette obligation, tourne à l'arrêt ses signaux avancés. C'est surtout dans ce cas que le graphique est précieux, et la planche V montre combien son emploi simplifie la combinaison de ces diverses conditions.

Enfin, à ces obligations techniques vient s'ajouter la nécessité d'établir une concordance aussi parfaite que possible, aux gares de bifurcation, entre les trains des lignes principales et ceux des diverses lignes secondaires. C'est là une des plus grandes difficultés du tracé des trains sur les grands réseaux où les lignes transversales coupent en plusieurs points les grandes artères qui parcourent le réseau de bout en bout.

Les trains figurant au graphique sont de nature diverse : les trains de voyageurs ou mixtes et les trains de marchandises. Les premiers, qui sont annoncés au public, sont tous réguliers, c'est-à-dire ont lieu tous les jours; sur certaines lignes cependant, comme les lignes de Calais, de Dieppe, du Havre à Paris, des trains dits *de marée* et des trains *transatlantiques*, destinés à assurer la correspondance des paquebots, sont tracés au graphique à des heures variables et, suivant l'heure d'arrivée du bateau, c'est l'un ou l'autre de ces trains qui a lieu. De même, sur les lignes de la banlieue de Paris, des trains dits facultatifs ou *supplémentaires* sont ajoutés, les dimanches et jours de fête, au service régulier, pour assurer l'enlèvement des voyageurs plus nombreux. Quant aux trains de marchandises qui ne sont pas annoncés au public, ils se divisent en deux catégories : les trains *réguliers*, en nombre suffisant pour assurer le transport des marchandises dans la période où il est le plus restreint et les trains *facultatifs* qui sont mis en marche suivant les besoins du trafic, pour enlever ce que les trains réguliers n'ont pas pu prendre. Enfin, il arrive fréquemment que, sur la demande du public ou des autorités, pour assurer les mouvements exceptionnels occasionnés par des foires ou des fêtes, ou pour transporter soit des troupes, soit des personnages officiels, on est amené à tracer au graphique des trains qui ne doivent avoir lieu qu'une fois. Ces trains portent le nom de trains *extraordinaires* ou *spéciaux*. Leur tracé, qui est subordonné à celui des trains déjà existant, est toujours fort délicat.

CHAPITRE VI

TRAINS (Suite).

Composition des trains de voyageurs et de marchandises. — Freins à vis. Freins continus. — Signaux des trains.

La composition des trains est soumise à la fois à des règles techniques posées tant par l'ordonnance de 1846 que par les *règlements* des Compagnies approuvés par le ministre des travaux publics, et à des règles pratiques basées sur le service que les trains ont à assurer et par l'expérience acquise.

Aux termes des premières :

Les machines doivent être placées en tête des trains, au nombre de deux au plus pour les trains de voyageurs, sauf le cas de renfort ou d'assistance, où elles peuvent être placées en queue. Le nombre des voitures est limité à 24 dans les trains de voyageurs; il peut toutefois être porté à 30 quand la vitesse ne dépasse pas 40 kilomètres à l'heure et à 50 dans les trains de troupes dont la vitesse est limitée à 30 kilomètres à l'heure. Pour les trains de marchandises, on n'a fixé aucun maximum, et ils peuvent, suivant les réseaux, comporter de 50 à 80 véhicules.

Enfin certains transports dangereux sont exclus des trains de voyageurs, comme les matières explosibles ou facilement inflammables, poudres, dynamites, cotons-poudres, etc., et ne sont admis dans les trains de marchandises que sous réserve de l'accomplissement de certaines conditions d'emballage, de chargement et d'emplacement dans le train [1].

Quant aux dispositions à prendre pour l'exécution du service, on peut les résumer comme il suit :

---

1. Ces matières doivent être séparées de la machine et de la queue du train par trois véhicules au moins, ne contenant pas de matières dangereuses.

Trains de voyageurs. — Il convient, pour faciliter le service, de grouper les voitures par classe de manière à permettre aux voyageurs de se caser dans le minimum de temps. Ces voitures doivent être en nombre suffisant, non seulement pour prendre tous les voyageurs qui se présentent, mais aussi pour assurer le service des embranchements importants sans faire transborder les voyageurs. Afin de diminuer le nombre des voitures et d'éviter de surcharger les trains, on utilise pour les embranchements des voitures mixtes comportant, suivant le cas, les trois classes ou des compartiments de 1re et de 2e classe seulement.

Une des conséquences de l'obligation de desservir les embranchements est la nécessité de s'arrêter à la gare de jonction, nécessité qui, pour les trains rapides, présente l'inconvénient d'augmenter la durée du parcours. Afin d'éviter cette sujétion, la Compagnie de l'Ouest a imaginé de placer en queue de certains trains rapides les voitures contenant les voyageurs à destination de l'embranchement et de décrocher ces voitures à la gare de jonction sans arrêter le train. Pour y arriver, la première voiture de la partie à laisser est munie d'un attelage spécial (fig. 148) qui peut être facilement détaché par un conducteur placé au-dessus dans une vigie. A un point déterminé, qui est indiqué sur la voie par un poteau, le conducteur ferme les robinets de la conduite du frein continu et détache l'accouplement des rotules de ce frein, puis il défait l'attelage. A ce moment, le mécanicien ouvre son régulateur en grand pour accélérer la vitesse du train, tandis qu'au contraire le conducteur serre le frein continu de manière à ralentir d'abord, puis à arrêter au point voulu la partie de wagons à laisser. Cette solution élégante qui porte le nom de *déclenchement* est appliquée normalement à plusieurs trains rapides, et ceux de nos lecteurs qui ont pris, à la gare Saint-Lazare, le rapide d'une heure pour aller à Saint-Valery-en-Caux ou à Étretat ont dû être fort étonnés, en s'arrêtant à Malaunay ou à Beuzeville, de ne plus voir de machine en tête de leur train.

Depuis quelques années enfin, on a inauguré en France un

système de trains légers, composés d'une ou de deux voitures seulement, appelés *trains-tramways* et qui présentent le double avantage :

1° Pour les voyageurs, de desservir certains centres dont l'importance ne justifierait pas l'établissement d'une gare ou même

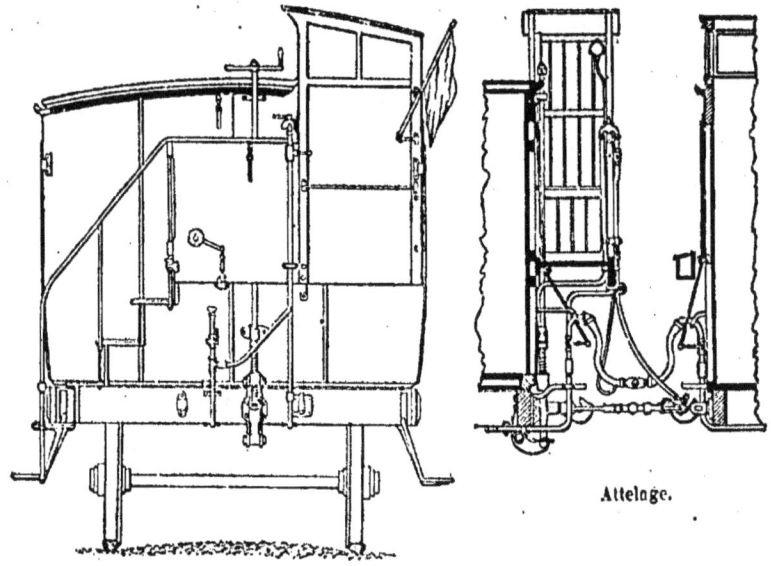

Fig. 148. — Voiture à déclenchement en marche
de la Compagnie de l'Ouest.

d'une halte, et où cependant ces trains s'arrêtent pour prendre ou laisser des voyageurs en pleine voie;

2° Pour les Compagnies, de permettre une réduction notable des dépenses de combustible, de matériel et même de personnel, puisque le chauffeur est supprimé et que le train n'est accompagné que par un seul conducteur au lieu de deux au moins [1].

Trains mixtes. — Les trains mixtes, ou trains de voyageurs marchandises, sont utilisés sur les lignes ou sections de lignes où le trafic ne justifie pas la mise en circulation de trains de mar-

[1]. Le mode d'exploitation par *train-tramway* rentre dans la catégorie des systèmes d'exploitation économique dont il ne sera pas parlé dans ce volume.

chandises spéciaux. Lorsque cela est possible, on évite de faire manœuvrer ces trains aux gares intermédiaires, afin d'y réduire les arrêts au temps nécessaire pour le service des voyageurs, en n'y introduisant que des véhicules allant du point de départ au point terminus; mais lorsque cela est indispensable, ce qui a lieu notamment lorsqu'il n'y a pas de trains de marchandises sur la ligne, on place en tête les wagons de marchandises de manière à éviter de manœuvrer avec les voitures à voyageurs. Il va sans dire que l'on n'a recours à cette solution, qui soulève de la part du public des plaintes justifiées contre la longueur des arrêts, que quand le transport des marchandises ne comporte pas l'utilisation d'un train.

Trains de marchandises. — Les trains de marchandises doivent être composés de manière à diminuer le plus possible la durée de leurs arrêts aux gares, ce qui a l'avantage d'activer le transport des marchandises et de limiter la dépense de combustible qui augmente, toutes choses égales d'ailleurs, avec la durée du parcours des trains. Pour y arriver, on groupe au départ et en route, au fur et à mesure de leur remise, les wagons destinés à une même gare, de telle sorte qu'une seule manœuvre suffit toujours pour les laisser; en outre, ces wagons sont placés dans l'ordre de succession des gares, de manière à manœuvrer toujours avec le moins de wagons possible, ce qui réduit à la fois au minimum le travail de la machine et la durée de la manœuvre.

Un des éléments les plus importants à considérer dans la composition des trains est le *nombre de freins* à y introduire. Nous avons vu, en effet, que des signaux étaient faits aux trains pour leur commander l'arrêt; or cet arrêt doit pouvoir être obtenu dans un espace déterminé et, pour y arriver, pour réduire à zéro la vitesse, c'est-à-dire la force vive emmagasinée dans la masse du train en mouvement, il ne suffit pas de fermer le régulateur de la machine, il faut employer une force retardatrice d'autant plus puissante qu'on veut obtenir un arrêt plus rapide et cette force, c'est le frein. A l'action du frein, s'ajoute un moyen d'arrêt très énergique, mis entre les mains du mécanicien : la *contre-vapeur* qui consiste, comme nous l'avons vu, à faire machine en arrière et à admettre la vapeur dans le cylindre en sens contraire du mouvement du piston; de telle sorte qu'au lieu de pousser ce piston dans le sens de la marche, la vapeur est comprimée par lui et fait résistance à son mouvement, jusqu'au moment où l'équilibre s'établit entre les deux forces contraires et où le piston reste immobile ainsi que les roues motrices qui glissent alors sur les rails. Les choses se passent, à ce moment, comme si on faisait agir sur les roues motrices un véritable frein dont les rails seraient les sabots.

Les freins sont le plus souvent appliqués sur les wagons dans les mêmes conditions que sur les voitures ordinaires; ce sont des sabots qui, sous l'action d'un levier, viennent s'appuyer sur les bandages des roues; ceux-ci, tout d'abord, glissent à frottement contre la surface de ces sabots qui, lorsque la force de pression fait équilibre à l'adhérence, arrêtent la rotation des roues. On conçoit donc que la puissance des freins est d'autant plus grande que la pression des sabots sur les bandages est plus énergique et qu'en fin de compte elle devient égale à l'adhérence, c'est-à-dire au produit du poids du wagon par le coefficient d'adhérence (nous avons vu plus haut que ce coefficient varie de 0,07 à 0,17). L'expérience a démontré que cette force retardatrice passe, avant d'atteindre cette valeur, par un maximum qui varie de 0,20 à 0,35 du poids du wagon; mais, dans tous les cas, elle est proportionnelle au poids du wagon freiné. On peut donc, connaissant d'une part la force retardatrice dont on dispose et d'autre part la force vive d'un train[1], déterminer facilement la longueur qui lui sera nécessaire pour s'arrêter sur un profil déterminé; ou, inversement, connaissant la charge, la vitesse et l'espace dont le train dis-

---

[1]. La force vive est, on le sait, le produit de la masse (poids divisé par l'accélération de la pesanteur) par le carré de la vitesse (exprimée en mètres par seconde).

pose pour s'arrêter, c'est-à-dire la distance à laquelle se font les signaux d'arrêt, déterminer les freins dont le train doit être muni. C'est ce qu'on appelle la règle des freins[1]. Cette règle varie peu d'un réseau à l'autre ; les quelques divergences que l'on rencontre tiennent à la variation de la force des machines, aux différences dans la distance des signaux et à la diversité des limitations de vitesses prescrites à la descente des pentes ; les chiffres contenus dans le tableau ci-après sont une moyenne des règles appliquées en France.

VITESSES EN KILOMÈTRES à l'heure.	NOMBRE DE VÉHICULES NÉCESSITANT UN FREIN.				
	PENTES DU PROFIL.				
	10 millim.	15 millim.	20 millim.	25 millim.	30 millim. et au-dessus.
De 60 à 80 kil.	6				
40 à 60 —	7,5	6	5		
30 à 40 —	12	7	6	5	
Inférieure à 30 —	17	8	7	4	3

Ces nombres de freins sont très élevés, surtout dans les trains de marchandises qui comportent de très fortes compositions. Pour éviter la circulation dans ces trains d'un personnel trop nombreux,

---

[1]. Pour établir cette règle, on s'appuie sur le théorème bien connu des forces vives : le demi-accroissement de la force vive pendant une période donnée est égal à la quantité de mouvement. On applique ce théorème depuis le moment où l'on fait agir les freins jusqu'à l'arrêt complet. Si P est le poids total du train ; p le poids de la partie freinée, y compris le poids sur les essieux des roues motrices de la machine, pour tenir compte de la contre-vapeur ; v la vitesse en mètres par seconde ; f le coefficient d'adhérence ; f' le coefficient de résistance au roulement ; L la longueur d'arrêt ; $\pm i$ l'inclinaison de la voie avec son signe et k la résistance des organes de la machine, on a approximativement (f' variant avec la vitesse pendant l'arrêt) :

$$\frac{1}{2}\frac{P}{g}v^2 = \left[(P-p)f' + pf \pm Pi + k\right]L$$

d'où la proportion de freins nécessaire pour l'arrêt dans la distance L :

$$\frac{p}{P} = \frac{1}{f-f'}\left[\frac{v^2}{2gL} - f' \mp i - \frac{k}{P}\right].$$

on groupe les wagons à freins de manière que les vigies se trouvent en regard, ce qui permet à un seul garde-frein de manœuvrer les deux appareils. Il est bien entendu que les wagons à freins introduits dans les trains de marchandises ne comptent que pour un demi-frein s'ils ne comportent pas un changement suffisant.

Jusqu'à ces dernières années, les freins introduits dans la composition des trains agissaient chacun sur les roues d'un seul véhicule et étaient actionnés chacun par un conducteur ou garde-frein placé sur ce véhicule. Ils étaient commandés par un fort volant agissant sur une vis, de manière à obtenir une mise en action rapide. Cette manœuvre a subi des perfectionnements successifs, et ses dernières formes, réalisées par M. Stilmant et par M. Bricogne, comportent : la première, une vis à écrou mobile qui est mise en action par la rotation d'un fort volant ; la seconde, un fort contrepoids qui agit en même temps que le garde-frein pour mettre les sabots en contact avec les bandages et augmenter leur pression. De même les sabots ont été souvent modifiés : en bois d'abord, ils bloquaient trop rapidement les roues et s'usaient trop vite ; on a donc substitué au bois le fer et surtout la fonte, qui donne d'excellents résultats.

On se contentait alors d'introduire dans la composition des trains les nombres de freins indiqués dans le tableau ci-dessus, et l'on était sûr d'obtenir l'arrêt dans l'espace de protection réglementaire. Mais, depuis quelques années, on a reconnu qu'il était parfois avantageux d'obtenir l'arrêt plus rapidement, ce qui ne pouvait se faire qu'en augmentant notablement le nombre des freins, surtout pour les trains à grande vitesse ; cette rapidité d'arrêt, outre qu'elle donnait plus de sécurité, présentait l'avantage de diminuer le temps nécessaire pour produire l'arrêt aux stations et par suite d'obtenir une vitesse commerciale plus grande. Mais l'augmentation du nombre des freins à vis, servis par des garde-freins, eût obligé à élever notablement l'effectif du personnel des trains et par suite la dépense du train-kilomètre.

L'invention du *frein continu* vint donner une solution remarquable à ce problème, puisqu'elle permettait de réaliser à la fois le maximum des moyens d'arrêt et une réduction dans le personnel des trains express. Les avantages de ce nouveau système de freins ont été reconnus tels pour les trains de vitesse que le ministère des travaux publics en a imposé l'application à tous les trains de voyageurs des grandes Compagnies françaises, de sorte qu'il ne circule plus aujourd'hui, sur nos grands réseaux, un seul train de voyageurs qui n'en soit muni.

Les freins dits continus sont des freins appliqués à toute l'étendue du train et mis en action tous à la fois d'un même point, de la machine par exemple, à l'aide d'une transmission mécanique. Les transmissions employées sont de différentes natures : les mécanismes proprement dits, le vide, l'électricité, l'air comprimé; mais, jusqu'ici, les meilleurs résultats ont été obtenus par ce dernier système qui a été adopté par la grande majorité des Compagnies de chemins de fer du monde entier. Nous croyons devoir cependant dire un mot des divers freins continus qui sont en usage.

Un certain nombre de ces freins sont automatiques en ce sens qu'ils se mettent en action dès que la continuité cesse, ce qui est un grand avantage en cas d'incident ou d'accident produisant une rupture d'attelage, puisqu'ils provoquent alors immédiatement l'arrêt du train.

Parmi les freins à *commande mécanique*, il faut citer le frein Héberlein, employé en Bavière. Sur l'un des essieux de chaque véhicule est calé un galet sur lequel peut s'embrayer par friction un autre galet calé sur l'axe d'un treuil; autour de ce dernier s'enroule une chaîne, dont la rotation serre les freins. Une corde tendue sur toute la longueur du train soutient sous chaque véhicule un contrepoids dont le déclenchement, obtenu par la détente de la corde, met les galets en prise. Une rupture de la corde entraîne donc la mise en action du frein qui est, par conséquent, automatique. Ce frein, très simple, présente un grave inconvénient; c'est la difficulté de son réglage : si les attelages ne sont pas extrêmement serrés, le moindre ralentissement, produisant une compression des ressorts de choc, entraîne sa mise en action intempestive; aussi est-il peu répandu.

Le plus connu des *freins à vide* est le frein Smith, employé par la Compagnie du Nord; il est très simple. Sous chaque véhicule est établi (fig. 149) un réservoir en forme de tambour ou de soufflet dont une paroi est fixée au châssis et l'autre, mobile, reliée aux leviers des freins. Un contrepoids maintient normalement les deux parois écartées et les freins desserrés. Les tambours sont reliés entre eux par une double conduite dont les deux extrémités sont réunies au bout du train et qui aboutit sur la machine à un double *éjecteur*, sorte d'aspirateur à vapeur, fonctionnant comme le Giffard, et destiné à faire le vide. Lorsque cet éjecteur est mis en action, les sabots se serrent et bloquent les roues dès que le vide atteint 2/3 d'atmosphère; un robinet-valve permet la rentrée de l'air et le desserrage des sabots. Tout le monde a remarqué les deux tubes coniques placés devant les mécaniciens sur les machines de la Compagnie du Nord : ce sont les éjecteurs; et tout le monde s'est plaint du bruit assourdissant de ces appareils. Ce frein est fort simple; mais la conduite est sujette à des fuites, ce qui a amené à l'emploi de la double conduite et du double éjecteur; en outre, l'hiver, les parois souples des tambours sont raidies par la gelée, ce qui paralyse le fonctionnement du frein. Dans tous les cas, il est moins énergique que le frein à air comprimé (il donne des arrêts de 300 mètres pour 68 kilomètres de vitesse, sur une pente

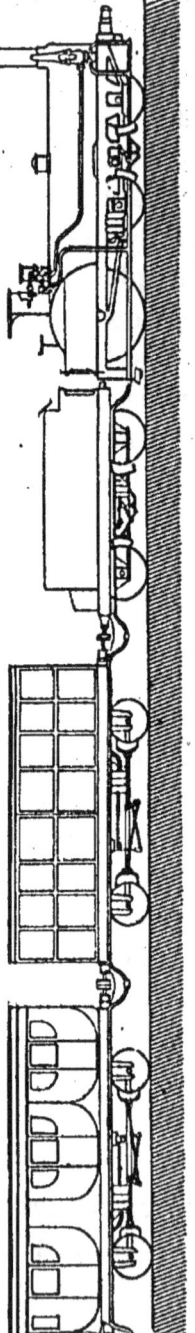

Fig. 149. — Frein à vide (système Smith).

de 4 millimètres), et il n'est pas automatique. On a bien essayé d'appliquer à ce frein un dispositif destiné à le rendre automatique et à en permettre le fonctionnement, soit en cas de rupture d'attelage, soit par la manœuvre d'un robinet placé dans la vigie des wagons à freins; mais ces essais n'ont pas encore abouti à des résultats absolument pratiques.

Le *frein électrique* n'est pas encore employé normalement, en France du moins; un frein de ce genre, le frein Achard, a cependant été expérimenté longtemps sur le réseau de l'Est. Le serrage des sabots s'obtient par l'embrayage d'un treuil muni d'une

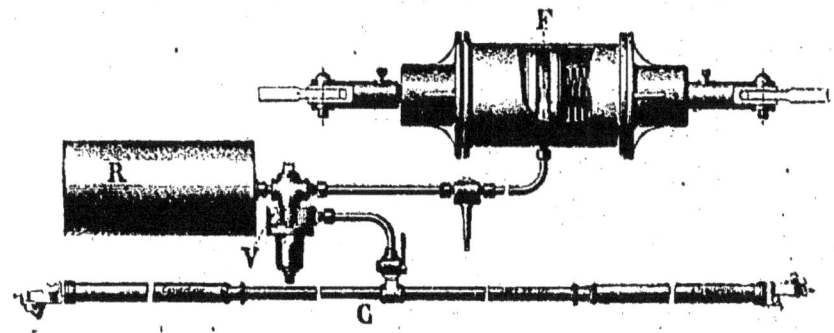

Fig. 150. — Principaux organes du frein Westinghouse.
V, Triple valve. — R, Réservoir auxiliaire. — C, Conduite principale.
F, Cylindre à freins.

chaîne agissant sur les leviers des freins. Cet embrayage a lieu par la rupture d'un courant électrique continu circulant dans toute l'étendue du train et passant sous chaque voiture à travers un électro-aimant, courant produit soit par des piles, soit par des accumulateurs placés dans les fourgons. Installé dans ces conditions, le frein Achard était à la fois simple, énergique et automatique, une rupture d'attelage provoquant la rupture du circuit. Mais ce qui, théoriquement et même en expériences suivies, avait donné de bons résultats, a abouti à de nombreux fonctionnements intempestifs en service courant, en raison de la difficulté de maintenir en bon état les contacts établis entre les véhicules pour fermer le circuit. En outre, l'usage d'un courant électrique continu occasionnait une dépense très élevée. La Compagnie de l'Est a donc renoncé à ce frein pour adopter, comme toutes les Compagnies françaises à l'exception de celle du Nord, le frein à air comprimé.

Deux freins à *air comprimé*, de valeur sensiblement égale, sont employés sur les réseaux français; le frein Westinghouse et le frein

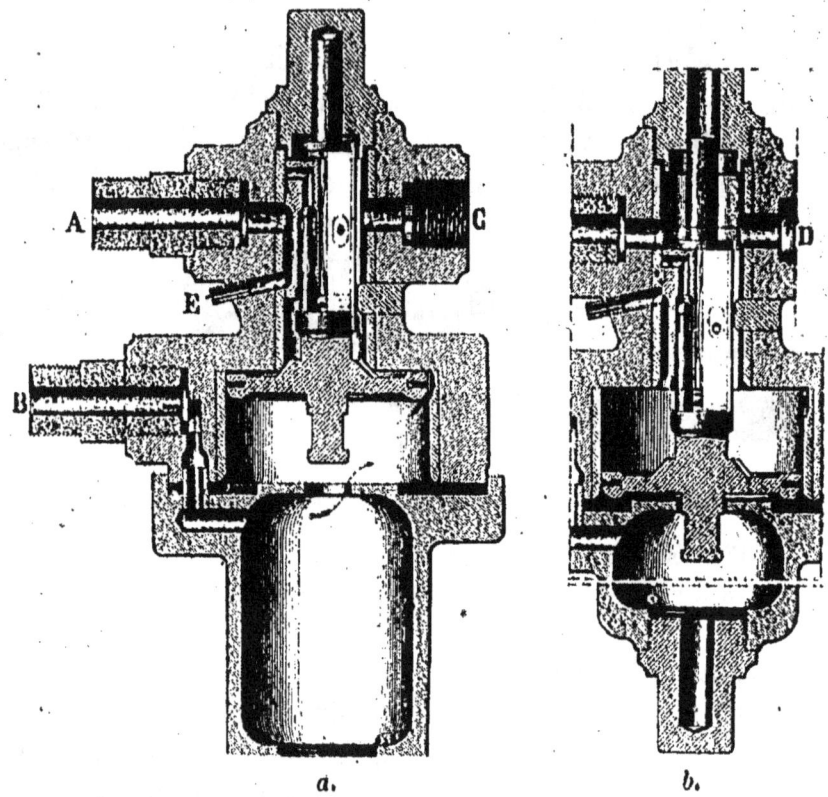

Fig. 151. — Triple valve du frein Westinghouse.

A, Air sortant du cylindre à freins. — B, Arrivée de l'air comprimé. — C, Air comprimé se rendant au réservoir auxiliaire. — D, Air passant du réservoir dans le cylindre à freins. — E, Échappement dans l'atmosphère.

Wenger, qui ne diffèrent l'un de l'autre que par les organes de transmission au cylindre à freins.

Le premier, inventé par un Américain et appliqué en Amérique depuis de longues années, a été introduit en France dès 1877 par la Compagnie de l'Ouest. Les bielles des freins sont commandées par des pistons qui se meuvent dans un cylindre F (fig. 150) dont la partie centrale, entre les pistons, est mise en communication avec un réservoir auxiliaire R ou avec l'air extérieur à l'aide de la triple valve V (fig. 151 *a* et *b*).

Dans la situation normale d'un train en marche, la conduite

Fig. 152. — Installation du frein Wenger.

principale C est remplie d'air comprimé à quatre ou cinq atmosphères à l'aide d'une pompe de compression placée sur la machine; et la triple valve, dans la position de la figure 151 *a*, établit la communication de la conduite principale avec le réservoir auxiliaire, et du cylindre à freins avec l'atmosphère; les freins sont desserrés sous l'action des ressorts rapprochant les pistons.

Si l'on produit une dépression dans la conduite principale, ce qui peut se faire soit par l'ouverture du robinet placé sur la machine ou dans les vigies des freins, soit par suite d'une rupture

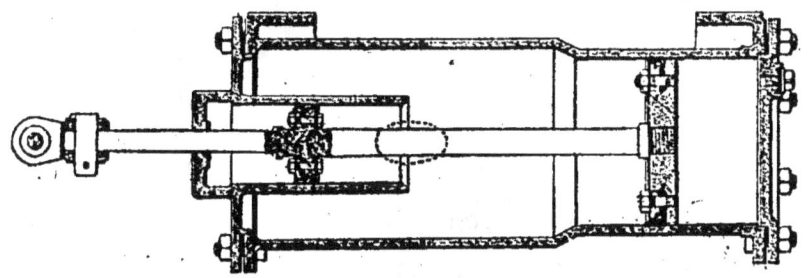

Fig. 153. — Coupe du cylindre à freins (système Wenger).

d'attelage, la triple valve prend la position de la figure 151 *b* et, par suite, coupe la communication de la conduite principale avec le réservoir auxiliaire et du cylindre à freins avec l'atmosphère, en faisant communiquer le réservoir auxiliaire avec le cylindre à freins : les freins se serrent sous l'action de la pression.

Dans le frein Wenger, imaginé par un ingénieur français, il n'y a pas de réservoir auxiliaire (fig. 152); le cylindre à freins est normalement en communication avec la conduite générale remplie d'air à la pression de quatre à cinq atmosphères; le cylindre étant rempli d'air comprimé, la pression sur le petit piston repousse tout le système des pistons et de leur tige de commande à fond de course vers la gauche (fig. 153); la valve de serrage est dans la position des figures 154 *a* et *b* : les freins sont desserrés.

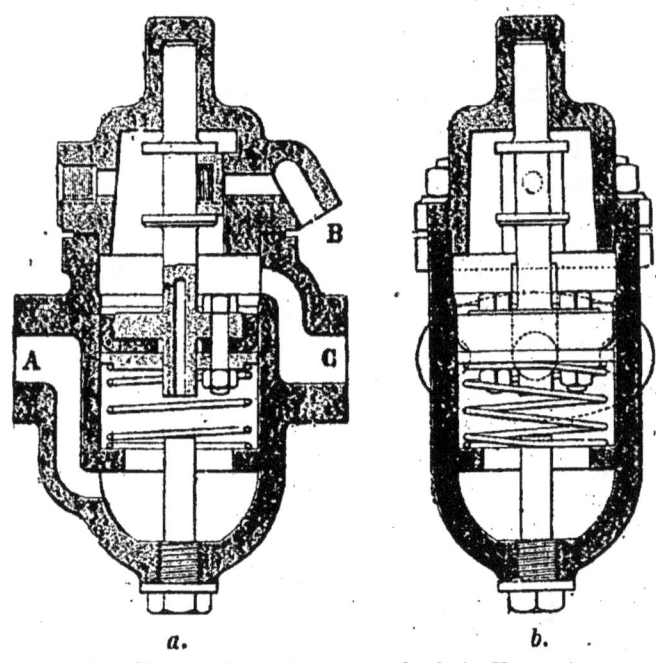

Fig. 154. — Valve de serrage du frein Venger.
A, Conduite générale. — B, Échappement dans l'atmosphère.
C, Cylindre à freins.

Si la pression diminue dans la conduite générale, le piston de la valve de serrage s'abaisse et établit la communication du dessous du cylindre à freins avec l'atmosphère; sous l'influence de la pression supérieure de l'air derrière le grand piston, ce dernier vient à fond de course vers la droite : les freins sont serrés.

On voit que ces deux freins fonctionnent d'une manière analogue; ils sont automatiques, puisqu'une rupture de la conduite provoque le serrage des freins; ils peuvent être manœuvrés d'un point quelconque du train. Basés sur une théorie très simple, ils comportent des organes assez compliqués, mais qui fonctionnent bien et demandent peu d'entretien. Ils remplissent toutes les conditions auxquelles doivent satisfaire les freins continus : serrage simultané sous l'action du mécanicien ou d'un conducteur; automaticité en cas de rupture d'attelage; action énergique sans chocs trop brusques; serrage rapide et presque simultané d'une extrémité du train à l'autre; fonctionnement facile et régulier. Le frein Wenger a même l'avantage d'être plus facilement modérable, bien que le frein Westinghouse donne également à ce point de vue de bons résultats avec un peu de pratique.

Aussi les Compagnies françaises qui, comme les chemins de fer de l'État, n'avaient pas adopté soit un autre système, soit le frein Westinghouse avant l'invention du frein Wenger, prennent-elles de préférence ce dernier.

Nous avons tous été à même de ressentir les effets énergiques de ces freins; aussi sera-t-il intéressant de donner quelques chiffres à ce sujet. Le tableau suivant indique les distances nécessaires pour obtenir l'arrêt d'un train muni du frein à air comprimé aux diverses vitesses, sur les différentes pentes, avec un rail moyennement bon, correspondant à l'adhérence de 1/10. Ces chiffres ont été vérifiés par l'expérience pour le frein Westinghouse.

VITESSES.	RAMPES.		PALIER.	PENTES.		
	20	10		10 millim.	20 millim.	30 millim.
	Mètres.	Mètres.	Mètres.	Mètres.	Mètres.	Mètres.
100 kilom. à l'heure,	330	360	396	440	495	567
90 — —	267	292	321	356	401	459
80 — —	210	229	253	281	316	362
70 — —	161	176	193	215	242	277
60 — —	119	130	143	159	179	205
50 — —	82	90	99	110	124	142
40 — —	52	58	63	70	79	91
30 — —	30	33	36	40	45	52
20 — —	13	14	15	17	19	22

En Amérique, en Angleterre, en Belgique, en Autriche, en Allemagne, en Russie, partout, on utilise les freins continus, et partout ce sont les freins à air comprimé qui sont le plus employés comme donnant les meilleurs résultats : énergie, sûreté de fonctionnement, automaticité.

Nous venons de voir que l'emploi des freins continus qui s'étend aujourd'hui, en France, à tous les trains de voyageurs, a pour résultat de diminuer les dépenses de personnel des trains, tout en augmentant sensiblement la sécurité de leur circulation. On peut donc se demander pourquoi on n'appliquerait pas ce système aux trains de marchandises. Il convient de remarquer tout d'abord qu'en raison des faibles vitesses de ces trains, l'emploi des freins continus pour leur arrêt est bien moins intéressant que pour les trains de voyageurs ; mais il y a trois autres motifs primordiaux, l'un financier, les autres techniques pour ne pas munir ces trains du frein continu : son application à l'énorme quantité de matériel à petite vitesse qui est nécessaire pour assurer les transports entraînerait une dépense qui dépasserait certainement deux cents millions pour les Compagnies françaises. D'autre part, en raison du transit normal des wagons chargés de marchandises d'un pays à l'autre, transit réglé maintenant par la conférence de Berne, il faudrait, pour que le frein continu pût fonctionner dans les trains de marchandises, que le même frein fût adopté et appliqué par tous les pays de l'Europe : comment espérer ce résultat quand il n'a même pas pu être réalisé en France? Enfin, on n'est pas encore arrivé à une instantanéité suffisante dans le fonctionnement du frein à air comprimé pour pouvoir l'appliquer aux longs convois de marchandises : les premiers wagons se bloquent, et les derniers, dont les freins ne se serrent que plus tard, se précipitent sur ceux-là en produisant des chocs énormes qui vont jusqu'à occasionner des avaries, tant aux marchandises qu'au matériel. Il est donc probable que, de longtemps du moins, on se bornera à appliquer le frein continu aux trains de voyageurs.

Comme les gares, les trains ont aussi leurs signaux et, avant de les mettre en marche, il convient de les en munir; c'est : à l'avant de la machine, une lanterne à feu blanc, et à l'arrière, trois lanternes présentant trois feux rouges vers l'arrière, et deux feux blancs de côté vers l'avant. Ces deux feux blancs sont, dans certains cas, remplacés par des feux de couleur, par des feux verts, par exemple, en cas de dédoublement de train. En outre, sur la voie unique, on place à l'avant de la machine une seconde lanterne de couleur rouge.

Enfin, pour que le train soit prêt à partir, il convient qu'on ait attelé en tête sa machine montée par le mécanicien et le chauffeur et qu'il soit muni de son personnel : le *conducteur chef* ou chef de train en tête, chargé de la conduite du train et de sa sécurité en dehors des gares, et au moins un second conducteur placé dans le frein du dernier véhicule du train; ce dernier est surtout destiné, en marche, à arrêter le train avec son frein en cas de rupture d'attelage et à le protéger en cas d'arrêt en pleine voie. Dans les gares, le chef de train est chargé du service des bagages, et le conducteur d'arrière du service des portières pour les trains de voyageurs et des attelages dans les trains de marchandises.

CHAPITRE VII

TRAINS (Fin).

Exécution du service. — Réglementation de la circulation des trains. — Double voie. Voie unique. — Incidents de marche. — Détresses. — Neige.

La circulation des trains a lieu, sur les lignes à double voie, sur une voie déterminée pour les trains de chaque sens. Cette voie a d'abord été celle de gauche en Angleterre. Le motif de ce choix n'est pas bien connu; on pense cependant que cela tient à ce que, lorsque les trains circulent à gauche, la descente se fait également à gauche et, par suite, les voyageurs peuvent se tenir de la main droite à la main courante pour descendre dans le sens de la marche du train. En France, on a adopté la même règle qui est appliquée sur le plus grand nombre des réseaux étrangers. En Allemagne pourtant, en Hollande et sur certaines lignes suisses, on circule sur la voie de droite.

Bien que, dans le tracé des trains, on tienne compte, comme on l'a vu, des diverses conditions qu'ils ont à remplir, il arrive parfois qu'ils ne suivent pas toujours la marche qui leur est fixée; il est mille circonstances accessoires et impossibles à prévoir qui sont de nature à les en faire dévier. Au départ d'abord, ils peuvent n'être pas composés en temps utile par suite de retards dans l'arrivée du matériel, d'affluence de voyageurs ou de marchandises, d'encombrement de la gare, etc. Si l'on se rend compte des mesures complexes qu'il faut parfois prévoir pour assurer certains mouvements anormaux et formidables de voyageurs, on s'étonnera plutôt qu'on puisse arriver à s'écarter si peu de la régularité. Nous citerons, par exemple, le service exécuté à la gare de Paris-Saint-Lazare le 13 août 1887, journée pendant laquelle il est parti, entre 6 heures du matin et minuit, sur les grandes lignes seulement, plus de 21 000 voyageurs répartis dans 71 trains dont la composition totale a utilisé 1017 voitures de toutes classes. 9 trains express emportant près de 7000 voyageurs à l'extrémité du réseau ont été expédiés de cette gare en 45 minutes (de 6^h 30 à 7^h 15 du soir). En outre, la gare de Paris-Saint-Lazare a manutentionné dans la même journée et expédié par ces trains 6000 colis-bagages pesant ensemble 159 000 kilogrammes. C'est le mouvement le plus important qu'une gare de grande ligne ait jamais assuré en un jour à notre connaissance et, il faut le reconnaître, avec des dispositions bien incommodes. Aussi doit-on rendre hommage à l'attention et à l'habileté que les agents de la Compagnie ont dû déployer pour exécuter un service aussi compliqué dans des conditions telles qu'aucun incident fâcheux ne se soit produit.

On peut d'ailleurs se faire une idée de l'importance qu'acquiert le service des voyageurs dans nos gares de Paris en jetant les yeux sur le tableau ci-dessous, où nous faisons ressortir le nombre de voyageurs expédiés en 1887.

	ÉTAT.	OUEST.		NORD.
		GARE SAINT-LAZARE.	GARE MONTPARNASSE.	
Banlieue.	»	11 265 475	1 375 023	1 253 328
Grandes lignes . .	49 796	1 623 460	529 218	1 059 878
TOTAL. . . .	49 796	12 888 935	1 904 241	2 313 196

	EST.		P.-L.-M.	ORLÉANS.	
	GARE DE STRASBOURG.	GARE DE VINCENNES.		GRANDES LIGNES.	GARE DE SCEAUX.
Banlieue.	3 338 004	5 504 901	1 874 800	»	941 007
Grandes lignes . .				1 464 771	»
TOTAL. . . .	3 338 004	5 504 901	1 874 800	1 464 771	941 007

Pour avoir la circulation totale, il convient de doubler ces chiffres et l'on voit qu'il passe à la gare Saint-Lazare tant pour son importante banlieue que pour ses grandes lignes, une moyenne de 70 000 voyageurs par jour ; les jours de courses, de revue, de grande fête, ce nombre s'est élevé jusqu'à près de 250 000.

Mais admettons qu'un train parte à son heure réglementaire ; s'il y a beaucoup de voyageurs à descendre ou à embarquer, de nombreux colis à décharger dans les gares intermédiaires, on est certain de dépasser la minute d'arrêt allouée au train dans ces gares ; ces demi-minutes ou minutes perdues s'accumulent et font nombre ; aux gares de correspondance un retard de 10 ou 15 minutes est vite atteint. De même le mécanicien peut laisser tomber un peu son feu et sa pression, ce qui l'empêche d'obtenir la vitesse fixée. Aussi, sur tous les réseaux, stimule-t-on le zèle et l'activité des agents des gares et des trains, tant par des primes pour le temps gagné que par des punitions et des amendes pour les négligences ou la mollesse. Mais il y a des causes de force majeure auxquelles on ne peut se soustraire et, pour assurer la sécurité de la circulation des trains, quelque irrégulière que soit leur marche, on a dû établir des règles donnant toutes les garanties indispensables. Ces règles sont, à quelques détails près, les mêmes sur toutes les lignes françaises.

La première, c'est le maintien entre les trains d'un intervalle soit de temps, soit de distance, comme nous l'avons vu plus haut. L'*intervalle de temps* est maintenu par les gares qui laissent leurs signaux fermés pendant le stationnement et pendant dix minutes après le passage ou le départ de tout train ou machine. L'*intervalle de distance* est assuré par les signaux des postes du block-system dans les conditions que nous exposerons plus loin.

En outre, lorsqu'un train, suivi par un autre de marche plus rapide, a pris un certain retard et ne peut pas atteindre le prochain garage dix minutes au moins avant ce dernier, il est conservé et garé pour le laisser passer devant lui.

D'autre part, les trains en retard sont autorisés, pour regagner du temps, à dépasser dans une certaine mesure leur vitesse de tracé; ils peuvent, suivant les réseaux, la dépasser de moitié [1] ou d'un tiers [2] sans toutefois excéder une vitesse maxima fixée de 80 [1] à 120 [3] kilomètres à l'heure, suivant les lignes. Cette latitude, donnée aux mécaniciens, présente un certain inconvénient en ce sens qu'elle les incite à excéder les limites de vitesse prescrites sur certains points, tels que les bifurcations, les courbes, les fortes pentes. Pour y remédier, on a placé sur nombre de ces points des

---

1. Ouest.
2. Orléans.
3. Nord.

appareils comme le dromo-pétard et le dromoscope Le Boulengé, destinés à contrôler la vitesse des trains, de manière à pouvoir réprimer les abus.

Le *dromo-pétard* (fig. 155) se compose essentiellement d'un pendule AR battant la seconde dans un plan perpendiculaire à la voie, maintenu habituellement écarté de la verticale par un levier formant pédale O P, dépassant un peu le niveau du rail. Lorsqu'il arrive à l'autre extrémité de son oscillation, ce pendule relève un arrêt F qui déclenche une glissière C dont le déplacement enlève un pétard placé sur le rail à une distance déterminée au delà de l'appareil. Lorsque la première roue d'un train vient frapper la pédale, elle rend libre le pendule. Il se passe donc une seconde entre le moment où la pédale est rencontrée par la roue et celui où le pétard est enlevé. On règle la distance entre cette pédale et le pétard de telle sorte qu'elle soit un peu supérieure à l'espace qui doit être parcouru en une seconde à la vitesse fixée. C'est par exemple $8^m,50$ pour une vitesse de 30 kilomètres à l'heure. Si le train emploie moins d'une seconde pour parcourir cette distance, il écrase le pétard et l'irrégularité commise par le mécanicien est constatée.

Le *dromoscope* est basé sur le même principe. Un disque vertical, portant un index, est sollicité à tourner par un poids moteur; mais il en est empêché par le contact d'un levier qui, au moyen d'un fil de fer, est mis en relation avec une pédale établie près du rail à 150 mètres de l'appareil. Lorsque la première roue d'un train rencontre la pédale, elle déclenche le levier, et le disque se met en mouvement; à 50 mètres plus loin, la roue touche une seconde pédale qui déclenche un autre levier, lequel arrête le disque. L'arc parcouru par l'index représente la vitesse du train pendant qu'il franchit l'intervalle entre les deux pédales.

Ces principes généraux une fois posées, les règlements de sécurité prescrivent des mesures différentes suivant qu'il s'agit de la double voie ou de la voie unique.

Sur la *double voie*, la circulation est libre : sur chaque point et à chaque instant on doit agir comme si un train était attendu ; on peut donc mettre des trains en circulation sans annonce préalable, ce qui facilite beaucoup les mesures à prendre en cas d'affluence exceptionnelle de voyageurs ou de correspondance importante manquée : on peut alors lancer un train spécial, à moins que l'on ne puisse opérer par *dédoublement*. Dédoubler un train, c'est expédier derrière lui un second train ayant la même marche et les mêmes arrêts et portant le même numéro. Le premier train est alors muni d'un drapeau vert le jour et, la nuit, de deux feux de côtés verts.

Cette liberté de marche facilite aussi la circulation des trains de *matériaux* ou de *ballast* qui peuvent se glisser entre les trains du service à la seule condition de n'en pas gêner la marche et sous réserve qu'ils se fassent couvrir à la distance réglementaire pendant leurs arrêts en dehors des gares.

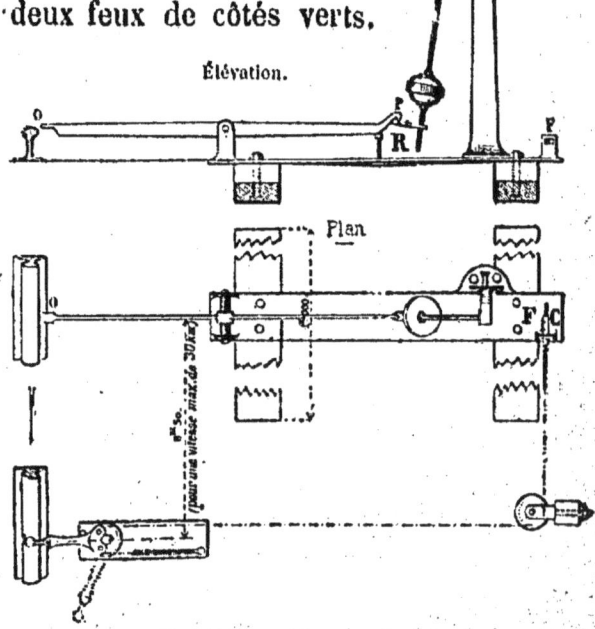

Fig. 155. — Dromo-pétard.

Indépendamment des retards dont nous avons parlé plus haut, il peut se produire dans la marche des trains ce qu'on appelle des *détresses* : c'est le cas où, pour un motif quelconque, la machine ne peut plus remorquer son train et où le secours est nécessaire pour le remettre en marche. Les causes de détresse les plus fréquentes sont les ruptures de tubes qui éteignent le feu ou la liquéfaction des vis ou bouchons fusibles qui ne permet plus de maintenir la pression dans la chaudière. Le secours, c'est la *machine-pilote* qui, nous l'avons vu sur le graphique, est placée dans certaines gares importantes.

Dès que le train s'arrête en pleine voie, le premier devoir des conducteurs est de le couvrir en arrière à la distance réglementaire par des pétards, afin d'arrêter tout train survenant; puis le conducteur-chef établit et envoie une demande de secours à la gare la plus voisine qui la fait parvenir à destination par le télégraphe. Le pilote vient alors et pousse le train jusqu'à la première gare, où il se met en tête à la place de la machine avariée. Le pilote, d'ailleurs, est souvent mis en marche d'office sans attendre la demande, s'il s'agit d'un train de voyageurs, car, pour diminuer les retards, il est prescrit d'expédier cette machine dès qu'un train de voyageurs est en retard de plus de 15 minutes, si on n'en a pas de nouvelle. Aussi les retards de 15 minutes et plus doivent-ils être soigneusement annoncés, pour éviter le déplacement du pilote.

Parfois la situation se complique et le train ne peut de longtemps reprendre sa marche; la voie sur laquelle il se trouve est donc obstruée et l'on en est réduit, pour assurer la circulation des trains, à se servir de l'autre voie comme d'une voie unique. C'est ce qu'on appelle une *voie unique temporaire*. Les trains des deux sens circulent alors alternativement sur cette autre voie entre les deux gares voisines, sous la conduite d'un agent appelé *employé pilote* qui *seul* a qualité pour les faire passer : on a ainsi la certitude que deux trains ne pourront pas se rencontrer. On établit aussi parfois des voies uniques temporaires pour permettre d'exécuter successivement sur les deux voies des travaux importants sans interrompre le service.

Il peut même arriver que, par suite de déraillement, d'éboulement, de rupture de pont, etc., les deux voies principales soient obstruées. On n'a alors, si les voyageurs peuvent franchir le passage fermé pour les trains, que la ressource d'établir de chaque côté de ce point un service de *pilotage* jusqu'à la gare voisine et de faire transborder les voyageurs et les bagages d'un train dans l'autre par-dessus la portion de voie impraticable.

Un des obstacles les plus redoutables à la circulation des trains est l'accumulation de la neige sur les voies. On se souvient encore du terrible hiver de 1879-1880, durant lequel la circulation fut interrompue par les neiges pendant près d'une semaine sur une grande partie du réseau français. Presque annuellement la neige occasionne des arrêts de service sur certaines lignes, même dans nos climats tempérés ; et c'est par centaines de mille francs et par-

Fig. 156. — Chasse-neige américain.

fois par millions que se chiffrent les pertes qui en résultent pour les Compagnies. Aussi se préoccupent-elles des moyens de combattre ce véritable fléau sur les points où il est à craindre.

Lorsque la hauteur de la neige n'atteint que quelques décimètres, on s'en débarrasse facilement à l'aide du *chasse-neige*. C'est une sorte d'éperon en tôle, formé par la juxtaposition de deux espèces de socs de charrue que l'on installe à l'avant des machines. Une locomotive armée de cet engin peut, à la vitesse de 45 kilomètres à l'heure, franchir, en déblayant la voie, des bancs de neige de 500 à 600 mètres de longueur et de 1 mètre environ d'épaisseur. Les puissants chasse-neige, utilisés par la Compagnie d'Orléans et par la Südbahn, pour la traversée du Lioran et du Brenner, ne peuvent guère faire davantage. D'ailleurs, sur les lignes à double voie, ce système a l'inconvénient de rejeter la neige d'une voie sur l'autre, de telle sorte qu'il faut alors circuler en voie unique temporaire sur une seule voie et dégager l'autre à la pelle.

Au-dessus de 1 mètre ou 1^m,50, les chasse-neige deviennent insuffisants. Aussi, sur les lignes très exposées aux chutes de neige, a-t-on recours à l'emploi d'écrans ou même de véritables couloirs en bois qui protègent la ligne. Mais cette solution est très coûteuse pour les lignes d'une certaine étendue et, en Amérique, pour la traversée des grandes plaines du centre, on a recours de préférence à de puissantes machines du genre de celle qui est représentée à la figure 156, qui enlèvent la neige en l'émiettant et la projettent au loin. Une roue verticale, à palettes inclinées, placée à l'avant d'un wagon spécial poussé par une locomotive, et actionnée par un puissant moteur, tourne à près de 400 tours par minute. La neige, ramassée par les palettes, est projetée par leur rotation dans un conduit où elle rencontre le courant d'air produit par un fort ventilateur; elle y acquiert une force vive considérable et, sortant par un large orifice latéral, elle est projetée à une distance très grande, qui peut atteindre 100 mètres. On a pu, avec cet engin, déblayer en deux minutes, sur une largeur de 3 mètres, 500 mètres de voie recouverte d'une épaisseur de 1^m,80 de neige.

Sur la *voie unique*, tout au contraire de la double voie, toute circulation doit être annoncée. Tout train autre que les trains réguliers prévus par le graphique du service doit, avant d'être mis en marche, être annoncé à toutes les gares, et celles-ci doivent avoir accusé réception de cette annonce; il en est ainsi pour les trains facultatifs commandés suivant les besoins du trafic, pour les trains extraordinaires destinés à assurer des mouvements exceptionnels de voyageurs ou de marchandises (courses, foires, etc.). Toutes ces annonces sont expédiées à la ligne par un agent qui prend sur chaque section à voie unique le titre d'*agent spécial* et dont les fonctions consistent à autoriser toutes les circulations anormales sur cette section : il centralise les accusés de réception et autorise la mise en marche des trains. Outre ces avis, les trains facultatifs et extraordinaires sont rappelés aux gares par un signal placé sur le dernier véhicule du train qui les précède : drapeau rouge ou vert le jour, feux rouges ou verts remplaçant les feux blancs de côté, la nuit.

Il est cependant une série de trains qui peuvent être mis en circulation sans l'intervention de l'agent spécial : ce sont les dédoublements. Mais ils ne constituent pas, à proprement parler, un train non annoncé puisqu'ils portent le même numéro que le train qu'ils doublent; en outre, leur marche est entourée de toutes les précautions nécessaires. Indépendamment du drapeau ou des feux verts placés sur le premier train, on fait monter sur la machine de ce premier train un agent dit de *dédoublement*, muni d'un avis qu'il est chargé de faire viser, non seulement par tous les chefs de gare, mais aussi par les agents (conducteur-chef et mécanicien) de tous les trains qu'il croise et rencontre garés. Et même, par surcroît de précaution, quand le train dédoublé doit croiser un train dans une gare, le premier train s'arrête avant l'aiguille d'entrée, pour être sûr que le train croiseur ne partira pas, et ne pénètre en gare qu'après que les agents de ce train ont signé l'avis de dédoublement.

Étant donnée l'obligation d'annoncer tous les trains qui circulent, on doit se demander comment, sur la voie unique, on peut, en cas de besoin, mettre en marche des trains de matériaux ou de ballast. Voici comment on procède : le train de matériaux est annoncé, comme les trains extraordinaires ou spéciaux, par un avis indiquant la durée de son fonctionnement, les heures et les gares entre lesquelles il peut circuler. Ainsi autorisé, le train de matériaux a liberté de marche dans tous les sens, sous la réserve de tenir compte de toutes les circulations régulières, facultatives ou extraordinaires annoncées, et de se garer toujours au moins dix minutes avant tout train marchant dans le même sens et vingt minutes avant tout train marchant en sens contraire. Si, pour un motif quelconque, il ne peut pas se garer à temps, le train de matériaux s'arrête en pleine voie 15 minutes avant l'heure du départ du train qu'il doit croiser et envoie un homme au devant du train attendu pour l'arrêter et le prévenir; on prend ensuite les mesures nécessaires pour le garage du train de matériaux et le passage du train du service. Il est bon d'ajouter que ces sortes d'incidents sont fort rares et que les trains de matériaux sont toujours garés en temps utile pour ne pas gêner la circulation.

Si les divers incidents fortuits qui peuvent se produire entravent la régularité du service sur la double voie, on conçoit que, sur la voie unique, ils doivent avoir des conséquences autrement fâcheuses puisque, en raison des croisements, ils rejaillissent sur tous les trains de la ligne. On a donc cherché les moyens d'en diminuer les effets le plus possible : pour y arriver, le seul procédé auquel on puisse avoir recours est l'emploi du *télégraphe*.

Supposons que le train 1 doive croiser le train 2 à la gare A et que ce dernier train se trouve en retard. Dès l'arrivée du train 1, le chef de la gare A demande au chef de la gare B si le train 2 est parti de sa gare. Dans la négative, il l'invite à retenir le train 2 en lui annonçant qu'il lui enverra le train 1. Le chef de la gare B, avant de répondre, ferme son signal avancé pair (côté où le train 2 doit arriver); si même le train 2 ne doit pas s'arrêter à sa gare, il fait appuyer ce signal par un agent porteur d'un drapeau rouge, le jour, ou d'un feu rouge, la nuit. Puis, quand il a la certitude que son signal n'avait pas été franchi par le train 2 avant d'être mis à l'arrêt, il répond à son collègue qu'il arrêtera le train 2 et qu'il attend le train 1. Le chef de la gare A expédie alors le train 1 avec un ordre indiquant le report du croisement avec le train 2 de A en B et reproduisant les dépêches échangées, tandis que, de son côté, le chef de la gare B remet au train 2 l'ordre écrit de croiser le train 1 à B. C'est ce qu'on appelle un *changement de croisement*.

Supposons d'autre part que, par suite de retard du train 1

omnibus, le train 3, de marche plus rapide, express par exemple, le rejoigne à la gare C, alors qu'il n'eût dû l'atteindre qu'à la gare G, on fera évidemment passer le train 3 devant le train 1 ; mais que peut-il arriver? que la gare D, où le train 3 doit croiser le train 2, oubliant que le train 1 n'est pas passé, se croie autorisée, une fois le train 3 arrivé, à expédier le train 2 vers C, alors que cette dernière gare aurait expédié de son côté le train 1 vers D ; d'où rencontre. Pour éviter que cet oubli puisse se produire et bien renseigner toutes les gares, le chef de la gare C, où se fait l'interversion de marche, remet au train 3 un ordre d'*interversion* dont le conducteur-chef doit laisser copie, contre visa, à toutes les gares et à tous les trains qu'il croise ou rencontre garés jusqu'au point où la position réciproque des deux trains redevient conforme au graphique ; le train 3 doit en conséquence s'arrêter à toutes les gares D, E, F, G, quand bien même il n'y aurait pas d'arrêt prescrit.

Un autre cas susceptible de se produire est une *détresse* : il faut d'abord se protéger à la distance réglementaire, en arrière seulement, puisqu'il ne peut rien venir en avant, puis demander une machine de secours pour remettre le train en circulation et dégager la voie. Cette machine, on peut la faire venir en avant ou en arrière, suivant le dépôt de pilote le plus rapproché. Il est clair que si elle doit venir en avant, il convient d'envoyer de ce côté un agent à la distance réglementaire pour arrêter cette machine et éviter qu'elle rencontre le train. Pour cela, le conducteur-chef établit une demande de secours spécifiant bien le côté où il attend le pilote, car s'il le demande en avant, il ne doit évidemment pas laisser pousser son train par un autre train qui surviendrait en arrière. Cette demande est portée à la gare la plus voisine, puis transmise par le télégraphe de gare en gare jusqu'à la gare de dépôt. Il est à remarquer que, sur la voie unique, il est indispensable qu'il en soit toujours ainsi et que les dépêches concernant la circulation des trains et des machines soient toujours passées à toutes les gares de manière que toutes soient renseignées sur les modifications qui peuvent être apportées au service. En transmettant cette dépêche de la demande de secours, chaque gare y ajoute le numéro du dernier train qu'elle a expédié du côté d'où doit venir la machine, et il lui est interdit d'en expédier un autre, à moins que, le pilote tardant, elle ne puisse arrêter ce dernier par le télégraphe à la gare suivante. De son côté, la machine de secours est expédiée de gare en gare, que le télégraphe fonctionne ou non, lorsque le dernier train annoncé en sens contraire est arrivé, puisqu'on n'en peut pas faire partir d'autre. Nous avons vu cependant plus haut que les trains de matériaux avaient aussi liberté de marche; il faut donc éviter qu'une machine de secours circule sur une ligne où un train de matériaux est autorisé. Pour y arriver, on a décidé que sur les lignes où un train de matériaux est autorisé, ce serait la machine de matériaux qui ferait le service du secours.

Le télégraphe est, on le voit, un puissant auxiliaire pour assurer la circulation des trains sur la voie unique; il n'est pas seulement employé en cas de perturbation dans la marche des trains, on l'utilise aussi normalement comme surcroît de sécurité pour annoncer aux gares les trains facultatifs et extraordinaires avant de les expédier, pour aviser la ligne des dédoublements, pour prévenir les gares de l'envoi des trains de matériaux, etc. Mais le télégraphe, comme tous les appareils mécaniques et notamment ceux qui sont basés sur l'emploi de l'électricité, est sujet à des dérangements et à des ratés; aussi a-t-on eu recours à un autre moyen de rappel plus sûr. On indique pour chaque train, sur la feuille où est portée sa marche et que détient le conducteur-chef, toutes les particularités du service de sécurité qu'il a à exécuter en cours de route : croisements et garages, soit pour des trains réguliers, soit pour des trains facultatifs. En route, au fur et à mesure de son exécution, ce service est affirmé par les chefs des gares où il s'exécute et, en cas de modification, le chef de gare qui en prend l'initiative l'indique par la rature du service imprimé et l'inscription de celui qu'il y substitue. Enfin, à toutes ces précautions, les Compagnies de chemin de fer ont ajouté des appareils ou des systèmes spéciaux qui viennent encore donner une nouvelle garantie à la sécurité; nous les étudierons dans le prochain chapitre.

Il ressort de ce qui précède que la méthode employée en France et, nous pouvons le dire, en Europe, pour garantir la sécurité sur la voie unique a pour base essentielle l'intervention du plus grand nombre d'agents possible : les chefs de gare, les conducteurs-chefs et les mécaniciens participent, chacun en ce qui le concerne, à l'exécution des mesures destinées à garantir la sécurité de la circulation des trains. Grâce à cette méthode, la faute, l'erreur ou l'oubli d'un agent ne suffirait pas pour amener un accident, il faudrait la coïncidence de fautes ou d'oublis multiples commis par les trois agents directement intéressés à la sécurité et également au courant de la situation, ce qui diminue considérablement les probabilités d'une fausse manœuvre.

Malgré ces avantages incontestables, les Américains appliquent un système tout différent, qu'ils considèrent comme de beaucoup supérieur, en dépit des résultats de la statistique établissant que, pour une même quantité de voyageurs transportés, le nombre de tués ou blessés est plus de quatre fois moindre en France qu'en Amérique : sur chaque section de 100 à 200 kilomètres de longueur, un agent unique nommé *trains-dispatcher* est exclusivement chargé d'assurer la circulation des trains. Cet agent est renseigné télégraphiquement par toutes les gares sur les trains qui y arrivent ou sont en partance; grâce à ces renseignements, il connaît à chaque instant la situation de la ligne et adresse en conséquence aux gares des ordres télégraphiques pour expédier, arrêter, garer ou faire croiser les trains. Les chefs de gare n'ont pas à s'occuper de la sécurité et doivent simplement transmettre aux chefs de trains, qui les exécutent, les ordres qu'ils ont reçus du *trains-dispatcher*.

Indépendamment des conséquences terribles que peut avoir un oubli du *trains-dispatcher*, le système américain nous paraît avoir de nombreux inconvénients pratiques : obligation de n'avoir pas un raté au télégraphe sous peine d'arrêter le service, échange d'un nombre considérable de dépêches, incertitude sur l'arrivée des ordres en temps opportun, etc., qui peuvent facilement amener des accidents. Aussi, malgré l'enthousiasme des Américains, restons-nous partisans de la méthode appliquée en France.

CHAPITRE VIII

SYSTÈMES ET APPAREILS DE SÉCURITÉ

Block-system. — Navette. — Bâton-pilote. — Cloches électriques. — Télégraphe. — Appareils d'annonce des trains. — Contre-rail isolé. — Crocodile.

Nous avons vu plus haut que, pour permettre d'augmenter le nombre de trains circulant sur une ligne, on substitue à l'intervalle de temps, établi primitivement entre les trains, l'intervalle de distance et que, pour réaliser l'application de ce système, la ligne est divisée en un certain nombre de cantons dont les extrémités sont gardées par des postes munis d'appareils spéciaux permettant au *poste d'arrivée* de *débloquer*, dès la sortie du train, la section fermée derrière ce train par le *poste d'entrée*.

En raison de la distance qui séparait les postes, 3 kilomètres en moyenne, les premiers appareils employés dans ce but ont été des appareils électriques. Le plus ancien est celui qu'imagina en 1847 M. Regnault, ingénieur à la Compagnie de l'Ouest, et qui est encore employé par cette Compagnie avec quelques modifications destinées à solidariser les signaux visuels avec les appareils électriques.

L'appareil Regnault se compose essentiellement d'une boîte (fig. 157) laissant voir deux aiguilles qui indiquent, lorsqu'elles sont verticales, que la voie à laquelle elles se rapportent est *libre*, lorsqu'elles sont inclinées que cette voie est *occupée*. Un poste tête de ligne, ne correspondant qu'avec une direction, n'a qu'un appareil; les postes intermédiaires en ont deux, un pour chaque direction.

SYSTÈMES ET APPAREILS DE SÉCURITÉ.

L'aiguille indicatrice i est fixée sur l'axe d'un pignon s, manœuvré à l'aide d'une crémaillère par un levier en fer doux p, participant au magnétisme de l'un des pôles d'un aimant coudé af, sur lequel il est monté à pivot. Cet aimant porte deux bobines X et X', dont les âmes en fer doux sont ainsi polarisées d'une façon permanente. La figure 157 donne le schéma des courants établis entre deux postes consécutifs pour une voie.

Si au poste I on appuie sur le bouton D, de *départ*, le courant de la pile G, pris par le ressort V, est lancé sur la ligne et va, par le circuit V L V' c m O', actionner au poste II la sonnerie S' et, passant dans les bobines, incliner p' vers la gauche et l'aiguille i' vers la *voie occupée*. k vient alors en m' et le courant de la pile G vient, par le circuit G m' c V'L V d O, incliner, en passant dans les bobines du poste I, l'aiguille i vers la droite. L'agent du poste I est

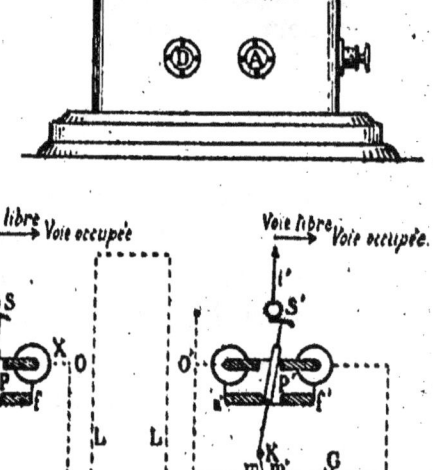

Fig. 157. — Appareil Regnault.

donc sûr que l'agent du poste II a reçu son signal et il conserve sous les yeux l'indication de voie occupée vers II ; il doit donc maintenir ses signaux fermés pour arrêter tout train se dirigeant vers le poste II. Ces signaux sont : un signal avancé pour prévenir le train, et un signal carré d'arrêt absolu pour lui indiquer le point qu'il ne doit pas franchir.

Lorsque le train annoncé a dépassé le poste II, le stationnaire de ce poste pousse son bouton A d'*arrivée*. Alors part de C' un courant de sens contraire à celui qui venait de G et qui va : 1° par le circuit C' V' L V d O redresser l'aiguille i au poste I; 2° par le circuit C' V' q h m O' relever l'aiguille i'. La voie est redevenue libre entre les deux postes et le poste I peut ouvrir ses signaux pour laisser passer un nouveau train.

Cet appareil, comme tous ceux que nous allons décrire, est susceptible de ratés et il peut arriver qu'un poste, après avoir annoncé un train, ne reçoive pas l'indication de voie libre. Que va-t-il faire? empêcher tout passage de train? Ce serait arrêter le service, non seulement sur le point considéré, mais jusqu'à la tête de ligne, les arrêts se reportant de poste en poste, ce qui est d'autant moins admissible que les lignes où le *block-system* est appliqué sont les plus fréquentées. On a donc dû adopter sur chaque Compagnie une solution permettant de laisser passer les trains. Ces solutions varient un peu d'un réseau à un autre; mais la formule la plus rationnelle nous paraît être la suivante, en vigueur à la Compagnie de l'Ouest : pendant cinq minutes après le départ du train précédent, on arrête tout train de même sens; après ces cinq minutes et jusqu'à dix, on expédie le train arrêté en lui remettant un bulletin prescrivant une marche prudente; puis, au bout de dix minutes, on maintient seulement à l'arrêt le signal avancé et on laisse passer les trains en leur présentant une pancarte portant le mot *Attention*. En un mot, on rétablit l'intervalle réglementaire de dix minutes, en appelant l'attention des mécaniciens.

L'appareil Tyer, appliqué dès 1852 en Angleterre, et encore aujourd'hui sur le Paris-Lyon-Méditerranée et sur la Ceinture de Paris (rive droite), donne des indications analogues à celles de l'appareil Regnault, et il est, comme lui, indépendant des signaux.

Bien que la pratique n'ait révélé aucun inconvénient à cette situation, on a voulu établir une liaison entre les signaux et les appareils électriques d'une part, et d'autre part entre les cantons du *block*, de manière à obliger l'employé chargé des signaux ou *stationnaire* à couvrir tout train entrant dans un canton avant de débloquer le canton précédent. C'est ce que réalisent les appareils

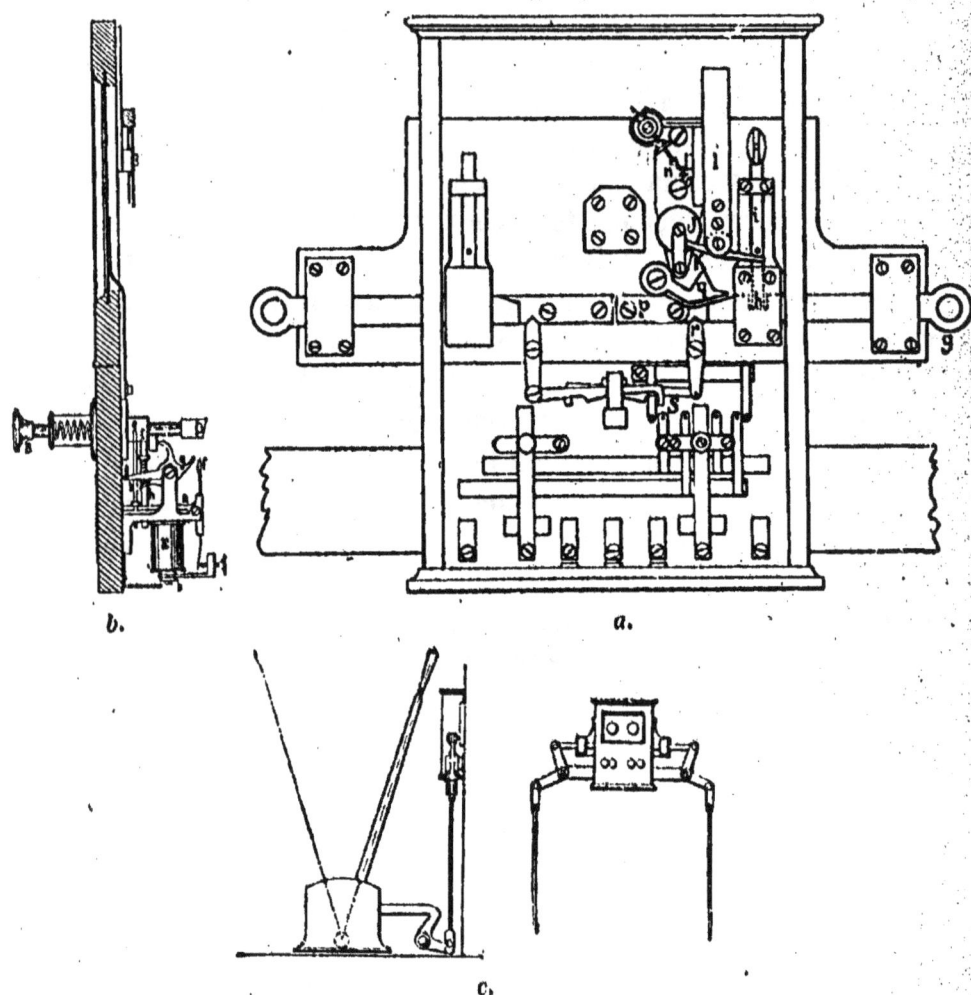

Fig. 158. — Appareil de *block-system* de la Compagnie de Paris-Lyon-Méditerranée
a et *b*. — Détails de l'appareil électrique. — *c*. — Liaison entre le signal et l'appareil électrique.

Regnault, modifiés sous la direction de M. l'ingénieur en chef Marin, et qui fonctionnent maintenant sur le réseau de l'Ouest; c'est aussi le programme qui avait été posé par M. Picard, chef de l'Exploitation de la Compagnie Paris-Lyon-Méditerranée, et dont une solution élégante, donnée par MM. les ingénieurs Jousselin et Rodary, est actuellement appliquée sur cette Compagnie.

Le levier manœuvrant le *sémaphore* ou signal de cantonnement est relié, au moyen de bielles et de renvois (fig. 158 c), à la tige horizontale gp (fig. 158 a); et celle-ci est immobilisée par le verrou i reposant dans une encoche h. Lorsqu'un courant de sens convenable parcourt l'électro-aimant J, celui-ci repousse la palette de fer doux k polarisée d'une façon permanente par l'aimant l en fer à cheval, aux extrémités duquel elle pivote et, le ressort antagoniste n aidant, l'autre extrémité de la palette relève le verrou i et dégage la tige horizontale gp, laquelle permet alors la mise à voie libre du sémaphore. Mais, dans son mouvement vers la droite comme au retour vers la gauche, la tige gp relève, par la saillie p et la pièce mobile q, la palette k et la fait adhérer au noyau de l'électro-aimant J, ce qui permet au verrou i de retomber dans l'encoche h lorsque le sémaphore aura repris sa position d'arrêt. Dans son retour vers la gauche, la tige gp tire sur un des boutons commutateurs grâce à la saillie p, au levier mobile r, à la bielle s et à un renvoi placé sur un pont à côté du bouton dit de *correspondance*. Ce bouton fait contact avec des ressorts correspondants et envoie ainsi au poste suivant un courant positif servant à annoncer le train au moyen d'une sonnerie.

L'autre bouton B, dit de *remise à voie libre*, sert à envoyer un courant négatif libérant, comme nous l'avons vu, le sémaphore du poste précédent. Il est normalement immobilisé par le verrou b (fig. 158 b) pénétrant dans l'encoche e; mais lorsque le signal avancé est mis à l'arrêt, le courant, relié à la terre par le commutateur de ce signal, traverse l'électro-aimant E et celui-ci attire la palette a, laquelle fait descendre le verrou b et dégage le bouton. La poussée du bouton fait pivoter la pièce g autour de son axe et la fixe sous le crochet f, en relevant en même temps un second verrou h par l'intermédiaire d'un ressort à boudin. Lorsque le bouton revient en arrière, ce second verrou se fixe dans l'encoche i et l'immobilise de nouveau, de façon qu'on ne peut plus le pousser. Il faut pour cela que, le disque ayant été effacé, la palette abandonnée et la pièce g lâchée, le verrou h soit retombé, puis que, par une nouvelle mise à l'arrêt du disque, le petit verrou b se soit aussi abaissé derechef sous l'action de l'électro-aimant.

Grâce à cet appareil très ingénieux, le problème est complètement résolu, et un stationnaire ne peut rendre la voie libre pour un train qu'après l'avoir couvert par son signal avancé et cela une seule fois; il ne peut annoncer un train au poste suivant qu'après l'avoir couvert avec son sémaphore; enfin il ne peut mettre son sémaphore à l'arrêt qu'après avoir d'abord placé dans cette position son signal avancé.

Nous ne voulons pas quitter les appareils de *block-system* sans dire un mot de l'*électro-sémaphore* de MM. Tesse-Lartigue et Prudhomme, employé par les Compagnies du Nord, de l'Est et d'Orléans, dont la physionomie spéciale et le mode de fonctionnement sont très intéressants.

Il se compose, pour un poste intermédiaire par exemple, d'un mât élevé (fig. 150 a)

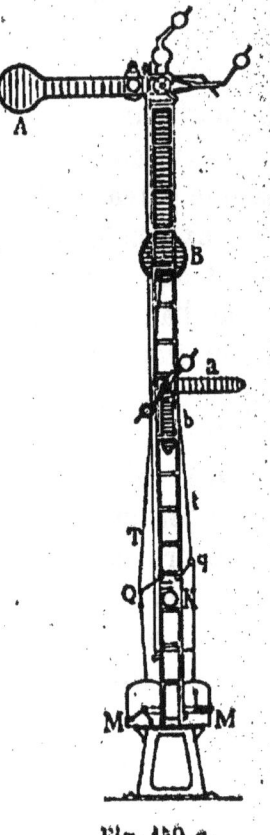

Fig. 150 a.
Électro-sémaphore.

portant quatre bras mobiles autour d'un axe et équilibrés de telle sorte que les bras sémaphoriques supérieurs A et B tendent à tomber par leur propre poids, tandis que les ailes indicatrices inférieures a et b tendent à rester horizontales. Chaque bras est manœuvré au moyen de tringles articulées TQ et tq qui sont reliées à la manivelle M de l'appareil électrique correspondant et actionnent un timbre K à chaque mouvement.

L'appareil électrique (fig. 150 b) se compose essentiellement d'une manivelle M portant sur son axe un doigt d'arrêt D qui s'appuie sur le butée X tant que le levier coudé r FJ, à contrepoids P, n'est pas lâché par l'électro-aimant Hughes A. Sur l'axe sont disposés en outre : un commutateur circulaire O susceptible de relier deux à deux les ressorts A′, C′, L′, Z′, une came N qui peut relever le levier r FJ et une fiche I agissant sur une tige prolongeant le voyant V pour le rappliquer à l'électro-aimant R symétrique de A, c'est-à-dire renforcé quand A est affaibli et réciproquement.

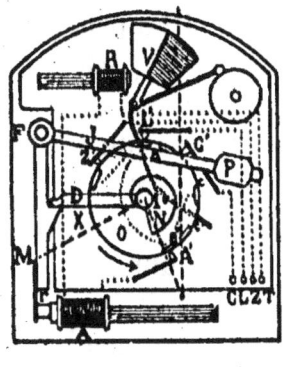

Fig. 159 b.
Appareil électrique
d'un électro-sémaphore.

Dans la position de la figure, le bras sémaphorique est à l'arrêt. Lorsqu'un courant de ligne de sens convenable est envoyé dans le circuit L L′ a′ a A′ A R′ T, il fait lâcher l'armature r, libère par suite l'axe, et le bras sémaphorique tombe à voie libre. D'autre part, le mouvement de rotation de l'axe relie momentanément C′ L′ aux contacts cc′ et renvoie par suite en sens contraire sur la ligne un courant qui détache de R le voyant V du poste suivant.

Pour annoncer et couvrir un train, le stationnaire du poste expéditeur fait tourner sa manivelle M et met ainsi à l'arrêt le bras sémaphorique A de son appareil, en même temps qu'il envoie au poste suivant un courant qui laisse l'aile indicatrice de ce poste se disposer horizontalement sous l'action de son contrepoids et qu'il reçoit de ce même poste un courant qui actionne son voyant répétiteur. Lorsque ce train est passé au poste suivant, ce dernier abaisse au moyen de sa manivelle son aile indicatrice et envoie par cela même au premier poste un courant qui laisse tomber son bras sémaphorique à voie libre.

Depuis, MM. Mors ont ajouté à l'appareil des doigts de butée placés sur l'axe des manivelles et ne permettant d'abaisser l'aile indicatrice, c'est-à-dire de rendre la voie libre au poste d'amont qu'après la mise à l'arrêt du sémaphore protégeant la section d'aval. Un commutateur, qui ne doit être manœuvré que par le chef de service, permet de suspendre momentanément cette dépendance en cas de garage.

Lorsque les postes sont très rapprochés, on peut substituer aux appareils électriques des appareils mécaniques qui donnent moins de ratés. C'est ce que la Compagnie de l'Ouest a fait sur la ligne de Paris à Auteuil et sur les sections de Paris à Asnières, et à Puteaux, où les postes de cantonnement ne sont distants en moyenne que de 500 à 600 mètres. Chaque poste ferme derrière les trains ses signaux avancé et carré (ou de cantonnement), et ne peut plus les rouvrir. Ce n'est que quand le train est arrivé au poste suivant que ce dernier peut, après avoir fermé ses signaux derrière lui, ouvrir le signal carré du poste précédent et par suite rendre libre le signal avancé correspondant qui peut alors être rouvert. Ce système est le seul qui soit réellement *absolu* et il est prescrit, en cas de raté, de ne laisser pénétrer un train ou une machine dans un canton non débloqué que si on a reçu une demande de secours ou si l'on a constaté *de visu* que le canton est bien libre. Grâce à l'emploi de ce système on peut faire passer sur la ligne d'Auteuil jusqu'à quinze trains à l'heure.

Sur la voie unique, indépendamment des mesures rationnelles de précaution que nous avons énumérées plus haut et qui semblent devoir donner toutes garanties, on a cru devoir, pour parer à l'oubli d'un agent, ajouter aux dispositions réglementaires, que nous appellerons mesures morales, des mesures physiques et tangibles, perceptibles par les sens, qui sont destinées à rappeler l'attention du personnel, si elle se trouvait détournée pour un motif quelconque. Ces mesures physiques sont : le *bâton-pilote*, les *cloches électriques* et le *block-system*.

Avant d'examiner ces diverses mesures, disons un mot d'un mode d'exploitation applicable sur les petites lignes et qui donne une sécurité absolue : c'est la *navette*. Une seule machine est autorisée à circuler sur la ligne et il n'est pas permis d'en introduire une seconde si ce n'est dans le cas où la première, immobilisée, a besoin de secours. Il n'y a donc pas de rencontre possible. Les seules conditions pour pouvoir appliquer ce système c'est :

1° Qu'il n'y ait qu'un train en circulation à la fois sur la ligne ;

2° Que chaque train parte de l'extrémité où le train précédent a abouti, ce qui exige pour le graphique l'aspect de la figure 160. Cette dernière condition peut être également réalisée à l'aide de circulations *haut le pied*, c'est-à-dire de machines isolées.

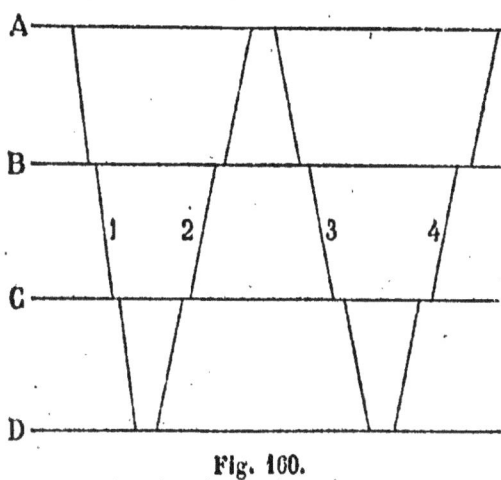

Fig. 160.
Application du système de navette.

Ce cas exceptionnel mis de côté, si l'on suppose qu'au lieu d'une ligne entière on considère l'intervalle qui existe entre deux gares et si l'on admet qu'une seule machine puisse y circuler, on obtient la même sécurité. Prenons, au lieu d'une machine, un bâton unique dont tous les trains ou machines devront être munis pour circuler entre les deux gares considérées et nous aurons le *bâton-pilote;* le bâton étant unique, toute rencontre est encore impossible.

Mais ce système, si simple théoriquement, présente quelques difficultés dans la pratique.

En premier lieu, il peut arriver que deux trains se suivent sans être séparés par un train de sens contraire ; or, si le premier train emporte le bâton à l'autre extrémité de la section, le second train ne le trouvera plus et ne pourra pas se mettre en marche ; c'est ce qui arriverait pour les trains 2 et 4 de la figure 161. La solution de ce problème est bien simple : on montre en B le bâton pilote aux agents du train 2, qui ont ainsi la certitude que ce bâton n'est pas à la gare A, et on remet au conducteur chef et au mécanicien un bulletin destiné à le remplacer. Puis le train 4 emporte à la gare A le bâton destiné au train 1. La même solution s'applique en cas de dédoublement.

Un autre cas peut se présenter : par suite d'un retard important, les trains 2 et 4 ne sont pas encore arrivés en B à l'heure où le train 1 doit partir de A ; il faut donc changer le croisement comme on l'a vu plus haut. Le train 1 n'a pas de bâton pour partir ; mais le chef de la gare A a la certitude que ce bâton ne sera pas utilisé à la gare B pour expédier les trains 2 et 4, puisque le chef de cette dernière gare s'est engagé à conserver ces trains ; il doit d'ailleurs spécifier dans ses dépêches qu'il conservera le bâton-pilote ; copie des dépêches dont il s'agit est remise aux agents du train.

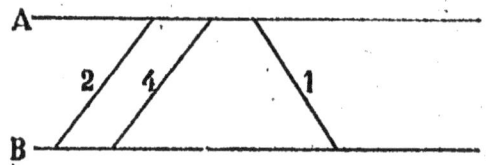

Fig. 101. — Application du bâton-pilote.

Enfin, il peut arriver qu'un train tombe en détresse entre deux gares, on est alors obligé, si ce train n'a pas pu envoyer le bâton du côté où il a demandé du secours, d'expédier la machine-pilote sans le bâton ; on remet alors au mécanicien, pour remplacer ce bâton absent, un bulletin l'informant qu'il est retenu par le train en détresse.

On voit donc que tous les cas sont prévus et que, même quand un train ou une machine doit circuler sans le bâton-pilote, ce système fournit des garanties supplémentaires et tangibles de sécurité. Aussi ne sera-t-on pas étonné d'apprendre que depuis près de dix ans que le bâton-pilote est appliqué en France, il ne s'est pas produit un seul accident sur les lignes à voie unique où il est employé.

Malheureusement l'emploi du bâton-pilote n'est pratique que sur les sections où tous les trains s'arrêtent à toutes les gares. C'est ce qui a empêché plusieurs Compagnies de l'appliquer. On s'était d'ailleurs, il y a quelques années, enthousiasmé outre mesure en France de certains appareils employés sur les voies uniques allemandes et qui devaient rendre impossible toute espèce d'accidents : les *cloches électriques*.

Entre deux gares consécutives, on installe un certain nombre de cloches, actionnées simultanément par un dispositif électrique, de telle sorte que, si la gare A envoie à la gare B le signal annonçant un train, ce signal est donné non seulement par la cloche installée en B, mais aussi par toutes les cloches intermédiaires. On conçoit donc que si, par suite, d'erreur ou d'oubli on annonce successivement entre deux gares deux trains en sens contraire et que le premier de ces trains ne soit pas passé, les deux trains seront arrêtés par les agents de la voie placés à proximité des cloches intermédiaires.

Fig. 102.
Cloche Siemens.

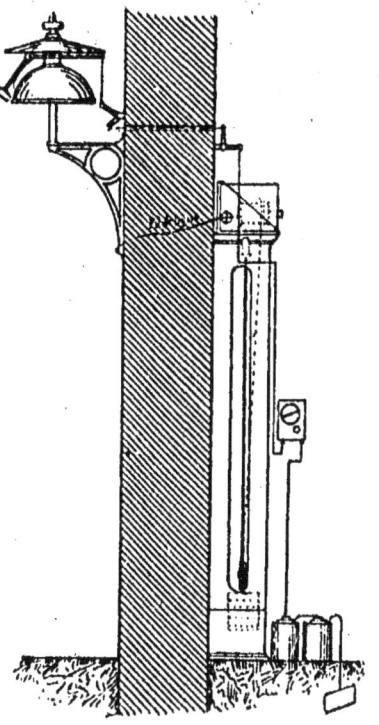

Fig. 103. — Cloche Léopolder.

Les cloches fonctionnent de deux manières différentes, soit sous l'action d'un courant envoyé sur la ligne à l'aide d'un *inducteur*, soit au contraire par l'interruption d'un *courant continu* établi en permanence sur la ligne : ce courant induit ou cette interruption produit le déclenchement du mécanisme des cloches. Le type du premier genre est la cloche Siemens (fig. 102), du second, la cloche Léopolder (fig. 103).

Quel que soit le système employé, chaque émission ou chaque

interruption de courant provoque un coup de cloche ; en combinant le nombre des coups et des séries de coups de cloche, on forme divers signaux ; si l'on figure chaque coup de cloche par un point et l'intervalle entre deux séries par un trait, on obtient la représentation graphique de ces avis.

EXEMPLE : •• — •• — ••

représente deux coups de cloche trois fois répétés ou trois séries de deux coups de cloche.

L'intervalle entre les coups de cloche consécutifs doit être d'environ trois secondes et l'intervalle entre chaque groupe de coups d'environ six secondes.

Les schéma ci-après représentent les signaux appliqués sur les lignes de l'Ouest ;

AVIS N° 1

Annonce d'un train ou machine marchant dans le sens impair.

••• — ••• — •••

AVIS N° 2

Annonce d'un train ou machine marchant dans le sens pair.

•• — •• — ••

AVIS N° 3

Annulation de l'avis n° 1 ou 2, suivant le cas.

••• — •• — ••• — •• — •••

AVIS N° 4

Annonce de véhicules en dérive dans le sens impair.

••• — ••• — ••• ═ ••• — ••• — ••• ═ ••• — ••• — •••

AVIS N° 5

Annonce de véhicules en dérive dans le sens pair.

•• — •• — •• ═ •• — •• — •• ═ •• — •• — ••

AVIS N° 6 (ALARME)

Nécessité d'arrêter immédiatement tout train ou machine en marche ou sur le point de partir.

....

Si les signaux donnés par les cloches étaient toujours nettement entendus, ces appareils seraient certainement très précieux pour la sécurité. Mais l'oreille s'habitue bien vite à ces sonneries se produisant chaque jour à la même heure ; d'autre part, le bruit extérieur peut empêcher le personnel de les entendre ou de les saisir, de telle sorte que leur efficacité est très discutable. Malheureusement des rencontres de train se sont produites malgré l'emploi des cloches électriques et l'on est bien revenu sur la valeur de ces appareils.

Le but à atteindre étant d'empêcher l'expédition simultanée de deux trains de sens contraire entre deux gares, l'emploi du *block-system* se présente naturellement à l'esprit et l'on peut se demander pourquoi cette solution n'a pas été adoptée. La meilleure raison est que son application n'est pas aussi simple qu'elle le paraît tout d'abord. Il serait facile, en effet, d'établir aux gares A et B des appareils reliés entre eux de telle sorte que, quand un train est annoncé de A vers B, on ne puisse expédier ni un second train dans le même sens, ni un train de B vers A. Mais ce système ne pourrait fonctionner que sur les lignes peu fréquentées où les trains sont très espacés, car les gares étant généralement assez éloignées l'une de l'autre, il faudrait compter au moins vingt minutes avant de pouvoir expédier un train derrière un autre. Or, sur ces lignes à faible trafic, il n'y a pas d'erreur possible et le bâton-pilote peut toujours être employé, qui donne les mêmes garanties, avec cet avantage qu'un raté est impossible. Pour appliquer le block-system sur une ligne fréquentée, il faudrait donc :

1° Installer entre les deux gares A et B des postes de block

P P′ P″ assez rapprochés pour permettre aux trains de se suivre à intervalles assez courts (fig. 164);

2° Relier entre eux les appareils des postes A P P′ P″ et B de telle sorte que, quand un train est expédié de A vers B on ne puisse pas en envoyer un de B vers A, et qu'en outre on ne puisse en expédier un second dans le même sens entre deux postes consécutifs de P à P′ par exemple, sans avoir reçu l'indication « voie libre » de P′ pour le train précédent.

L'adoption de ce système entraînerait donc une assez forte dépense d'établissement et de personnel ; elle exigerait l'emploi d'appareils compliqués et par

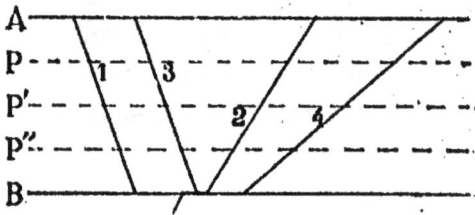

Fig. 164. — Application du *block-system* sur la voie unique.

suite sujets à dérangements, et elle ne donnerait pas la sécurité absolue, en raison des ratés inévitables dans le fonctionnement des appareils électriques. Aussi préfère-t-on, quand une ligne à voie unique devient assez chargée pour justifier l'installation du block-system, construire la seconde voie.

Nous avons vu plus haut quel auxiliaire indispensable est le *télégraphe* sur les lignes à voie unique pour permettre d'assurer la circulation des trains malgré les circonstances imprévues qui peuvent l'entraver. Le télégraphe est aussi employé, en dehors des cas où il est indispensable, à l'annonce des trains facultatifs et extraordinaires, des dédoublements, des retards, des interversions de marche, etc., et se trouve être par suite une source précieuse de renseignements pour les gares et un surcroît de précaution par les avis et les rappels qu'il leur fournit. Aussi, en raison de ces fonctions importantes, a-t-on substitué, sur presque toutes les lignes à voie unique, le télégraphe Morse ou télégraphe écrivant au télégraphe à cadran qui ne donne que des indications fugitives et ne laisse pas de traces. Mieux vaudrait, dans ce cas, employer simplement le *téléphone*, qui est d'un maniement plus rapide et qui est d'ailleurs appliqué, sur les grands réseaux, dans certains cas particuliers et a été substitué au télégraphe sur un grand nombre de lignes locales.

Dans le cours de ces dernières années, on a fait de nombreuses recherches pour utiliser l'électricité, soit comme moyen direct de garantir automatiquement la sécurité, soit comme agent d'annonce automatique des trains. Bien que nous ne soyons pas partisans de baser un système de sécurité sur des appareils automa-

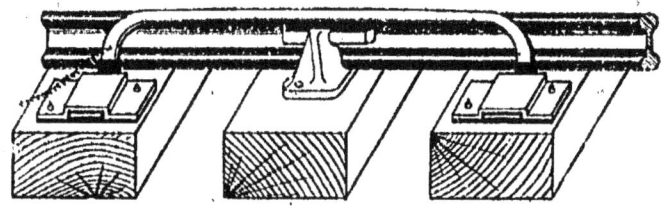

Fig. 165 *a*. — Contre-rail isolé pour l'annonce automatique des trains.

tiques qui sont sujets, quelque parfaits qu'ils soient, à des ratés pouvant avoir les plus fâcheuses conséquences, puisque toute garantie est supprimée, nous pensons que ces appareils peuvent être, dans certains cas, avantageusement utilisés comme auxiliaires et qu'il y a intérêt à encourager les recherches dans ce sens. Parmi les divers systèmes employés, nous citerons : le *contre-rail isolé* de M. de Baillehache, destiné à annoncer l'approche des trains, soit aux gares, soit aux passages à niveau; l'appareil de *déclenchement du frein* de MM. Lartigue, Forest et Digney, et l'appareil de *protection électro-automatique*, des mêmes inventeurs.

Le *contre-rail isolé* est une plaque d'acier placée sur des supports isolants extérieurement au bord du rail, de telle sorte qu'elle se trouve au contact des boudins des roues (fig. 165 *a*). Cette plaque est reliée par un fil au pôle d'une pile, placée au point où l'annonce doit se faire et dont l'autre pôle va à la terre en traversant une sonnerie, ainsi que l'indique le schéma de la figure 165 *b*. Lors-

SYSTÈMES ET APPAREILS DE SÉCURITÉ.   277

qu'une machine ou un train vient à passer, les bandages établissent par les rails la communication de la plaque et de la ligne avec la

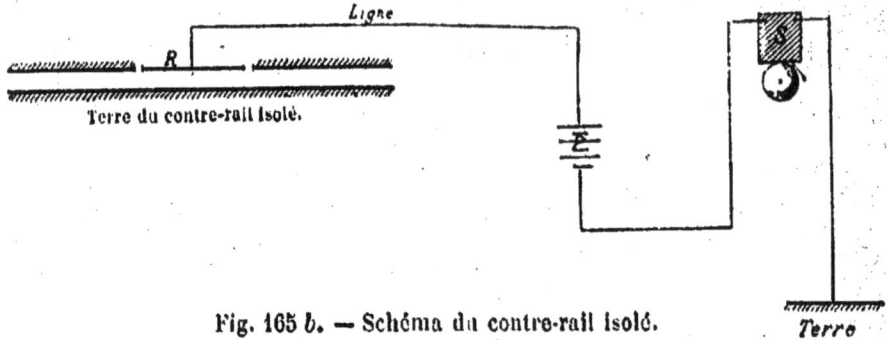

Fig. 165 b. — Schéma du contre-rail isolé.

terre et, le circuit se trouvant fermé, la sonnerie se met en action pendant le temps que dure chaque contact, c'est-à-dire le passage de chaque paire de roues. On pourrait donc, à la rigueur, connaître la composition du train annoncé. Le point délicat du système est le maintien du bon isolement du contre-rail et l'inventeur paraît y être arrivé. Cet appareil peut être utilisé, par exemple, pour annoncer aux passages à niveau l'approche des trains, afin que les gardes ferment les barrières.

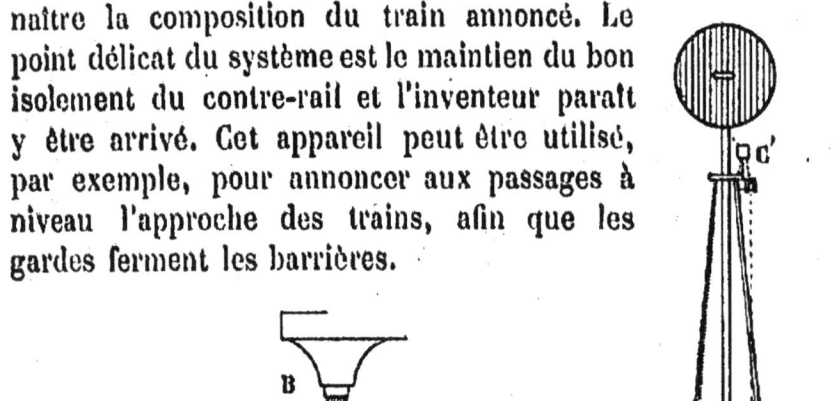

Fig. 166 a. — Crocodile (Compagnie du Nord).
B, Brosse. — C, Contact. — C', Commutateur. — P, Pile.

Pour suppléer aux indications données aux mécaniciens par les signaux et parer à un moment d'inattention, la Compagnie du Nord a appliqué à certains signaux avancés l'appareil de déclenche ment de MM. Lartigue, Forest et Digney, perfectionné par MM. Delebecque et Bandérali.

Lorsque le signal est à l'arrêt, un commutateur ferme le circuit d'une pile dont le pôle négatif est à la terre et le pôle positif relié à un contact fixe, dit *crocodile*, placé sur la voie (fig. 166 a). Lorsque le signal est à voie libre, le circuit est ouvert et le crocodile ne peut émettre aucun courant. Si, le signal étant à l'arrêt, un train vient à passer, une brosse métallique B, fixée sur la machine, prend contact du crocodile et transmet le courant dans un électro-aimant Hughes, puis à la terre par la masse de la machine. Le courant désarme

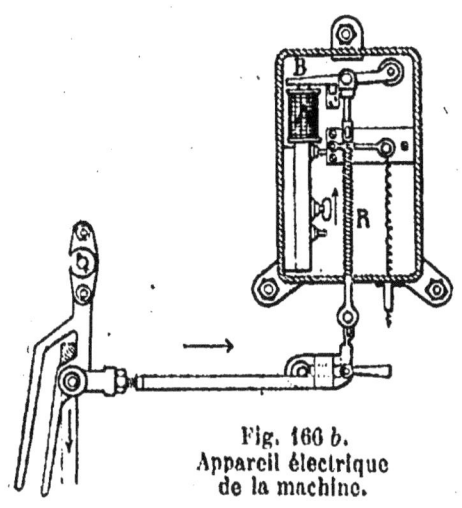

Fig. 166 b.
Appareil électrique de la machine.

l'électro-aimant A (fig. 166 b) et la palette B, remontant sous l'action du ressort R, ouvre la valve d'admission de la vapeur dans l'éjecteur du frein à vide, de telle sorte que le train s'arrête, même si le mécanicien, inattentif, n'a pas vu le signal.

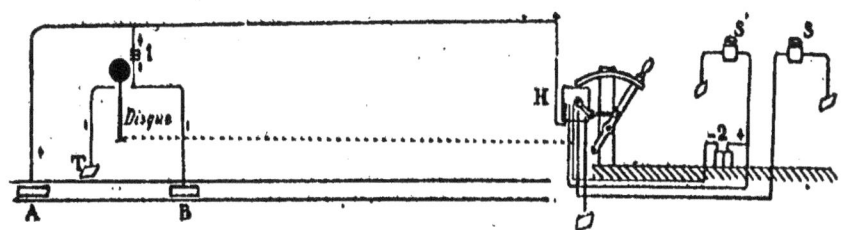

Fig. 167. — Crocodile auxiliaire.

Les mêmes inventeurs ont imaginé un appareil fonctionnant d'une manière analogue, pour permettre à un train de se couvrir lui-même par le signal avancé d'une gare en s'annonçant à cette gare. Un crocodile auxiliaire B est placé sur la voie entre le signal et la gare (fig. 107). Il est relié au pôle négatif d'une pile 1 dont le pôle positif est à la terre, de manière à n'actionner l'électroaimant établi sur la machine que pour retenir davantage la palette reliée au frein. Lorsque la brosse rencontre le crocodile B, le circuit se ferme et agit sur un commutateur H placé à la gare qui, par sa rotation, met à la terre le pôle négatif d'une pile 2, tandis que le pôle positif va agir sur la sonnerie d'annonce S' et charger le crocodile A, de telle sorte que, si un train survenait, son frein serait actionné en passant en A.

Ces appareils sont très simples et fonctionnent généralement bien ; mais, comme tout ce qui sort des mains humaines, ils sont sujets à des ratés. Or il est à craindre que le personnel, se fiant à leur action, se désintéresse des mesures de sécurité qu'il est chargé de prendre, de telle sorte qu'en cas de mauvais fonctionnement de ces appareils, tout manquerait à la fois et la circulation des trains serait livrée au hasard. C'est ce motif qui empêche que l'on n'applique plus largement les appareils automatiques, afin de tenir toujours en haleine les agents chargés de la sécurité.

CHAPITRE IX

TARIFS

Tarif légal. — Prix de revient des transports. — Tarifs pour les voyageurs. — Tarifs pour les marchandises. — Tarif général. — Tarifs spéciaux. — Impôts.

Les transports par chemins de fer donnent lieu, de la part des Compagnies, à l'application de taxes dont l'importance est fixée par les *tarifs*. Ces tarifs ont pour base, en France, le *tarif légal* établi par l'article 42 du cahier des charges et qui comporte les prix que les concessionnaires de chemins de fer sont autorisés à percevoir pour les indemniser de leurs travaux et dépenses; ce tarif est aussi appelé *tarif maximum*, parce qu'il constitue une limite supérieure au-dessous de laquelle le concessionnaire peut se mouvoir, sous réserve de l'approbation du ministre.

Le tarif légal se compose de deux parties :

Le *droit de péage*, qui correspond aux charges du capital de premier établissement et aux frais d'entretien de la voie ferrée ;

Le *prix de transport*, qui comprend les dépenses d'achat et d'entretien du matériel roulant, les frais de traction et les dépenses d'exploitation.

La première partie constitue environ 60 p. 100 de la taxe totale.

Pour nous rendre compte des divers systèmes adoptés par les Compagnies pour l'établissement et l'application de leurs tarifs, nous pensons qu'il convient de dire tout d'abord un mot du *prix de revient* des transports. Ce prix de revient est très difficile à établir ; il faut tenir compte de nombreux éléments, variables d'un point à un autre : l'utilisation, le salaire, le rendement du personnel, le prix du matériel et du combustible, l'importance et la nature du trafic ; il faut répartir entre les divers transports exécutés les dépenses afférentes aux éléments variés qui interviennent dans leur exécution, et cette répartition se fait forcément un peu au sentiment. Quoi qu'il en soit, M. l'ingénieur en chef Baum est parvenu, après une longue et très remarquable étude statistique, à déduire des faits enregistrés des règles qui permettent d'établir, avec une approximation suffisante, le prix de revient des transports. Une des conséquences les plus curieuses de son étude est l'égalité du prix de revient du *voyageur-kilomètre* ou voyageur transporté à un kilomètre, et de la *tonne-kilomètre*, c'est-à-dire de la tonne transportée à un kilomètre en petite vitesse, égalité approximative bien entendu, car le transport d'un voyageur de 1re classe coûte évidemment plus cher que celui d'un voyageur de 3e classe ou de 4e classe, si l'on va en Italie ou en Allemagne. Cette assimilation est cependant assez exacte pour permettre de réduire tous les transports en tonnes-kilomètres, que l'on considère comme l'unité de trafic.

Ceci posé, le prix de revient du transport d'un voyageur ou

d'une marchandise peut se décomposer en deux parties : les charges du capital de premier établissement et les frais d'exploitation, qui correspondent au droit de péage et au prix de transport du tarif légal.

Si, d'un autre côté, on se place au point de vue du service et des opérations diverses que nécessitent les transports, on voit qu'il entre dans le prix de revient deux éléments bien distincts : l'un comprenant les dépenses indépendantes du parcours qui résultent des opérations exécutées à la gare de départ et à la gare d'arrivée, opérations énumérées au chapitre IV ci-dessus ; l'autre, variant avec la distance parcourue et qui comporte les dépenses d'établissement et d'entretien de la voie, la traction, l'usure du matériel et des rails, etc.

Le tableau suivant, extrait de l'étude de M. Baum sur l'exploitation des chemins de fer de l'État austro-hongrois, montre les rapports qui existent entre les divers éléments du prix de revient.

NATURE DES TRANSPORTS.	DÉPENSE INDÉPENDANTE de la distance parcourue.			DÉPENSE KILOMÉTRIQUE dépendant du parcours.			DÉPENSE KILOMÉTRIQUE totale (1).		
	CHARGE des capitaux.	EXPLOITATION.	TOTAL.	CHARGE des capitaux.	EXPLOITATION.	TOTAL.	CHARGE des capitaux.	EXPLOITATION.	TOTAL.
	Fr.	Fr.	Fr.	Cent.	Cent.	Cent.	Cent.	Cent.	Cent.
Ancien réseau.									
Voyageurs	0,37	0,42	0,70	1,80	2,00	3,80	2,40	2,60	5,00
Marchandises	»	»	1,41	2,14	1,89	4,03	2,75	2,42	5,17
Nouveau réseau.									
Voyageurs	»	»	1,17	»	»	6,05	»	»	8,81
Marchandises	»	»	1,50	3,43	2,37	5,80	4,53	3,22	7,75

1. Calculée d'après les parcours moyens relevés, soit { Ancien réseau { Voyageurs . . . . 70 kilomètres. Marchandises. . . 137 — { Nouveau réseau { Voyageurs . . . . 50 — Marchandises. . . 81 —

En raison de la difficulté d'établir en détail le prix de revient correspondant à chaque nature de transport, on se contente généralement de calculer en bloc le prix de revient de l'unité de trafic, en réduisant tous les transports d'une année, par exemple, en unités de trafic, c'est-à-dire en voyageurs-kilomètres et en tonnes-kilomètres et en divisant par le total ainsi obtenu la somme des dépenses de l'année, y compris, bien entendu, l'amortissement du capital. D'autre part, en divisant par le même nombre la recette totale de l'année, on obtient la recette moyenne par unité de trafic. La comparaison de ces deux chiffres est intéressante, et le tableau suivant donne les résultats obtenus de 1866 à 1884 pour l'ensemble des chemins de fer français d'intérêt général.

	1866.	1869.	1872.	1875.	1877.	1879.	1880.	1881.	1882.	1883.	1884.
Prix de revient de l'unité de trafic, y compris les charges des capitaux dépensés par l'État.........	5,52	5,58	5,83	6,01	6,17	6,06	5,70	5,58	5,60	5,74	6,03
Recette par unité de trafic.........	5,83	5,86	5,72	5,77	5,71	5,70	5,66	5,59	5,54	5,40	5,19

Ces valeurs du prix de revient et de la recette correspondant au transport de l'unité de trafic ne sont que des moyennes, et ces deux facteurs varient dans des limites assez étendues.

D'une manière générale, le prix de revient s'abaisse lorsque l'importance des transports augmente, puisqu'il contient d'abord une série d'éléments constants, quel que soit le trafic (frais d'amortissement du capital d'établissement, dépenses d'administration, etc.), et d'autre part des charges qui n'augmentent pas proportionnellement au trafic, les frais d'entretien de la ligne, par exemple, et dont l'influence diminue quand le trafic augmente. A côté de cela, pour chaque transport en particulier, le prix de revient est très variable; il diminue :

1° Lorsque le transport comporte des charges complètes, puisque le matériel est mieux utilisé ;

2° Lorsque le parcours à effectuer augmente, puisque l'influence des dépenses accessoires, indépendantes du parcours, qui sont, comme nous l'avons vu, très lourdes, diminue ;

3° Lorsque la marchandise suit un courant inverse du courant normal et permet par suite d'utiliser en retour du matériel et des trains qui, sans cela, circuleraient à vide ou à charge incomplète ;

4° Lorsque la nature de la marchandise facilite les opérations de chargement, de déchargement et de reconnaissance et, par suite, quand les deux premières opérations sont exécutées par le commerce ;

5° Enfin lorsque le transport s'exécute sur des lignes à profil facile, à rampes faibles et à courbes de grand rayon, et quand il peut s'effectuer d'une seule traite sans changement de ligne ou de train.

Le calcul a démontré que, pour certains transports qui réunissent toutes ces conditions favorables, le prix de revient de la tonne kilométrique peut s'abaisser jusqu'à 2 centimes et même $1^c,5$; nous citerons, par exemple, les houilles dirigées du nord de la France sur Paris.

C'est de l'application de ces considérations que sont sortis les tarifs spéciaux des Compagnies de chemins de fer, qui constituent pour le public une si grande amélioration sur le tarif légal.

Les *tarifs* se divisent en deux grandes catégories : ceux à grande et ceux à petite vitesse, que différencie, en France du moins, non seulement la plus ou moins grande rapidité du transport, mais aussi l'importance des charges d'impôt. On s'étonne souvent, dans notre pays, de l'élévation du prix de transport des marchandises à grande vitesse, des bagages et surtout des voyageurs ; mais on ne réfléchit pas que l'État absorbe à lui seul le quart de la taxe perçue, puisque, pour les transports à grande vitesse, les charges de l'impôt s'élèvent à 23,20 pour 100 des prix perçus. Les Compagnies, dont les intérêts sont les mêmes que ceux du public, puisqu'un abaissement de taxe entraînerait une augmentation de circulation, se sont engagées à effectuer dans leurs tarifs pour les voyageurs une réduction égale à celle que l'État consentirait dans le taux de l'impôt, ce qui ferait bénéficier les voyageurs d'une diminution de prix de 10 pour 100 pour une réduction d'impôt de 5 pour 100. Malheureusement les Chambres n'ont pas voulu entrer dans cette voie ; elles suivraient plutôt une marche inverse, et l'énorme abaissement qui s'est produit en 1872 dans la circulation (25 pour 100 environ), lorsque le nouvel impôt de 10 pour 100 a été établi, montre la fâcheuse influence de ce système, aussi bien sur les revenus publics que sur les recettes des Compagnies.

Les transports à *grande vitesse* comprennent les voyageurs, les bagages, les chiens, les marchandises et les animaux.

Chacun sait qu'il y a en France trois classes de voyageurs, correspondant à des places comportant un confort différent. Il en est de même dans la plupart des pays de l'Europe ; cependant, en Russie, en Italie et en Allemagne, on a porté à quatre le nombre des classes, tandis qu'en Angleterre, au contraire, on tend à le réduire à deux. Indépendamment des *billets simples*, dont le prix est calculé d'après les bases du tarif général, soit par kilomètre : $12^c,32$ en 1re classe, $9^c,24$ en 2e classe et $6^c,78$ en 3e classe, et qui sont réduits de 75 pour 100 pour les militaires et de 50 pour 100 pour les enfants de trois à sept ans, il existe pour les voyageurs de nombreux *tarifs spéciaux*, créés sur les parcours fréquentés, soit pour y augmenter la circulation, soit pour tenir compte de la fréquence des voyages à effectuer. Tels sont les *billets d'aller et retour* qui comportent une réduction de 25 pour 100 sur le tarif général ; les *billets de bains de mer et de famille*, qui descendent jusqu'à 40 pour 100 de ce tarif ; les *billets d'excursion* valables pour quinze jours ou un mois et comportant une réduction qui atteint 50 pour 100 du tarif plein ; les *cartes d'abonnement*, qui donnent droit de circuler à volonté sur un parcours déterminé pendant une durée limitée. Ces cartes offrent une réduction de prix considérable qui varie, avec le parcours, de 67 pour 100 jusqu'à 92 pour 100, si l'on calcule sur une moyenne de 300 voyages par an; certaines Compagnies, comme l'Ouest, vont même jusqu'à abaisser de 50 pour 100 le prix de leurs abonnements pour les enfants et les jeunes gens qui suivent les cours des lycées, collèges et institutions. Enfin, depuis quelques années les ouvriers de la banlieue de Paris peuvent profiter, pour se rendre à leur travail dans la capitale et en revenir, de cartes d'abonnement hebdomadaires, valables seulement dans des trains déterminés, correspondant aux heures d'ouverture et de fermeture des ateliers, mais dont le bas prix fait ressortir le coût du voyage de 9 à 15 centimes seulement [1].

On voit que les Compagnies sont assez larges dans l'application de leur droit, le tarif légal; cependant on voudrait obtenir davantage, et, depuis de longues années, les représentants de commerce sollicitent la mise en vente de carnets de chèques de circulation, valables sur tous les réseaux pour un nombre de kilomètres déterminé et dont le prix serait d'autant plus bas que le parcours serait plus étendu. On comprendra que les Compagnies, avant d'entrer dans cette voie, qui ouvrirait largement la porte à toute espèce de fraudes, aient voulu s'entourer des garanties nécessaires.

Par contre, pour les places dites *de luxe*, telles que coupés, coupés-lits, salons, salons-lits, compartiments réservés, on perçoit, par application d'un autre tarif spécial, une *surtaxe* variant de 10 à 50 pour 100 en plus du prix de la 1re classe. Dans certains pays, même, on majore le prix des billets de toute classe valables dans les trains de vitesse, directs, express ou rapides. Cette majoration est de 10 à 20 pour 100 en Italie, de 25 pour 100 en Belgique, de 26 pour 100 en Allemagne; elle existe aussi en Angleterre.

De même pour les bagages : alors que les Compagnies fran-

---

[1]. Sur la Ceinture de Paris, il est aussi délivré des billets spéciaux dits *billets ouvriers*, valables dans certains trains du matin et du soir, au prix uniforme de 0 fr. 30 par place (aller et retour).

çaises transportent gratuitement 30 kilogrammes de bagages par voyageur, la plupart des chemins de fer étrangers font payer intégralement le tarif de la grande vitesse pour tous les colis que le voyageur fait transporter, et l'on sait, par le prix élevé des excédents de bagage que l'on paye en France (0 fr. 55 ou 0 fr. 44 par tonne et par kilomètre, suivant le poids), combien est lourde cette taxe supplémentaire. Ce transport gratuit des bagages est encore un des motifs qui justifient l'élévation des tarifs à voyageurs français.

Nous n'insisterons pas sur les tarifs appliqués aux marchandises et aux animaux transportés en grande vitesse. Ces transports sont généralement taxés aux prix du tarif général, soit 0 fr. 55 et 0 fr. 44 par tonne et par kilomètre, suivant que le poids est inférieur ou supérieur à 40 kilogrammes, plus 0 fr. 10 d'enregistrement, 0 fr. 35 de récépissé et 1 fr. 76 de frais de chargement et de déchargement par tonne. D'après le même tarif, les finances et valeurs payent 0 fr. 00277 par fraction indivisible de 1000 francs et par kilomètre[1]. Quant aux tarifs spéciaux de grande vitesse, en raison du petit nombre relatif de ces transports, ils ne présentent d'intérêt qu'en ce qui concerne les *denrées* pour lesquelles on a établi un tarif réduit, et les *petits colis*, qui sont transportés, suivant leur poids, soit comme *colis postaux* (0 à 3 kilogrammes), soit comme *petits paquets* (3 à 5 kilogrammes), moyennant un prix uniforme[2], quelle que soit la distance, et qui peuvent également circuler dans les mêmes conditions à l'étranger, du moins dans les pays ayant adhéré à l'Union postale.

En ce qui concerne la *petite vitesse*, le tarif général est moins simple que pour la grande vitesse; on a été amené, en effet, afin d'abaisser le plus possible le prix de transport des matières de peu de valeur et qui demandent moins de soins, à créer diverses classes ou catégories de marchandises, soumises chacune

---

1. Avec minimum de perception de 0 fr. 25.
2. 0 fr. 60 pour les colis postaux, 1 franc et 1 fr. 20 pour les petits paquets.

à une taxe particulière. Les bases du tarif maximum ou légal, qui divise les marchandises en quatre classes, sont indiquées au tableau suivant, qui comporte également les prix de transport des animaux et voitures, étant bien entendu que les marchandises non dénommées sont rangées dans la classe qui contient les produits auxquels elles sont assimilables.

		PÉAGE.	TRANSPORT.	TOTAL.
		Fr.	Fr.	Fr.
A. — *Animaux*. — Prix par tête et par kilomètre.				
Bœufs, vaches, taureaux, chevaux, mulets, bêtes de trait. . . .		0,07	0,03	0,10
Veaux et porcs.		0,025	0,015	0,04
Moutons, brebis, agneaux, chèvres.		0,01	0,01	0,02
B. — *Marchandises*. — Prix par tonne et par kilomètre.				
1re Classe.	Spiritueux, huiles, bois de menuiserie, de teinture et autres bois exotiques, produits chimiques non dénommés, œufs, viande fraîche, gibier, sucre, café, drogues, épiceries, tissus, denrées coloniales, objets manufacturés, armes.	0,09	0,07	0,16
2e Classe.	Blés, grains, farines, légumes farineux, riz, maïs, châtaignes et autres denrées alimentaires non dénommées, chaux et plâtres, charbon de bois, bois à brûler dit de corde, perches, chevrons, planches, madriers, bois de charpente, marbre en bloc, albâtre, bitume, cotons, laines, vins, vinaigres, boissons, bières, levure sèche, coke, fer, cuivre, plomb et autres métaux ouvrés ou non, fontes moulées.	0,08	0,06	0,14
3e Classe.	Pierres de taille et produits de carrières, minerais autres que les minerais de fer, fonte brute, sel, moellons, meulière, argiles, briques, ardoises. .	0,06	0,04	0,10
4e Classe.	Houille, marne, cendres, fumiers, engrais, pierres à chaux et à plâtre, pavés et matériaux pour la construction et la réparation des routes, minerais de fer, cailloux et sables :			
Pour les parcours de 0 à 100 kilomètres, sans que la taxe puisse être supérieure à 5 francs.		0,045	0,035	0,08
Pour les parcours de 101 à 300 kilomètres, sans que la taxe puisse être supérieure à 12 francs.		0,03	0,02	0,05
Pour les parcours de plus de 300 kilomètres.		0,025	0,015	0,04

Les tarifs généraux que les Compagnies avaient tout d'abord établis se rapprochaient beaucoup de ces bases, la seule modification importante qu'elles y aient introduite en faveur du commerce était la division en six séries au lieu de quatre classes, ce qui abaissait le prix de transport de quelques marchandises. Mais, lors de la discussion des conventions de 1883, elles se sont engagées à transformer leurs tarifs généraux en substituant, pour chaque série à un prix uniforme, une taxe décroissant avec la distance ; c'était faire bénéficier le public de l'abaissement du prix de revient lorsque le parcours augmente.

Nous donnons ci-dessous les bases du tarif général de Paris-Lyon-Méditerranée, tel qu'il a été homologué par M. le ministre des travaux publics.

	1re SÉRIE.	2e SÉRIE.	3e SÉRIE.	4e SÉRIE.	5e SÉRIE.	6e SÉRIE.
	Centimes.	Centimes.	Centimes.	Centimes.	Centimes.	Centimes.
Base initiale	16	14	12	10	8	8
Taxe par kilomètre en sus						
De 26 à 100 kil.	»	»	»	»	»	4
101 — 150 —						
151 — 200 —	15	13	11	9	7	3.5
201 — 300 —					4	
301 — 500 —	14	12	10	8	au delà de 200 kil.	3
501 — 600 —	13	11	9	7	»	
601 — 700 —	12	10	8	6	»	
701 — 800 —	11	9	7	5	»	2.5
801 — 900 —	10	8	6	4	»	
901 — 1000 —	9	7	5	au delà de 800 kil.	»	2
Au delà de 1000 —	8	6	au delà de 900 kil.	»	»	au delà de 900 kil.

A côté du tarif général, il existe, pour la plupart des marchandises, un *tarif* dit *spécial* dont l'application, subordonnée à diverses conditions que nous allons énumérer succinctement, est avantageuse pour le public dans certains cas. Ces tarifs spéciaux, qui comportent une base plus réduite que celle du tarif général, ont pour point de départ les différentes circonstances de nature à diminuer, soit la responsabilité des Compagnies, soit le prix de revient du transport. La condition essentielle d'application de ces tarifs est la demande formelle de l'expéditeur, demande qui est indispensable pour établir qu'il accepte les conditions qui lui sont imposées par le tarif spécial.

Les principales clauses de ces tarifs sont :

La prolongation du délai de transport, qui permet au besoin au chemin de fer d'attendre, pour utiliser un wagon vide en retour ;

La non-responsabilité de la Compagnie pour les déchets et avaries de route ;

Le minimum de tonnage, qui permet d'utiliser complètement la capacité du matériel et même la charge d'un train [1] ;

La longueur du parcours, qui répartit sur une taxe plus forte les frais fixes d'expédition et de réception ;

La direction du transport, qui permet de mieux utiliser les wagons et les trains dans le sens des parcours à vide ;

Le chargement et le déchargement par l'expéditeur et le destinataire.

La plupart des tarifs spéciaux stipulent cette dernière clause. Presque tous aussi sont ce qu'on appelle *différentiels*, c'est-à-dire comportent une taxe kilométrique d'autant moins élevée que la distance est plus grande. Cet abaissement de la base peut s'appliquer à la distance entière parcourue, avec minimum ou maximum de perception à chaque changement de base ; il constitue alors un tarif *à paliers*. Si, au contraire, la réduction de la taxe kilométrique ne s'applique qu'à la partie du parcours qui excède une certaine distance, le tarif est dit *belge*. Ainsi les taxes fixées pour la 4ᵉ classe

---

[1]. Tarif Nord pour le transport des houilles par trains complets.

du cahier des charges forment un tarif à paliers ; celles prévues par le nouveau tarif général P.-L.-M, reproduit ci-dessus, constituent un tarif belge.

Moyennant l'application de ces conditions et d'autres analogues, mais d'ordre secondaire, les Compagnies peuvent abaisser les taxes de transport, suivant les marchandises, jusqu'à un minimum qui descend au-dessous de 2 centimes par kilomètre.

Parmi les tarifs spéciaux, on peut citer : les *tarifs d'importation* qui facilitent l'envoi des matières premières sur le lieu de fabrication ; d'*exportation*, qui activent la sortie des produits fabriqués ; de *transit*, qui détournent au profit de la France la circulation entre deux pays voisins ; le tarif des *embranchements particuliers*, qui permet aux industriels de faire amener et enlever les marchandises par wagons jusque dans leur usine, évitant ainsi les frais de décharge et de recharge sur camion et le transport par voie de terre ; le tarif *des expositions* qui équivaut à la demi-taxe, etc. Le *tarif de camionnage*, qui règle le prix des transports à domicile dans les diverses villes de chaque réseau, est un tarif spécial ; c'est même un tarif à *prix ferme*, puisqu'il stipule des taxes fixes sans tenir compte des distances à parcourir. Cette clause des prix fermes, correspondant, pour les parcours indiqués, à une base kilométrique encore inférieure à celle fixée pour les parcours quelconques, se retrouve dans un grand nombre de tarifs spéciaux.

On pourrait croire, d'après ce que nous avons dit, que tous ces tarifs, beaucoup plus bas que les maxima prévus par le cahier des charges, sont à la disposition des Compagnies qui peuvent soit les élever, soit les abaisser dans les limites fixées, sous réserve de prévenir le public un certain temps à l'avance. Il n'en est rien : toute modification de tarif, aussi bien dans le sens d'une réduction que d'une augmentation, doit être soumise au ministre des travaux publics et approuvée par lui. Et ce qui paraîtra étonnant, c'est que, malgré les avantages que le commerce pourrait y trouver en même temps que les Compagnies, le ministre n'approuve pas, n'*homologue* pas, pour employer le terme administratif, tous les abaisse ments de tarifs qui lui sont proposés. Cela tient à ce qu'on veut faciliter certaines concurrences, celle de la navigation par exemple, qui n'a aucune charge et que l'État subventionne au contraire par des travaux importants; par suite, on ne veut pas autoriser sur une ligne de chemin de fer parallèle l'application d'un prix trop voisin de ceux de la voie d'eau, qui perdrait la plus grande partie de son fret, même à prix plus bas, à cause de sa lenteur. Il n'en est pas ainsi dans les pays étrangers où les Compagnies ont, soit en droit, soit en fait, une grande liberté d'allures pour la modification de leurs tarifs, surtout dans le sens de l'abaissement; nous citerons en première ligne l'Angleterre où la liberté est absolue.

Les transports à petite vitesse ne sont pas soumis à l'impôt; mais, comme pour la grande vitesse, il vient s'ajouter à la taxe principale une série de taxes accessoires perçues, les unes par l'État, comme le droit de 0 fr. 70 de récépissé appliqué à chaque expédition, et les autres par les Compagnies; nous voulons parler des *droits de gare* de 0 fr. 20 ou 0 fr. 35 par tonne au départ et à l'arrivée, suivant qu'il s'agit de marchandises par wagon complet ou de colis de détail; des *droits de transmission* de 0 fr. 40 par tonne pour le passage des marchandises d'un réseau sur l'autre, et des *frais de chargement et de déchargement* de 0 fr. 30 ou 0 fr. 40 par tonne, etc.. Ces frais accessoires, qui ont peu d'influence sur le prix des gros transports, pèsent lourdement sur ceux de faible importance, surtout le droit de récépissé; aussi une campagne a-t-elle été entreprise pour modifier la perception de cet impôt. Deux projets sont en présence : l'un, présenté par un député, tendant à substituer au récépissé un impôt de 3 pour 100 sur le prix du transport, serait une lourde charge pour les produits agricoles; l'autre, préconisé par les Compagnies et bien préférable à tous les points de vue, consiste à abaisser le prix du récépissé à 0 fr. 40 pour les transports de 3 francs et au-dessous, à le maintenir à 0 fr. 70 pour ceux compris entre 3 et 10 francs et à le porter à 1 franc pour les transports dépassant 10 francs; ces trois séries ont été déterminées par la condition d'obtenir pour l'État le même rendement.

Nous avons dit plus haut que certains tarifs spéciaux étaient basés sur une prolongation des délais de transport. Ces délais de transport sont fixés chaque année par arrêté ministériel. En grande vitesse, ils correspondent au transport de la marchandise par le premier train omnibus partant trois heures après la remise en gare, la livraison devant avoir lieu, en gare, trois heures aussi après l'arrivée. En petite vitesse, les Compagnies ont droit à autant de fois vingt-quatre heures que le parcours comporte de fois 125 ou 200 kilomètres, suivant les lignes, non compris les jours de remise, d'expédition, de mise à disposition et de livraison. Ce délai est augmenté de vingt-quatre heures chaque fois qu'il y a transmission de Compagnie à Compagnie ; il peut être prolongé pour causes de force majeure, telles que neiges, inondations, éboulements, mobilisation, etc.

Ainsi que nous venons de le voir, la tarification française, avec sa classification des marchandises, est proportionnelle à la valeur de l'objet transporté et, en même temps, à la responsabilité que la Compagnie encourt pour perte ou avarie de la marchandise. C'est un système de tarification *ad valorem* qui associe la Compagnie à l'expéditeur et la fait participer, en quelque sorte, au bénéfice que ce dernier peut retirer de son envoi. Ces tarifs sont établis suivant ce précepte économique : « qu'il faut demander à la marchandise tout ce qu'elle peut donner ». Il n'en est pas de même dans d'autres pays, et en Allemagne, par exemple, on applique, en principe, une tarification qui ne tient aucun compte de la *nature* du transport, mais seulement de son poids et de son volume qui sont, en effet, les deux principaux éléments à considérer pour calculer la dépense qu'un transport quelconque occasionne à la Compagnie. Mais on conçoit facilement que cette manière de faire modifie grandement la question de responsabilité du transporteur ; du reste, cette façon de taxer très simple et très logique, en apparence, a donné lieu dans la pratique à de nombreuses complications. En outre, les administrations allemandes, en accordant des réductions de prix proportionnelles au tonnage transporté, et dans le but de faciliter le chargement de wagons complets, de groupes de wagons et même de trains entiers, a fait naître une industrie intermédiaire, celle des *groupeurs*, qui bénéficient de la plus grande part des réductions consenties au commerce.

CINQUIÈME PARTIE

ORGANISATION GÉNÉRALE DES COMPAGNIES
CONTROLE — PERSONNEL

CHAPITRE PREMIER

ORGANISATION ADMINISTRATIVE
CONTROLE DE L'ÉTAT

Direction. — Conseil d'administration. — Contrôle administratif, technique et commercial.

Tous les services dont nous venons d'étudier le fonctionnement sont réunis sous la main du directeur de la Compagnie. Le directeur est chargé, sous l'autorité du Conseil d'administration, nommé par l'Assemblée générale des actionnaires, de la gestion des affaires de la Société. Ses attributions peuvent se diviser en deux grandes catégories : il présente au Conseil d'administration des propositions pour la constitution des cadres du personnel, l'organisation des trains, l'établissement des tarifs, les projets d'aménagement des gares, les traités et marchés, la nomination et les traitements du personnel, etc., en un mot, tout ce qui entraîne une dépense ou une recette; d'autre part, et à la suite des décisions prises par le Conseil d'administration, il adresse des ordres aux différents services que nous avons décrits et au personnel qui les compose, sous forme d'instructions verbales ou manuscrites aux chefs de service, et de règlements approuvés par le ministre, d'ordres généraux ou spéciaux, immédiatement exécutoires par le personnel; en outre, il opère les recettes et mandate les dépenses.

Les ordres reçus par les chefs de service sont transmis au personnel qui dépend de chacun d'eux, soit par des communications manuscrites, soit au moyen d'instructions, de circulaires ou d'avis imprimés ou autographiés. Les chefs de service sont en outre chargés de faire étudier, tant par leurs bureaux centraux que par les agents actifs placés sous leurs ordres, les différentes questions qui sont de leur ressort, au sujet desquelles ils soumettent ensuite des propositions au directeur. Nous avons donné plus haut pour chaque service son organisation spéciale et des indications sommaires sur son fonctionnement. Nous n'y reviendrons donc pas ici et nous ajouterons seulement que cette organisation se retrouve à peu près identique dans les chemins de fer étrangers.

Toute cette machine complexe fonctionne sous la surveillance du ministère des travaux publics, surveillance exercée par un ensemble de fonctionnaires, prenant le nom de Contrôle de l'État, tant sur la construction et l'entretien des voies, des machines et du matériel que sur l'exploitation proprement dite, technique et commerciale et sur l'établissement des comptes.

Pour chaque réseau, ce service de contrôle est dirigé par un inspecteur général des ponts et chaussées ou des mines, secondé par un ingénieur en chef des ponts et chaussées chargé du contrôle des travaux et du mandatement des dépenses, par un ingénieur en chef des mines ou des ponts et chaussées chargé du contrôle de l'exploitation technique, et par un inspecteur principal de l'exploitation commerciale. Sous leurs ordres sont placés des ingénieurs ordinaires des ponts et chaussées et des mines et des inspecteurs particuliers de l'exploitation commerciale, chargés de l'étude des affaires. Enfin ils sont secondés par des agents d'information et de surveillance, garde-mines, conducteurs des ponts et chaussées, commissaires de surveillance administrative; ces derniers sont placés dans certaines gares, en contact direct avec le service actif.

Le service du Contrôle est chargé :

1° De surveiller la voie et ses dépendances, de contrôler les travaux qui y sont exécutés, de veiller au bon entretien des signaux et appareils, d'examiner les projets présentés par les Compagnies, de vérifier le décompte des sommes à leur payer à titre de subvention ou d'indemnité, d'instruire les affaires de voirie ;

2° De contrôler le matériel roulant et les machines, le mouvement des trains, le service des gares, l'exécution des lois, ordonnances et règlements, de surveiller le service de la traction, de déterminer les responsabilités en cas d'accident et d'étudier les mesures à prescrire pour en éviter le retour ; d'instruire les plaintes déposées contre le service et les agents du chemin de fer ;

3° D'examiner les propositions des Compagnies touchant les tarifs et les taxes accessoires, les conventions commerciales ; de constater le mouvement de la circulation, les dépenses et les recettes d'exploitation ; de donner leur avis sur l'organisation du service des trains au point de vue commercial, d'instruire les réclamations relatives à l'application des tarifs.

Les agents du Contrôle de l'État sont en France au nombre de 800 environ pour un développement du réseau d'intérêt général de 31 000 kilomètres ; leur traitement, qui est remboursé à l'État par les Compagnies, s'élève à plus de 3 millions, ce qui correspond à environ 100 francs par kilomètre ; c'est donc une charge très appréciable pour le budget des Compagnies.

Le contrôle de l'État s'exerce d'ailleurs sur les chemins de fer dans la plupart des pays étrangers, à moins que l'État n'exploite lui-même. En Angleterre, le *Board of Trade* est chargé, avec l'aide d'inspecteurs techniques spéciaux, de veiller à la sécurité du service des trains ; en Italie, en Espagne, en Belgique, en Autriche, le Contrôle existe également, avec une action, il est vrai, beaucoup moins étendue que chez nous ; en Amérique même, ce pays de la liberté presque illimitée, des commissions de contrôle ont été instituées dans ces dernières années. Mais il faut reconnaître que, dans aucun pays, l'action du Contrôle ne se fait sentir aussi loin qu'en France, où les plus petits détails de fonctionnement du service tendent à échapper à l'initiative des Compagnies. Peut-être conviendrait-il d'élargir un peu les bases d'action de ce Contrôle, de manière à permettre l'étude, devenue bien nécessaire dans l'exploitation des lignes peu productives, de systèmes économiques de nature à réduire à leur minimum les dépenses d'exploitation.

CHAPITRE II

PERSONNEL

Recrutement, avancement du personnel. — Caisse des retraites. — Faveurs accordées par les Compagnies. — Situation militaire.

Le personnel des Compagnies françaises de chemins de fer est recruté parmi les jeunes gens de nationalité française, qui ont satisfait aux exigences de la loi militaire en ce qui concerne le service actif et qui n'ont pas atteint l'âge de trente ans; toutefois, cette limite est étendue jusqu'à trente-sept ans pour les sous-officiers rengagés. Les candidats sont répartis suivant leurs aptitudes et leur instruction : les terrassiers font des élèves poseurs de la Voie; les ouvriers en métaux sont envoyés dans les ateliers du Matériel et de la Traction; ceux dont les antécédents n'entraînent pas de connaissances spéciales sont admis dans le service de l'Exploitation, soit comme élèves hommes d'équipe, soit, s'ils possèdent une certaine instruction, comme élèves facteurs ou employés enregistrants. C'est tout ce qu'on offre, même aux bacheliers; il faut commencer par les échelons les plus bas pour arriver à une connaissance complète et approfondie du service, nécessaire même dans les plus hauts grades. Comme on le voit, les débuts sont modestes; nous devons ajouter que le travail est pénible et exige soin, zèle et dévouement. Eh bien, malgré cela, les demandes affluent par milliers, et il n'est pas facile d'être admis dans une Compagnie de chemin de fer. Hâtons-nous de dire que les sujets d'élite percent vite et peuvent arriver assez rapidement à se créer des situations sûres et honorables, surtout dans le service de l'Exploitation, où il n'est pas besoin de connaissances théoriques spéciales.

Dans les services de la Voie et de la Traction, en effet, il est indispensable, pour pouvoir occuper un poste de direction, fût-ce celui de piqueur ou de chef de dépôt, de posséder des notions de géométrie, de construction, ou de mécanique appliquée. Aussi est-il fort rare qu'on y arrive sans sortir au moins d'une école d'arts et métiers. Les hauts grades sont même réservés forcément aux ingénieurs que fournissent nos grandes écoles polytechnique, centrale, des ponts et chaussées et des mines.

Dans l'Exploitation, au contraire, si à un premier fonds d'instruction solide, on joint de la conduite, de l'activité, du zèle et le désir d'arriver, on apprend par la pratique même à connaître le fonctionnement des divers rouages, et l'on peut arriver à de très hautes situations; nous pourrions citer dans nos grandes Compagnies tel inspecteur principal qui a commencé comme facteur. On s'explique donc l'attraction qu'exerce le service des chemins de fer. Mais, dût-on même rester dans des emplois subalternes, on y trouve la considération et la stabilité, ce qui n'est pas à dédaigner.

Au bout d'un certain temps, l'élève est *classé* ou *commissionné* par un ordre de service du directeur, c'est-à-dire fait partie intégrante de la Compagnie et commence à verser pour la *caisse des retraites*. L'organisation des caisses de retraite varie avec les réseaux; mais on peut caractériser en quelques mots le système : retenue minime sur le traitement (de 3 à 5 pour 100) et versement par la Compagnie elle-même, sur la tête de l'employé, d'une somme à peu près équivalente, mais presque toujours plus forte (4 à 9 pour 100 du traitement). La capitalisation des sommes ainsi versées permet de servir aux agents, au bout de vingt-cinq ans de service, à la condition qu'ils aient atteint l'âge de cinquante ou de cinquante-cinq ans, une retraite égale à la moitié de leur traitement moyen des six dernières années. Cette retraite, qui est insaisissable, augmente naturellement avec les années de service des agents, en général de 1/60 du traitement par année en plus de vingt-cinq, ce qui donne 40/60 ou deux tiers du traitement pour trente-cinq ans de service ; elle est réversible, à la mort du titulaire, pour moitié sur la tête de sa femme ou, à son défaut, de ses enfants jusqu'à l'âge de dix-huit ans.

L'avenir des employés de chemins de fer est donc bien assuré ; leur présent ne l'est pas moins.

Au service de la Voie, où les traitements sont peu élevés, beaucoup d'agents sont logés dans des maisons de garde-barrières et jouissent d'un jardin qu'ils cultivent à leurs moments perdus et qui leur fournit légumes et fruits pour eux et pour leur famille ; en outre, leur femme touche une indemnité pour le service de la barrière.

Dans le service du Matériel et de la Traction, tous les agents qui ont quelques aptitudes peuvent arriver facilement mécaniciens ou contremaîtres, c'est-à-dire atteindre des traitements de 1800 à 3000 francs, qui, avec les primes diverses de combustible, de graissage, d'entretien, de régularité, montent parfois jusqu'à 5000 francs pour les mécaniciens de 1re classe.

A l'Exploitation, les débouchés sont plus nombreux et plus variés : avec une petite instruction primaire, on arrive assez vite conducteur, c'est-à-dire à une situation de 1400 à 1800 francs comme appointements fixes, avec des frais de déplacement de 400 à 500 francs. Les agents qui ont une certaine teinture de comptabilité peuvent devenir chefs de petites ou moyennes gares, avec des traitements de 1800 à 3000 francs, qu'augmentent sensiblement le logement, le chauffage, l'éclairage et la jouissance d'un jardin. Ceux enfin qui ont une instruction classique et qui se distinguent par leurs qualités d'initiative et de zèle peuvent arriver aux postes de chef de grande gare, d'inspecteur, de chef de gare principal, d'inspecteur principal.

Dans tous les services, les agents qui ont un poste engageant leur responsabilité et qui se font remarquer par une bonne gestion et un dévouement reconnu obtiennent presque toujours à la fin de l'année soit une gratification proportionnée à leur traitement, soit, s'ils restent un certain nombre d'années dans le même grade, une augmentation.

Indépendamment de ces avantages administratifs, les Compagnies prennent, en faveur de leurs agents, une série de mesures qui allègent sensiblement leurs charges. C'est la gratuité des soins médicaux pour eux et leur famille, la gratuité même des remèdes, lorsque les traitements n'atteignent pas un certain chiffre. C'est le maintien de la solde entière en cas de blessure en service et du demi-traitement en cas de maladie. C'est l'admission de leurs femmes, de leurs enfants ou de leurs veuves dans certains emplois qu'elles sont aptes à remplir, comme la gérance des bibliothèques et même le travail de certains bureaux. C'est, pour eux : la circulation gratuite sur leur réseau et à quart de tarif sur les réseaux voisins; pour leur famille, des réductions de prix très sensibles en cas de circulation par chemin de fer, suivant le degré de parenté, presque la gratuité pour la femme et les enfants sur le réseau auquel ils appartiennent. C'est le transport à prix très réduit (0 fr. 02 par tonne et par kilomètre) des denrées qui leur sont nécessaires, etc.

Certaines Compagnies, celles de l'Ouest et d'Orléans, par exemple, ont été plus loin encore et ont organisé ce qu'on appelle des *économats :* dans le but de procurer à leur personnel des denrées de bonne qualité, au plus bas prix possible et sans nécessiter des avances de fonds, elles ont créé un véritable service qui achète en gros l'épicerie, les légumes, les vins, etc., et les revend aux employés à prix coûtant et sans leur en faire payer le transport. Cette vente se fait non pas contre espèces, mais sur un simple enregistrement, et, à la fin de chaque mois, on retient à chacun, sur son traitement, le montant des commandes qu'il s'est fait livrer par l'Économat. On comprend combien cette manière de procéder est avantageuse pour le personnel.

Enfin ces mêmes Compagnies, non contentes d'allouer aux agents habitant les grandes villes des indemnités proportionnées à la cherté des vivres, ont institué à Paris, où les difficultés de la vie sont le plus grandes, des crèches et des asiles où sont gardés et instruits gratuitement les enfants des employés, de manière à permettre à la femme de travailler, soit au dehors, soit chez elle, sans préoccupation et sans dérangement.

Toutes ces mesures bienveillantes des Compagnies à l'égard de leur personnel prouvent leur désir continu d'augmenter son bien-être dans la proportion compatible avec les ressources de leur budget. C'est du socialisme bien compris; c'est aussi de la bonne administration, car plus les agents sont satisfaits et exempts des préoccupations de l'existence, plus on peut compter sur leur intelligence et sur leur zèle.

Au point de vue militaire, les employés des Compagnies françaises ont une situation tout à fait spéciale. Comme, avant d'entrer au chemin de fer, ils ont satisfait aux exigences de la loi en ce qui concerne le service actif, on a pu, en raison des nécessités du service public, qui ne permet pas de les enlever à leur poste, les classer, en temps de paix, dans la catégorie des *non disponibles*, c'est-à-dire les exempter des appels et des convocations. En temps de guerre, une partie est remise à la disposition de l'autorité militaire, lorsque le service si important de la mobilisation et de la concentration est terminé; mais la plupart sont classés dans les *sections techniques* d'ouvriers de chemins de fer de campagne.

Les sections techniques ont pour mission d'assurer les transports par chemins de fer entre la base d'opérations et les stations têtes d'étapes de guerre, c'est-à-dire la dernière ligne de combat. Chaque Compagnie fournit au moins une section technique et sa réserve, de manière à remplir les vides qui peuvent se produire en campagne. Cette section, commandée par un directeur, se compose de trois divisions correspondant à la Voie, à la Traction et à l'Exploitation, organisées militairement; elle fonctionne comme une véritable Compagnie de chemin de fer et pourrait, du jour au lendemain, en raison de sa forte organisation, exploiter un réseau assez étendu. On a pu, au mois d'octobre 1887, lors de la mobilisation, au camp de Satory et sur la ligne de Massy-Palaiseau à Valenton, de la 4º section technique, formée par la Compagnie de l'Ouest, se rendre compte des immenses services que rendrait en campagne ce corps d'élite.

CHAPITRE III

DÉPENSES DE L'EXPLOITATION

Nous avons expliqué plus haut comment on calcule le prix de revient des transports, qui se compose de deux parties bien distinctes : la charge des capitaux et les dépenses d'exploitation ; mais nous n'avons pu — ce n'était pas l'endroit — entrer dans aucun détail au sujet de l'établissement de ces dépenses, qui sont constituées par l'ensemble des frais afférents aux divers services de la Compagnie. Sans entreprendre, à ce sujet, une étude complète, qui nous entraînerait bien au delà des limites que nous nous sommes assignées, nous allons donner un aperçu des divers éléments qui les constituent.

Les frais d'exploitation se composent :

1º Des *frais d'administration*, dépenses du Conseil d'administration, direction, secrétariat général, service médical, contrôle de l'État, caisse des retraites, etc. ;

2º Des *dépenses de la Voie*, personnel et matériaux d'entretien et de renouvellement de la voie, des bâtiments et appareils divers ;

3° Des *dépenses du Matériel et de la Traction*, renouvellement et entretien des machines et wagons, combustible, personnel de la traction et des ateliers ;

4° Des *dépenses d'Exploitation* proprement dite, c'est-à-dire du mouvement et du trafic, personnel, mobilier et objets de consommation courante.

Ces éléments peuvent se grouper de deux manières, suivant que l'on envisage la dépense par kilomètre de ligne exploité ou la dépense par kilomètre de train mis en circulation.

Le tableau ci-après donne pour 1884 la moyenne des dépenses d'exploitation des sept grands réseaux français d'intérêt général, groupées aux deux points de vue ci-dessus exposés.

SERVICES.	1° DÉPENSE PAR KILOMÈTRE EXPLOITÉ.		2° DÉPENSE par KILOMÈTRE de train.
	DÉPENSE brute.	PROPORTION pour 100	
Administration	1,950 francs	9,9	0f,27c
Voie	4,293 —	20,9	0,56
Matériel et traction	7,212 —	35,0	0,95
Exploitation	7,041 —	34,2	0,93
Total	20,496 francs	100	2f,71c

Ces chiffres ne sont, bien entendu, que des moyennes et ne constituent qu'une indication très vague. Il est certain que le chiffre de 20 500 francs que nous faisons ressortir pour la dépense par kilomètre exploité est bien faible pour quelques grandes lignes et beaucoup trop élevé pour la plupart des lignes secondaires. La dépense kilométrique d'exploitation varie en effet notablement d'une ligne à l'autre, selon qu'elle est à double voie ou à voie unique, suivant sa nature, ses courants de trafic, le tracé et le profil en long de la ligne, etc. Elle varie également avec la structure du réseau, la longueur des parcours, le prix de revient de la main-d'œuvre, le climat, etc. Nous ajouterons qu'il faut encore tenir compte du régime administratif, auquel est soumise la ligne considérée et des procédés d'exploitation qui y sont appliqués. On conçoit donc que, pour donner une certaine valeur à ce chiffre de la dépense kilométrique, il faut tenir compte des conditions diverses dans lesquelles les lignes fonctionnent et principalement de l'importance du trafic ou de la recette brute et du profil en long, ou des rampes à franchir.

Si nous désignons par D la dépense annuelle par kilomètre exploité, par R la recette brute correspondante, nous aurons, en tenant compte des travaux remarquables de MM. Sévène, Amiot et Ricour, pour la double voie :

$$D = (6000 + 0,4 R)$$

et pour la voie unique :

$$D = (4500 + 0,4 R)$$

C'est-à-dire que, si nous considérons une ligne à double voie dont la recette brute est de 20 000 francs par kilomètre, nous aurons

$$D = 14000 \text{ fr.}$$

Si nous supposons qu'une ligne à voie unique produise 10 000 francs par kilomètre, la dépense kilométrique annuelle d'exploitation sera :

$$D = 8500 \text{ fr.}$$

Ces formules ne sont et ne peuvent être qu'approximatives, puisqu'elles ne tiennent pas compte des diverses circonstances accessoires que nous avons énumérées plus haut et qui modifient dans une mesure très appréciable les dépenses d'exploitation. Elles ont surtout le grave inconvénient de ne pas tenir compte du profil, qui a une influence énorme sur les frais d'exploitation, surtout en ce qui concerne l'entretien des voies, les dépenses de traction

DÉPENSES DE L'EXPLOITATION.

et l'équipement des trains en conducteurs. Aussi M. Noblemaire, directeur de la Compagnie de Paris-Lyon-Méditerranée, a-t-il récemment déduit des renseignements fournis par la statistique de cet immense réseau une formule plus approchée qui tient compte du profil. Cette formule, qui est la suivante :

$$D = (3000 + 0,3 R)(1 + 0,05 i) \text{ [1]}$$

présente de son côté un autre inconvénient, c'est de ne faire aucune distinction entre les lignes à double voie et les lignes à voie unique. Or, il n'est pas douteux qu'à trafic égal, surtout si ce trafic est faible, l'entretien d'une seule voie est beaucoup moins coûteux que celui de deux. Si donc nous tenons compte que cette formule a été obtenue d'après un relevé d'ensemble des dépenses du réseau Paris-Lyon-Méditerranée, qui comporte environ 3,800 kilomètres de double voie et 4,000 kilomètres de voie unique, et que l'entretien en voie unique peut être évalué aux 3/5 de l'entretien en double voie, nous aurons pour la double voie :

$$D_2 = (3800 + 0,3 R)(1 + 0,05 i)$$

et pour la voie unique :

$$D_1 = (2300 + 0,3 R)(1 + 0,05 i)$$

L'application de ces formules aux exemples choisis plus haut donne, dans le premier cas, en supposant la rampe caractéristique de 10 millimètres par mètre :

$$D_2 = 14700 \text{ fr.}$$

et dans le second cas, avec des rampes de 15 millimètres :

$$D_1 = 9275 \text{ fr.}$$

C'est en tenant compte des résultats ainsi obtenus que l'on a établi le prix de revient des transports, tel que nous l'avons fait

[1]. i représente la déclivité caractéristique de la ligne considérée, en millimètres par mètre.

ressortir plus haut. En effet, si on désigne par T le tonnage kilométrique d'une ligne ou d'un réseau et par p le prix de revient du transport d'une unité de trafic, on voit facilement que

$$p = \frac{D}{T}.$$

Les chiffres que nous venons de donner ne sont, nous le répétons, que des moyennes, et les Compagnies de chemins de fer profitent de toutes les circonstances locales favorables pour réduire leurs dépenses kilométriques et par suite le prix de revient de leurs transports. C'est ainsi que, malgré les sujétions administratives, elles ont pu abaisser leurs dépenses, sur certaines lignes à voie unique et à rampes de 15 millimètres, jusqu'à 4,100 francs, pour une recette de 5,800 francs, alors que la formule ci-dessus donnerait pour la dépense 7,100 francs. Les chemins d'intérêt local, plus libres dans l'application de leurs tarifs et de leurs règlements, ont pu arriver à 3,500 francs de dépense pour une recette de 7,800 francs, avec des rampes de 15 millimètres (8,100 francs par la formule).

CONCLUSIONS

Nous avons vu que le premier chemin de fer avait été inauguré en Angleterre en 1832, entre Liverpool et Manchester. Qui aurait imaginé, à cette époque, qu'une cinquantaine d'années plus tard, ces quelques kilomètres auraient presque atteint 500 000 ? Au 1er janvier 1886, en effet, la longueur totale des lignes ferrées ouvertes à l'exploitation dans le monde entier s'élevait à 487 740 kilomètres, dont 195 057 en Europe, 250 663 en Amérique, 22 178 en Asie, 6895 en Afrique et 12 947 en Australie.

La longueur du réseau des principaux pays d'Europe est la suivante :

Allemagne	37 535 kilomètres.
France	32 491 —
Royaume-Uni	30 849 —
Autriche	22 613 —
Italie	10 534 —
Espagne	9 485 —

La carte (planche VI) donne le tracé des grandes lignes européennes à la fin de 1888.

Les États-Unis d'Amérique possèdent environ 12 000 kilomètres de chemins de fer de plus que l'Europe tout entière, c'est-à-dire 207 508 kilomètres; les autres principaux États de ce continent comportent : l'Amérique du Nord britannique, 17 000 kilomètres; le Brésil, 7002; le Mexique, 5600, et la République Argentine, 5484.

En Asie, les Indes anglaises occupent naturellement le premier rang avec 19 368 kilomètres de chemins de fer; les Indes néerlandaises viennent ensuite avec 1150 kilomètres.

En Afrique, la colonie du Cap compte 2793 kilomètres de voies ferrées, l'Algérie et la Tunisie 1950 et l'Égypte 1500.

En Australie, les chiffres se décomposent comme suit : Nouvelle-Galles du Sud, 2860 kilomètres; Victoria, 2679; Nouvelle-Zélande, 2662; Queensland, 2308 et Australie du Sud 1711.

En ce qui concerne la densité des chemins de fer européens, on remarque que la Belgique vient en première ligne avec 15 kilomètres par 100 kilomètres carrés; la Saxe vient après avec 14,9; l'Alsace-Lorraine, 9,8; le grand-duché de Bade, 8,8; le Wurtemberg, 8; la Hollande, 7,9; la Bavière, 6,8; la Suisse, 6,8; la Prusse, 6,4; la France, 6,1 et le Danemark 5,1.

La longueur du réseau par rapport à la population est, par 100 000 habitants, savoir : Queensland et Australie occidentale, 102 kilomètres; Australie du Sud, 63; Nouvelle-Zélande, 43,8; Amérique anglaise, 40,5; Nouvelle-Galles du Sud, 38,7; États-Unis, 36,4; Tasmanie, 31,6; Victoria, 31,4; République Argentine, 18,6; Suède, 11,8; Cuba, 11,2; Suisse, 9,7; Uruguay, 9,6; Danemark, 9,5; Bavière, 9,5; France, 8,7; Grande-Bretagne, 8,5; Norwège, 8,1; et enfin la Prusse, 8 kilomètres de chemins de fer par 100 000 habitants.

A la fin de l'année 1881, 393 868 kilomètres de chemins de fer étaient ouverts au trafic dans le monde entier, tandis qu'il y en avait 487 740 à la fin de 1885, ce qui donne une augmentation de 93 872 kilomètres en cinq années.

Voici l'augmentation par État : En Amérique, 59 698 kilomètres, dont 44 390 aux États-Unis seulement; en Europe, 22 325; en Asie, 5086; en Australie, 4488, et en Afrique, 2275. C'est la France qui occupe le premier rang en Europe pour l'augmentation des chemins de fer, pendant cette période quinquennale, avec

4873 kilomètres; l'Autriche vient en seconde ligne avec 3724 kilomètres, et l'Allemagne en troisième ligne avec 3378 kilomètres. Naturellement l'augmentation a été plus faible dans les îles Britanniques que dans tout autre pays, la Norvège exceptée.

Le coût total d'établissement des chemins de fer du monde s'élevait, à la fin de 1885, à 127 milliards 850 millions de francs, dont 72 milliards 725 millions en Europe et 55 milliards 125 millions dans les autres parties du monde. Ce qui fait ressortir le prix moyen du kilomètre, en Europe, à 372 850 francs, et à 196 075 francs dans les autres pays. Cette différence énorme tient au peu d'accidents de terrain que l'on rencontre sur les autres continents comparativement à l'Europe ainsi qu'à la plus faible valeur du sol.

Ce qui n'est pas moins étonnant que le développement énorme des chemins de fer, ce sont les progrès considérables qui ont été réalisés dans leur établissement et dans leur exploitation. Ces progrès sont intimement liés à l'essor qu'a pris l'industrie dans la seconde moitié de ce siècle, sous l'action des procédés scientifiques largement appliqués à toutes ses branches. Nous allons, en terminant, jeter un coup d'œil rapide sur les résultats obtenus dans chacun des services des chemins de fer et indiquer les tendances qui se manifestent pour l'avenir.

CONSTRUCTION DE LA VOIE

Aux tracés simples, presque rectilignes primitivement adoptés pour desservir les grands centres industriels, ont succédé les lignes à courbes de petit rayon et à fortes rampes, se pliant aux exigences du terrain, pour aller drainer le trafic au sein même des plus petites localités. Les lignes à écartement normal, qui n'admettent guère de courbes de moins de 300 mètres de rayon et pas au-dessous de 150 mètres pour des vitesses acceptables (30 kilomètres à l'heure), n'ont plus suffi, et l'on a été conduit, pour mieux épouser la forme de la surface du sol, à réduire l'écartement des rails à 1 mètre, à 60, à 50 centimètres et même à adopter le chemin à un seul rail sur lequel voitures et machines se placent comme un cacolet. Les montagnes, les rivières, la mer même n'arrêtent plus le passage des trains : les tunnels de 15 kilomètres de long se percent en quelques années; les ponts atteignent des portées de 500 mètres et plus; les bras de mer sont traversés à l'aide d'énormes bacs qui portent des trains entiers; bientôt même on plongera sous la mer pour la franchir à pied sec, si, l'Angleterre consent enfin à laisser construire le fameux tunnel sous la Manche.

Les règles de la superstructure se sont aussi bien modifiées : la tendance est à tout métalliser et à tout alourdir. On veut supprimer le bois, qui se décompose et qui devient rare, et y substituer soit le fer, soit l'acier, soit le verre, qui dureront plus longtemps; mais ce n'est encore qu'une tendance, l'expérience définitive n'étant pas faite de la valeur des traverses métalliques. D'autre part, la charge, la vitesse et le nombre des trains ont augmenté et augmentent chaque jour; aussi la voie est-elle devenue trop légère et le poids du mètre courant a-t-il presque doublé, passant de 200 kilogrammes à 400 kilogrammes environ, afin d'obtenir une stabilité plus grande : le poids du rail s'est élevé de 30 kilogrammes et même 25 kilogrammes à 50 kilogrammes par mètre courant.

De même, les appareils de la voie se sont modifiés et sont devenus plus précis et plus compliqués, de manière à grouper et à faciliter les manœuvres des gares : on a installé des traversées à aiguilles permettant, suivant les cas, de franchir ou d'emprunter les voies qu'elles relient. On tend à concentrer de plus en plus la manœuvre des aiguilles, à obtenir la certitude de leur bon fonctionnement, à l'aide de sonneries de contrôle et d'appareils de maintien, comme les verrous qui empêchent de les déplacer dès qu'elles sont engagées par un train ou une manœuvre, et qui permettent, par suite, aux trains de les franchir en vitesse.

Le terrain devenant de plus en plus rare dans les grandes villes, on peut ainsi donner aux gares leur minimum de surface, et l'on en arrive même, comme la Compagnie de l'Ouest à la gare Saint-Lazare, à établir des gares à étage, fonctionnant à l'aide de puissants appareils hydrauliques, qui montent et descendent les wagons suivant les besoins et doublent ainsi l'utilisation du terrain.

Enfin on a compris quels avantages présente au point de vue du rendement des capitaux et de l'intérêt national, la rapidité des études et de l'exécution des travaux. C'est ainsi que le général Annenkoff a pu construire, en moins de quarante mois, une ligne de 1442 kilomètres à travers de véritables déserts de sable. Cette ligne qui part de la mer Caspienne à Ouzoun-Ada atteint aujourd'hui Samarcande et poursuit sa marche vers l'Asie centrale. Pour exécuter ce tour de force dont les anciens auraient fait un des travaux d'Hercule, le général Annenkoff a imaginé de créer une véritable ville roulante, transportant dans un train qui avançait au fur et à mesure de la construction de la voie, ses ouvriers et leurs approvisionnements en vivres et en matériel.

EXPLOITATION.

Dans l'exploitation, les progrès réalisés ou poursuivis sont encore plus nombreux. Le premier but à atteindre, la sécurité de la marche des trains, est l'objet des préoccupations incessantes des Compagnies de chemins de fer, et plus le problème se complique par suite de l'activité de la circulation, plus les solutions deviennent complètes. C'est ainsi qu'à l'intervalle de temps, qui peut se modifier suivant la vitesse des convois, on tend à substituer, dès que le nombre de trains devient un peu important (plus de quatre à l'heure), l'intervalle de distance, c'est-à-dire le block-system. C'est ainsi que l'on arrive, même dans les gares de minime importance, à enclencher les signaux et les aiguilles, de manière à interdire les manœuvres sur les voies principales si elles ne sont pas réglementairement protégées. C'est ainsi que l'on a appliqué aux trains de voyageurs des freins puissants qui leur permettent, quelle que soit leur vitesse, de s'arrêter dans l'espace en vue s'ils rencontrent un obstacle. C'est ainsi que l'on munit les voitures d'appareils d'appel au moyen desquels les voyageurs peuvent faire arrêter le train en cas de danger quelconque.

Après la sécurité, le bien-être. On est loin maintenant des voitures découvertes de la ligne de Rouen ou du chemin de fer de Malines, espèces de wagons à coke où l'on entassait les voyageurs debout, exposés à la pluie ou au soleil. Au fur et à mesure de leur mise hors d'usage, les vieilles voitures sont remplacées par d'autres, grandes, bien aérées, qui présentent les courbures les mieux appropriées pour éviter la fatigue et dont la suspension est combinée de manière à arrêter la transmission des chocs et des secousses. On en vient à substituer aux essieux isolés les trucks articulés ou bogies, qui donnent un roulement beaucoup plus doux. Et l'on n'en restera pas là; la preuve en est dans ce *vestibule-train* que les Américains, ces maîtres en fait de confort, viennent de mettre en circulation à travers leur continent, et qui est composé de wagons luxueux réunis de telle sorte qu'ils n'en font plus qu'un seul qui contient: lits, salon, salle de jeux, salle à manger, bibliothèque, cabinet de médecin, cabinets de toilette, etc., enfin tout ce que l'on peut désirer. La seule limite dans cette voie est le poids des véhicules, que l'on ne saurait exagérer indéfiniment, car les trains finiraient par ne plus transporter qu'un nombre fort restreint de voyageurs. Aussi cherche-t-on partout à utiliser, dans la construction des voitures, l'acier pour toutes les pièces de résistance et les essences de bois les plus légères pour les revêtements.

Deux points sont restés dans un état d'infériorité fâcheux, c'est le chauffage et l'éclairage des trains. En France, on en est encore presque partout, pour le chauffage, à la barbare bouillotte, remplacée sur quelques lignes par un thermosiphon, dont le fonctionnement laisse assez souvent à désirer et qui exige un entretien coûteux. En Amérique, où les poêles mobiles avaient donné de bons résultats, on a dû y renoncer à la suite de plusieurs accidents qui ont eu des conséquences terribles, en raison des incendies provoqués par ces appareils. La question est donc toujours à l'étude; mais la Compagnie de l'Ouest paraît être arrivée à une solution pratique et économique à la fois par l'emploi de bouillottes fixes noyées dans le plancher des voitures et chauffées directement de l'extérieur au moyen du charbon de Paris.

L'éclairage est aussi dans une période de transformation : l'huile de colza, chère, incommode et insuffisante comme lumière, tend à céder la place, que se disputent le pétrole, plus économique, le gaz et l'électricité; mais le gaz est cher et exige l'emploi de lourds réservoirs; l'électricité nécessite soit des accumulateurs pesants, soit une dépense de force motrice que les locomotives ne peuvent donner. Le Congrès des chemins de fer qui s'est tenu, en 1887, à Milan, a donc dû déclarer que la question restait ouverte et l'a reportée au Congrès de Paris, en 1889.

Tout en réclamant du confort, qui alourdit le matériel, les voyageurs veulent de la vitesse. Or, comme il ne serait pas prudent de dépasser certaines limites que la pratique a démontré être de 75 à 80 kilomètres à l'heure, pour le tracé des trains, on a été conduit à chercher ailleurs que dans la vitesse effective l'augmentation de vitesse commerciale des trains, et l'on tend, par suite, à supprimer autant que possible les ralentissements et les arrêts; d'où les mesures suivantes : verrouillage et enclenchement des aiguilles de bifurcation, que l'on franchit en vitesse; suppression des arrêts aux embranchements, en y déclenchant en marche les voitures contenant les voyageurs à y laisser; plus d'arrêts aux buffets pour les repas, les trains comportant des wagons-restaurants; enfin, diminution des relais d'alimentation des machines, par l'adoption de tenders énormes, renfermant une provision d'eau considérable.

Tout cela se traduit encore, comme la sécurité (frein continu), comme le confort, par une surcharge des trains; aussi les machines deviennent-elles de plus en plus puissantes. Il faut augmenter leur adhérence; mais on est arrêté par la résistance de la voie, et il ne serait pas prudent de dépasser une charge de 18 tonnes par essieu; on a donc recours à des procédés factices, tels que l'injection de sable et surtout de vapeur d'eau sous les roues motrices. Il faut augmenter la puissance de vaporisation; de là des foyers énormes, de grandes surfaces de chauffe et l'allongement des machines qui, en raison des courbes, nécessitent l'emploi de bogies porteurs.

Il faut aussi, par contre, réaliser toutes les économies possibles dans la traction de ces masses de plus en plus considérables : d'où l'adoption des machines Compound, où la vapeur passe successivement dans deux cylindres, de manière à se détendre complètement et à exprimer toute sa force vive; de là l'essai des foyers au pétrole, dans les pays où l'on obtient cette huile à bon marché; de là, enfin, une utilisation plus complète et plus rapide des locomotives. On a reconnu, en effet, qu'il y avait intérêt, en raison des transformations nécessaires du matériel, à ne pas prolonger au delà de quinze à vingt ans le service d'une locomotive. Or, comme une machine vit, en moyenne, un parcours de 1 800 000 kilomètres, il faut lui faire parcourir cette distance le plus rapidement possible. C'est par application de ce système que les Américains demandent à leurs locomotives un parcours annuel de 100 000 à 120 000 kilomètres, soit plus de 400 kilomètres par jour, en tenant compte des chômages aux ateliers. Ils obtiennent ce résultat en faisant monter successivement les locomotives par plusieurs équipes de mécaniciens et de chauffeurs; c'est le système dit de l'*équipe banale*, dont il a été question à la IIIᵉ partie. Cette méthode tend d'ailleurs à s'implanter en Europe, où les machines ne font guère que 35 000 kilomètres par an, et où l'on a reconnu les inconvénients de trop prolonger leur existence.

On voit avec quelle rapidité les chemins de fer se sont propagés dans le monde et quels progrès ont été réalisés dans cette industrie si féconde depuis qu'elle a pris naissance. Il y a encore beaucoup à faire; mais l'impulsion est donnée, et, grâce à l'esprit de méthode avec lequel se poursuit l'étude de toutes les questions industrielles, on arrivera certainement, avant qu'il soit longtemps, à de grandes améliorations. Qui sait même si les chemins de fer ne se transformeront pas complètement? Qui sait si l'électricité ne viendra pas détrôner la vapeur? Il suffirait pour cela de trouver dans la nature une source puissante, un grand accumulateur, qui produise cette force en quantité. Et nos descendants du xx° siècle traiteront peut-être nos chemins de fer de moyens de transport barbares!

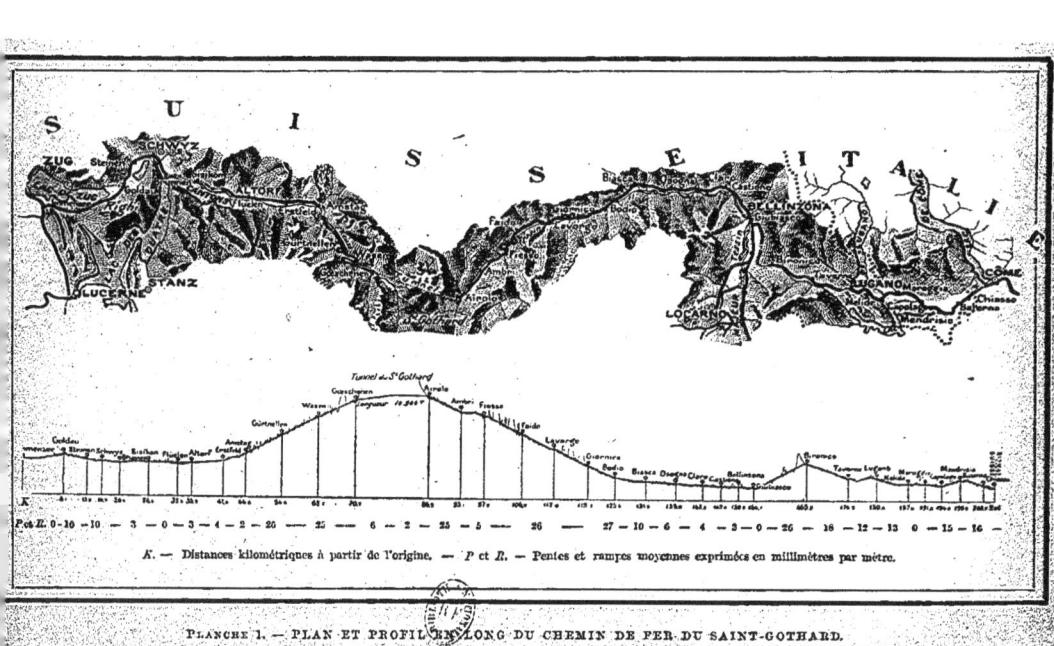

PLANCHE 1. — PLAN ET PROFIL EN LONG DU CHEMIN DE FER DU SAINT-GOTHARD.

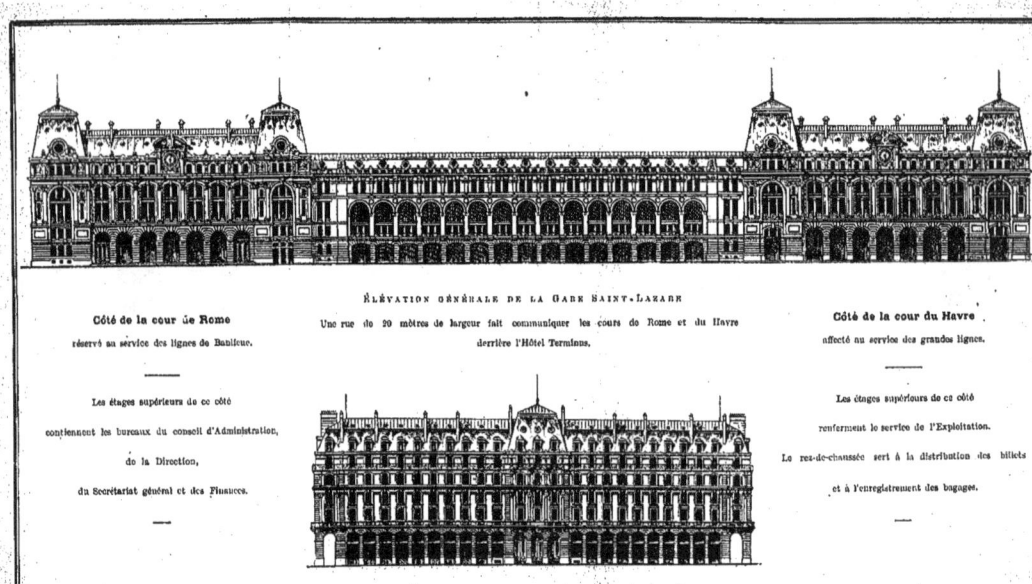

PLANCHE II. — NOUVELLE GARE SAINT-LAZARE ET HOTEL TERMINUS

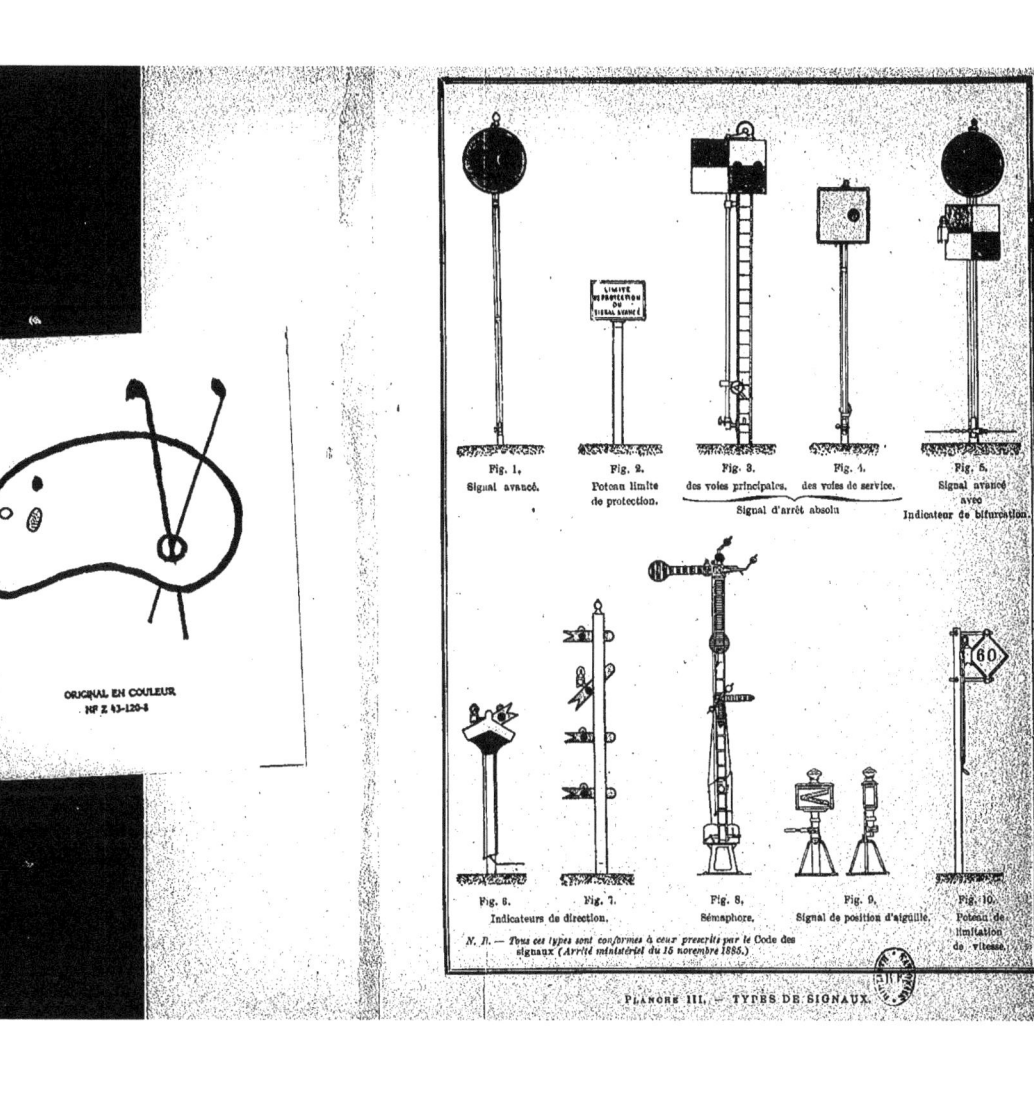

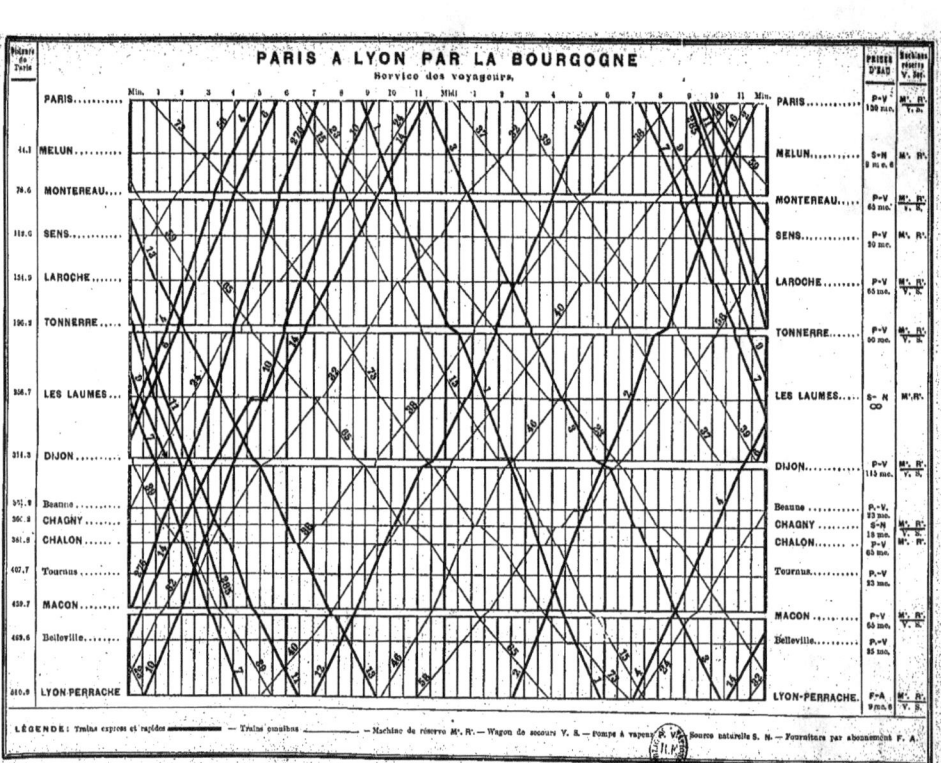

PLANCHE IV. — GRAPHIQUE DE LA MARCHE DES TRAINS (Ligne à double voie).

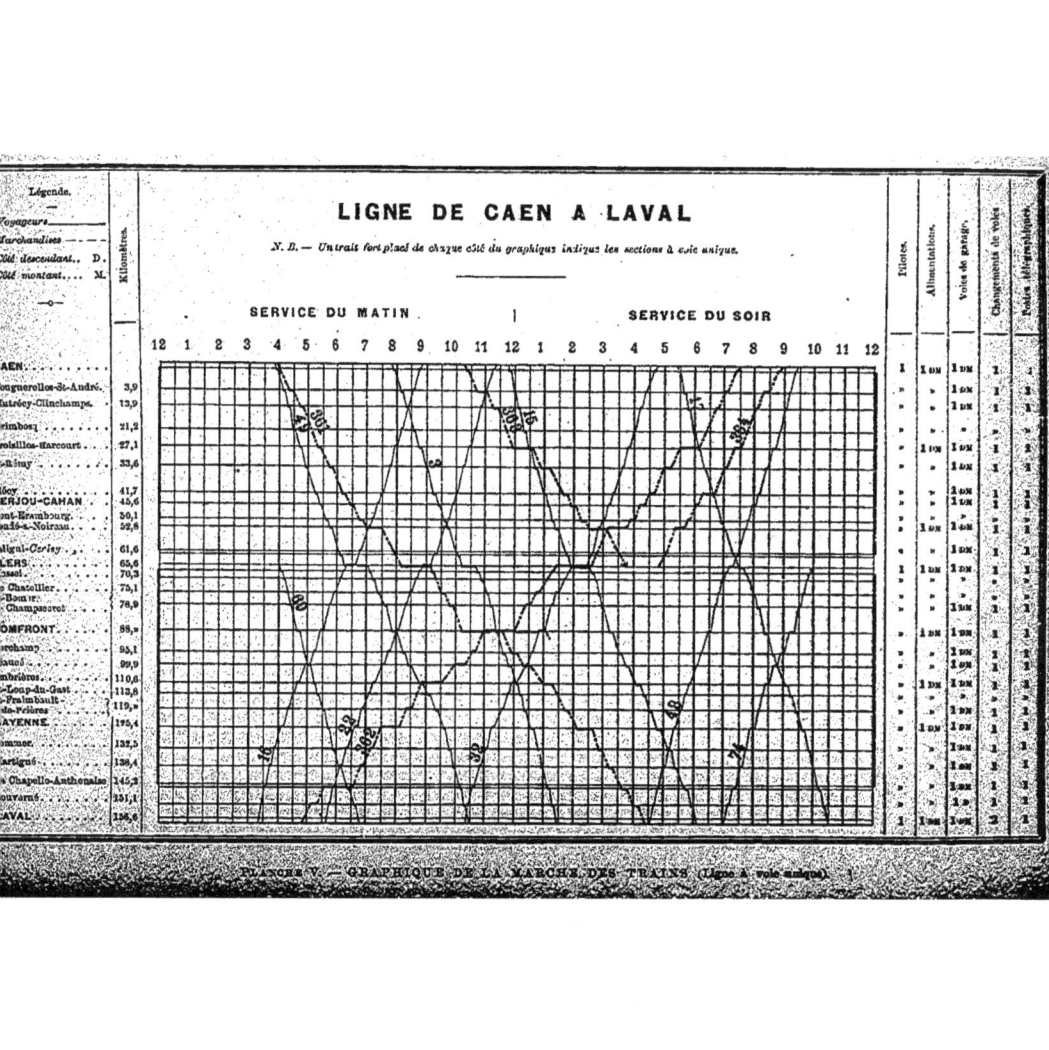

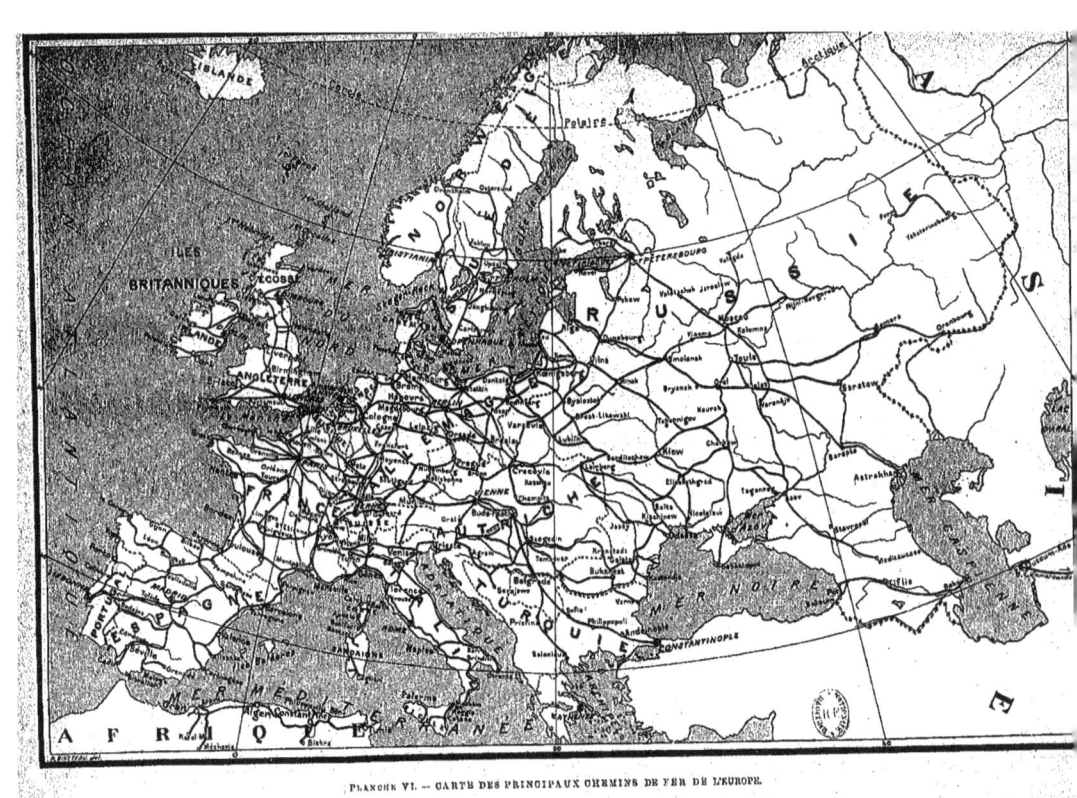

PLANCHE VI. — CARTE DES PRINCIPAUX CHEMINS DE FER DE L'EUROPE.

TABLE DES MATIÈRES

	Pages.
Introduction........	5

PREMIÈRE PARTIE.

Historique..........................	9

DEUXIÈME PARTIE.
La voie et les gares.

Chapitre premier. — *Étude du tracé.* — Considérations générales. — Choix du tracé. — Pentes et rampes; courbes. — Lignes exceptionnelles; quelques exemples. — Opérations sur le terrain; plan, profil en long, profils en travers. — Quelques mots des enquêtes administratives......... 21

Chapitre II. — *Exécution des travaux (Infrastructure).* — Plateforme. — Remblais et tranchées. — Ouvrages d'art en maçonnerie et en métal. — Grands ponts et viaducs. — Traversée des grandes rivières et des bras de mer. — Tunnels........................... 33

Chapitre III. — *Exécution des travaux (Superstructure).* — Éléments de la voie. — Écartement des rails. — Lignes à voie unique, à double voie, à voies multiples. — Types de rails et accessoires. — Traverses et longrines. — Établissement de la voie. — Ballastage. — Courbes, surhaussement, raccordement. — Appareils de la voie; aiguilles, traversées, plaques tournantes, chariots. — Poteaux indicateurs. — Clôtures............ 67

CHAPITRE IV. — *Gares et stations.* — Considérations générales sur l'architecture des gares. — Stations ordinaires. — Bâtiments et outillage des gares. — Grandes gares à voyageurs. — La nouvelle gare Saint-Lazare à Paris. — Gares à étages; service des messageries à la gare Saint-Lazare. — Grandes gares à marchandises. — Gares de triage. — Gares de transbordement. — Gares maritimes. — Embranchements particuliers 85

CHAPITRE V. — *Entretien et surveillance des voies.* — Organisation du service. — Travail des équipes. — Surveillance de la ligne. — Passages à niveau. 101

TROISIÈME PARTIE.

La traction et le matériel.

CHAPITRE PREMIER. — *La locomotive.* — Considérations générales. — Conditions d'établissement. — Organes principaux et dispositions de détail des locomotives et des tenders. — Types divers (express, omnibus, mixtes, marchandises, manœuvres). — Locomotives étrangères. — Un mot de l'esthétique en matière de locomotive. — Types spéciaux (locomotives Compound, machines Ricour des chemins de fer de l'État français)....... 108

CHAPITRE II. — *Matériel à voyageurs.* — Considérations générales. — Matériel à compartiments indépendants et matériel à intercirculation. — Conditions d'établissement. — Éclairage et chauffage; appareils de sécurité. — Types divers. — Voitures de luxe. — Voitures spéciales (postes, prisons, émigrants). — Matériel accessoire de la grande vitesse (fourgons, wagons-écuries... 138

CHAPITRE III. — *Matériel à marchandises et wagons divers.* — Conditions d'établissement. — Types divers. — Wagons aménagés pour des transports spéciaux. — Wagons-citernes. — Wagons-glacières. — Wagons de secours. — Transport des troupes en chemin de fer. — Transport des blessés. — Trains sanita' es. — Transport du matériel de la guerre et de la marine... 162

CHAPITRE IV. — *Organisation du service.* — Dépôts et ateliers. — *Alimentation.* — Personnel de la traction. — Service des mécaniciens et chauffeurs. — Systèmes de l'équipe unique, de la double équipe et de l'équipe banale. — Primes de traction. — Dépôts. — Remises à locomotives. — Quais à combustibles. — Réservoirs et grues d'alimentation. — Ateliers. — Installations diverses.. 169

TABLE DES MATIÈRES.

QUATRIÈME PARTIE.
Exploitation.

Pages.

CHAPITRE PREMIER. — *Objet et organisation du service.* — Attributions du service de l'exploitation. — Organisation du personnel. — Service administratif. — Service actif.. 181

CHAPITRE II. — *Gares.* — Service des gares. — Gares de formation. — Gares intermédiaires. — Disposition des voies............................... 185

CHAPITRE III. — *Signaux. Enclenchements.* — Code des signaux. — Signaux avancés. — Signaux carrés. — Enclenchements. — Indicateurs de bifurcation. — Indicateurs de direction. — Signaux de ralentissement....... 194

CHAPITRE IV. — *Service des gares.* — Voyageurs, marchandises. — Bâtiments. — Manœuvres. — Chauffage, éclairage................................. 212

CHAPITRE V. — *Trains.* — Vitesse. — Charge. — Tracé. — Conditions de sécurité. — Intervalle à maintenir entre les trains. — Garages. — Voie unique, croisements. — Graphiques... 224

CHAPITRE VI. — *Trains* (suite). — Composition des trains de voyageurs et de marchandises. — Freins à vis. — Freins continus. — Signaux des trains. 233

CHAPITRE VII. — *Trains* (fin). — Exécution du service. — Réglementation de la circulation des trains. — Double voie. — Voie unique. — Incidents de marche. — Détresses. — Neige.. 248

CHAPITRE VIII. — *Systèmes et appareils de sécurité.* — Block-system. — Navette. — Bâton-pilote. — Cloches électriques. — Télégraphe. — Appareils d'annonce des trains. — Contre-rail isolé. — Crocodile............... 262

CHAPITRE IX. — *Tarifs.* — Tarif légal. — Prix de revient des transports. — Tarifs pour les voyageurs. — Tarifs pour les marchandises. — Tarif général. — Tarifs spéciaux. — Impôts....................................... 279

CINQUIÈME PARTIE.
Organisation générale des Compagnies. — Contrôle. — Personnel.

CHAPITRE PREMIER. — *Organisation administrative. Contrôle de l'État.* — Direction. — Conseil d'administration. — Contrôle administratif, technique et commercial... 294

CHAPITRE II. — *Personnel.* — Recrutement. — Avancement du personnel. — Caisse des retraites. — Faveurs accordées par les Compagnies. — Situation militaire. 297

CHAPITRE III. — *Dépenses de l'exploitation* 302

CONCLUSIONS 307

Paris. — Maison Quantin, 7, rue Saint-Benoît.

www.ingramcontent.com/pod-product-compliance
Lightning Source LLC
Chambersburg PA
CBHW060654170426
43199CB00012B/1791